中国科学院大学研究生教材系列

电磁兼容物理原理

陈志雨　编著

科学出版社
北京

内 容 简 介

本书是作者在中国科学院大学讲授电磁兼容课程的基础上编写的，系统介绍了电磁兼容技术的基本知识、基本概念和基本方法，着重阐述各种方法的物理原理。全书共分 9 章，内容包括各种类型的干扰与耦合途径、接地技术、屏蔽技术、滤波技术、电磁兼容测试技术和 PCB 的电磁兼容设计，同时列有理解各种电磁兼容技术必不可少的有关天线、微波和电磁场的基础理论。最后一章介绍GTEM小室在电磁兼容领域内、外的各种测试方法和最新研究成果。

本书以应用为目的，深入浅出地阐述各种方法的物理概念和物理过程，尽量避免非常烦琐的数学证明过程。本书可作为高等院校电子和电气工程学科的研究生或本科生的电磁兼容课程教学参考书，也可供从事设计和使用各种电子设备的工程师和电磁兼容测试工作者使用和参考。

图书在版编目(CIP)数据

电磁兼容物理原理/陈志雨编著. —北京：科学出版社，2013.9
中国科学院大学研究生教材系列
ISBN 978-7-03-038624-3

Ⅰ. ①电… Ⅱ. ①陈… Ⅲ. ①电磁兼容性-研究生-教材 Ⅳ. ①TN03

中国版本图书馆 CIP 数据核字 (2013) 第 218285 号

责任编辑：钱 俊 鲁永芳 / 责任校对：郭瑞芝
责任印制：徐晓晨 / 封面设计：陈 敬

科学出版社出版
北京东黄城根北街 16 号
邮政编码：100717
http://www.sciencep.com

北京京华虎彩印刷有限公司 印刷

科学出版社发行 各地新华书店经销
*
2013 年 9 月第 一 版 开本：B5(720×1000)
2018 年 4 月第四次印刷 印张：11 3/4
字数：222.000

定价：78.00 元

(如有印装质量问题，我社负责调换)

前　　言

随着 21 世纪信息和计算机技术的迅猛发展和电磁环境日益恶化，电磁兼容已成为在电子领域中日益受到重视的学科，从事生产、使用电子设备的科研和技术人员都将不可避免地遇到电磁兼容性的新问题。本书为电子和电气工程学科研究生专业基础课的参考书，主要介绍了电磁兼容的基本概念、基本原理和基本方法，而且侧重点在物理原理上。

电磁干扰的核心是场，功率与信号由场来传输，电路中的导体只是充当轨道的角色引导能量流或信号流。虽然有些时候用电路理论也可以解决部分电磁干扰问题，但干扰问题的本质还是场，场才能解释很多电路理论无法解释的现象。电路理论很少论述结构的几何形状，而几何形状正是干扰现象的核心。电磁场理论是电磁兼容学科的基础，物理学是解释干扰问题的唯一工具。

电磁兼容最主要的技术是接地、屏蔽和滤波，静电放电问题也包括在接地范畴中。电磁兼容技术有不少公式和方法，但如果对方法的物理原理理解不透，对公式的来源及应用条件不清楚，并不利于工程师们在实践中正确运用各种方法和发挥创新精神。因此，本书着重论述电磁兼容领域中的一些基本概念，这些概念远远比解决某个特定的问题的能力更重要。

电磁兼容理论牵涉电路、微波、天线、电工、电磁场等多种学科的知识。大部分电磁兼容书籍各章是独立的，互相之间理论上基本没有联系。本书争取打破这一点，从第 2 章引入电、磁偶极，波阻抗概念及镜像原理，在以下各章多次使用这些概念和分析方法，力求使教材有一定的系统性。本书尽量深入浅出地阐述物理概念，而避免非常烦琐的数学证明，一些稍繁的数学证明则放在附录中。具体各章节安排如下：

第 1 章简述电磁兼容的基本概念与研究方法的特点。第 2 章是全书的理论基础，主要阐述电、磁偶极理论，波阻抗和镜像原理。这些理论也是各种电磁兼容方法中最常用的。第 3 章阐述干扰的耦合途径与抑制方法，重点为共地阻抗耦合和电感、电容性耦合。第 4 章到第 7 章主要阐述电磁兼容各种抗干扰技术。其中第 4 章为接地技术，包括安全接地、信号接地、地环路抗干扰措施、电缆屏蔽层接地技术等，也包括设备的静电放电防护问题。第 5 章为屏蔽技术，主要介绍电场屏蔽、磁场屏蔽和高频电磁屏蔽三种类型屏蔽的原理、屏蔽效能公式以及若干实用屏蔽技术，包括同轴电缆的转移阻抗、机箱孔缝屏蔽效能的分析和计算。第 6 章为滤波技术，重点阐述电源 EMI 滤波器、铁氧体滤波器的原理与使用。开关电源常引起的共模辐射问题也在这章阐述。第 7 章阐述 PCB 的电磁兼容设计，这是很多读者最关心的部分。内容包括单层、多层板的一些设计原则，微带传输线理论与数字电路的电磁兼容问题，PCB 的共模辐射与差模辐射，以及带普遍性的辐射与敏感度的互易性问题。第 8 章阐述电磁兼容标准与测试，主要介绍测试方法与测试场地。第 9 章为 GTEM 小室的新应用，包括电磁兼容领域内和领域外的一些新的测试方法和最新研究成果，可供电磁兼容和天线的测试工作者们参考。

最后想说明的是，本书出版的宗旨是给研究生和本科生的电磁兼容课程提供教学参考书，而不是提供一部完整的教材。在高校开设电磁兼容课时，笔者建议除本书讲述的基本原理外还应结合自身的专业增加一些应用实例和方法。另外，相信本书的内容也能给实际工作中的电磁兼容工程师们提供有益的帮助；能对学生和工程师们有所帮助，是笔者最大的愿望。

由于笔者水平有限，书中难免有疏漏或不当之处，敬请批评指正。

陈志雨

2012 年 12 月 25 日

目　　录

第 1 章　电磁兼容概述

1.1　电磁兼容学科概述

1.1.1　电磁兼容学科基本内容

随着科学技术的进步，人们已进入信息时代，当前人类的生存环境已具有浓厚的电磁兼容内涵，空间电磁能量密度与日俱增。严重恶化的电磁环境对人类生活日益依赖的通信、计算机、各种电子系统甚至人体健康造成越来越严重的威胁。为此世界各国均十分重视越来越复杂的电磁环境及电磁干扰、抗干扰技术的研究，从而促进了环境电磁学和电磁兼容技术成为一个迅速发展的学科。

按照国际电工联合会 (IEC) 的定义，电磁兼容是设备的一种能力，它在其电磁环境中能完成它的功能，而不至于在其环境中产生不允许的干扰。

电磁兼容 (electromagnetic compatibility) 一词，简称 EMC，在 20 世纪 40 年代就已定义下来。20 世纪 20 年代以来，世界各工业国家日益重视电磁干扰的研究，成立了许多相关的国际组织。1934 年国际无线电干扰特别委员会 (CISPR) 成立，1944 年德国电器工程师协会制定世界第一个电磁兼容规范，美国自 1945 年起颁布了一系列电磁兼容军用标准和设计规范，国际著名学术期刊 IEEE 射频分册 (RFI) 从 1964 年改名为 EMC 分册，这些都是电磁兼容发展历史中的标志性事件。

20 世纪 60 年代以来，电磁兼容学科获得空前的发展。我国对电磁兼容学科的研究在 80 年代开始起步，1990 年举行了电磁兼容第一届全国学术会议。至今，越来越多的国家标准被制定，越来越多的部门建设了电磁兼容测试暗室，每年都有众多的电磁兼容学学术会议在国内外举办，这些都标志着电磁兼容学科已成为当今日益受到重视的学科。

电磁兼容学科的主要内容包括：

(1) 电磁干扰源及耦合途径的理论研究；

(2) 电磁频谱的利用和管理；

(3) 电磁兼容工程分析及控制技术 (屏蔽、接地、滤波、PCB 等)；

(4) 电磁兼容设计与预测；

(5) 电磁兼容测量技术；

(6) 电磁兼容标准；

(7) 信息泄露与防护技术 (tempest)；

(8) 环境电磁脉冲及防护；

(9) 电磁生物效应。

1.1.2 干扰源与耦合途径

导致电磁干扰现象的发生需同时存在三个因素：干扰源、耦合途径和敏感设备，统称为电磁兼容三要素。

干扰源是产生电磁干扰的源泉。干扰源包括天然和人为两种。来自天然的干扰源恐怕最常见和威胁最大的就是雷电，另外，地震和磁暴也是产生强烈电磁干扰的干扰源。

随着社会工业和信息技术的发展，人为的干扰源成为更加需要重视的因素。广播、电视、各种通信台站、导航系统产生的电磁信号几乎充斥在空间和环境的每一个角落；电力系统中的发电机、变压器、高压线，工业系统中各种电动机、电焊机、加热器、控制器、搅拌机、继电器，交通部门的电动机车、汽车点火装置，都是强烈的干扰源；办公中的计算机、键盘、打印机、复印机、日光灯，各种家用电器如微波炉、风扇、吸尘器、冰箱比比皆是，各种人为的电磁干扰源几乎无处不在。

军事上核电磁脉冲，电子对抗中各式电子武器则属于强烈的人为干扰源。

设计和制造电子设备的工程师往往更为关心的是电子设备遇到的干扰源，而这些干扰源往往在系统内产生。开关电源、脉冲数字线路、散热片、振荡器及各种电子线路都可能形成系统内干扰源，同时也对系统外的空间产生电磁骚扰。

干扰源产生的电磁能量需要通过耦合途径才能传递到敏感设备，工程师们要做的工作一个是如何使人为干扰源尽量地小，另一个是切断干扰源与敏感设备间的耦合渠道。

耦合途径包括：

(1) 传导性耦合，其中包括：①直接传导耦合，也可称为电路性耦合，是通过导线和器件相连的传导性耦合；②近场耦合，是通过互感、互容等方式的耦合。

(2) 辐射耦合，是通过电磁波传播的耦合，亦称为远场耦合。

以上的分类方法并不是将通过空间的耦合都定义为辐射耦合。电感性耦合与电容性耦合尽管都是通过空间的耦合，但仍然归类为传导性耦合。传导性耦合的共同特征是可用电路理论来分析，而辐射耦合则不能。但无论辐射耦合还是传导耦合，本质上都离不开场，场才是电磁干扰和电磁耦合的根基。

1.1.3 电磁兼容分析方法的特点

(1) 电磁兼容是电磁场理论为基础的学科，采取场与路结合的分析方法。

电磁干扰的本质是场的干扰，所有的事情都是场的作用。尽管有些场合用电路理论来分析问题比由场来解决更方便，但问题的本质还是场，电路中导体的作用实际上也是把源产生的场传送到其他元件中。电路理论很少论述结构的几何形状，而几何形状正是干扰现象的核心。

图 1.1 是一个通常遇到的简单例子。电池通过上下两根平行导线将能量传递给负载 R_L，最常用的方法是欧姆定律，但我们也可以以另一个观点看待这个问题。在上下两导线之间的空间中，电场与磁场的方向如图中所示。即使是直流电，坡印亭矢量的方向仍然是能流密度的方向，$\vec{E}\times\vec{H}$ 的方向正是由电池指向负载，实际上负载得到的能量是由空间经过坡印亭矢量传递过来的，导线的作用仅仅是引导能量往负载方向传播。

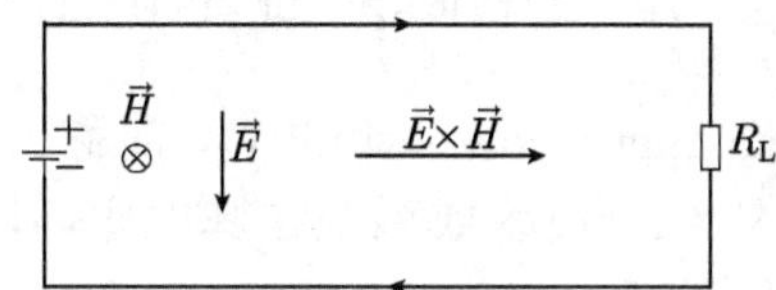

图 1.1 能量由两线之间的空间经坡印亭矢量传向负载

图 1.1 的情况在电路的分布参数不严重时可能用电路理论处理更方便，但实际中很多论题都不能用电路理论来对待，如雷电现象、天线辐射、趋肤效应、屏蔽效能等。图 1.2 就是一个例子，假设上下导体都是圆形导线，高频时电流集中在导线的外缘流动，这就是趋肤效应。如果分析一下导线两旁的场则很容易理解这个问题。假设导线不是理想导体，导线周围电场的切向分量则不为零，导线周围的切向电场与切向磁场沿图 1.2 所示的方向，由图可看出，导线边沿的坡印亭矢量都指向导体，表示场的能量由外面进入导体内部，并由强变弱地向导线的中心方向传播，形成了边缘电流密度强而中心电流密度弱的局面。如果纯粹用电路理论则无法解释这个现象。

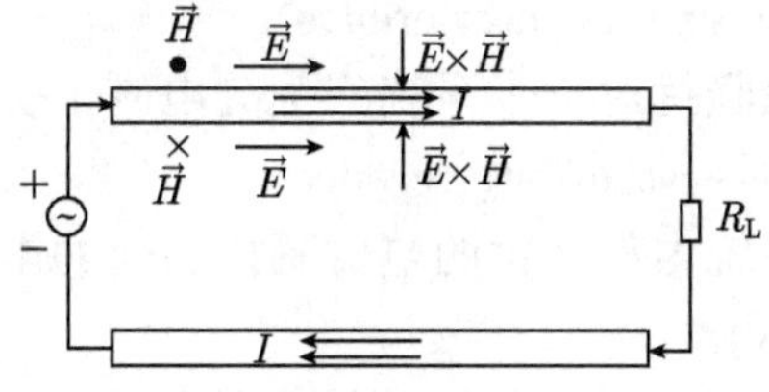

图 1.2 趋肤效应的物理图像

场是电磁干扰问题的本质，但实践中具体处理干扰问题，并不排除使用电路的理论。在很多情况下，可以将分布参数的效果等效为电路中的一个量，使用等效电路来处理，而不一定事事都去解复杂的场方程。因此，以电磁场理论为基础，场和路结合的分析方法是电磁兼容研究方法的一大特征。

(2) 电场与磁场的干扰要分清。

处理电磁干扰问题时，存在电场干扰和磁场干扰。电磁干扰的原理都不相同，不同性质的干扰需采取不同的解决方法，绝不能一概而论，这点在作电磁兼容分析时是一定要注意的。

(3) 电磁兼容研究的干扰在数值上往往存在很大尺度范围，作预测和测试时知道量级是主要的，而一般不要求非常高的精度。因而在电磁兼容领域，场或干扰电压都以 dB 作单位，以适应大跨度数值范围。

1.2　常用电磁兼容术语解释

(1) 电磁兼容 (electromagnetic compatibility)，简称 EMC。

国标对电磁兼容的定义为："设备或系统在其电磁环境中能正常工作且不对该环境中的任何事物构成不能承受的电磁骚扰的能力。"

通俗地说，电磁兼容是设备的一种能力，它在其电磁环境中能完成它的功能，又不会在周围环境中产生不允许的电磁骚扰。

(2) 电磁骚扰 (electromagnetic disturbance)。

任何可能引起设备或系统性能下降，或对生命或无生命物质产生损害的电磁现象。空间的场、电路传递过来的干扰电压等，都称为电磁骚扰。

(3) 电磁干扰 (electromagnetic interference)，简称 EMI。

电磁骚扰引起的设备或系统性能下降的现象称为电磁干扰。或者说干扰是电磁骚扰作用到受害物体的过程或现象。

(4) 电磁敏感性 (electromagnetic susceptibility)，简称 EMS。

在存在电磁骚扰的情况下，设备或系统不能避免性能降低的能力。设备敏感度越高，表示其抗干扰能力越差。

(5) 系统间干扰 (inter-system interference)。

其他系统产生的电磁骚扰对一个系统产生的电磁干扰。

(6) 系统内干扰 (intra-system interference)。

系统中出现的由本系统内部产生的电磁骚扰引起的电磁干扰。

(7) 抗扰性 (immunity)。

设备或系统面临电磁骚扰不降低运行性能的能力。一个系统或设备的敏感性与抗扰性是相反的表示方式，敏感度高即抗扰度低。

(8) 电磁发射 (electromagnetic emission)。

从源向外发出电磁能量的现象。电磁发射包括了传导发射和辐射发射两种。

(9) 电磁辐射 (electromagnetic radiation)。

电磁能量以电磁波辐射的形式发射到空间的现象。

(10) 骚扰限值 (limit of disturbance)。

对应于规定测量方法的最大电磁骚扰允许电平。

(11) 抗扰性限值 (limit of immunity)。

规定的最小抗扰性电平。

(12) 电磁兼容电平 (electromagnetic compatibility level)。

预期加在工作于指定条件的装置、设备或系统上的规定的最大的电磁骚扰电平。

(13) 发射裕量 (emission margin)。

设备或系统的电磁兼容电平与发射限值之间的差值。

(14) 抗扰性裕量 (immunity margin)。

设备或系统的抗扰度限值与电磁兼容电平之间的差值。

图 1.3 表示了设备的发射限值、抗扰性限值和电磁兼容电平之间的相互关系。电磁兼容电平是按照预期电磁环境规定的一个值；发射限值、抗扰性限值是对设备性能规定的值，它们与电磁兼容电平之差称为“裕量”。

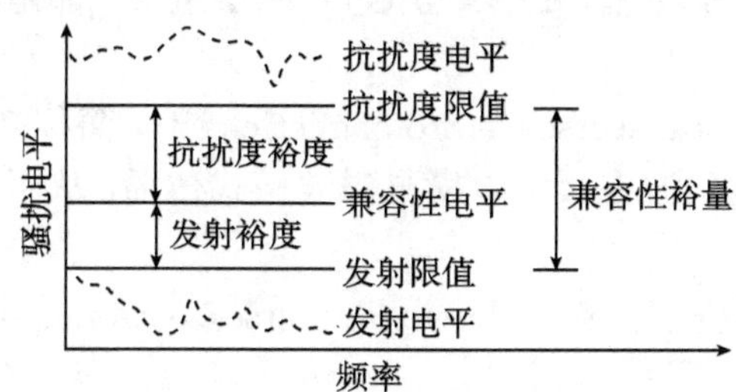

图 1.3 发射/抗扰性限值和电磁兼容电平之间的相互关系

(15) 耦合途径 (coupling path)。

电磁能量从干扰源到受害设备所经的途径，包括传导性耦合与辐射耦合。

(16) 地耦合干扰 (ground –coupled interference)。

电磁骚扰从一个电路通过公共地或地回路耦合到另一个电路从而引起的电磁干扰。

(17) 干扰抑制 (interference suppression)。

削弱或消除电磁骚扰的措施。

(18) 电磁屏蔽 (electromagnetic screen)。

用来减少电磁场向指定区域穿透的措施。屏蔽是通过阻止空间耦合的手段抑制电磁骚扰，抑制的电磁场包括远场和近场。

(19) 人工电源网络 (artificial mains network)，又称线路阻抗稳定网络 (line impedance stabilization network)，简称 LISN。

串接在被测设备电源进线处的网络。它是进行电磁兼容传导性测试的基本设备，其作用是为骚扰电压的测量提供规定的负载阻抗，并使被测设备与电源相互隔离。

(20) 差模电压 (differential mode voltage)。

一组规定的带电导体任意两根之间的电压。

(21) 共模电压 (common mode voltage)。

每个导体与规定参考点 (通常是机壳或地) 之间的电压。

(22) 准峰值检波器 (quasi-peak detector)。

一种具有规定的电气时间常数的检波器。当施加规则的重复等幅脉冲时，输出电压是脉冲峰值的分数，且此分数随脉冲重复率增加趋于 1。

(23) 峰值检波器 (peak detector)。

输出电压为所施加信号峰值的检波器。

(24) 测试场地 (test site)。

在规定条件下能满足对被测设备的电磁发射进行正确测试的场地。例如，屏蔽室、开阔场、电磁兼容半暗室、TEM 与 GTEM 小室等，都是规定的电磁兼容测试场地。

(25) 横电磁波室 (transverse electromagnetic cell)，简称 TEM 小室。

一个封闭系统，电磁波在其中以横电磁波模式传播，从而产生供测试使用规定的电磁场的设备。

(26) 吉赫兹横电磁波室 (giga-Hertz transverse electromagnetic cell)，简称 GTEM 小室。

一种可工作于吉赫兹频段的横电磁波室。

(27) 电磁屏蔽半电波暗室 (electromagnetic shielded semi-anechoic chamber)。

一种六面有屏蔽体，五面有吸波材料的电磁暗室，用于模拟开阔场进行电磁兼容测试。

第 2 章 电磁辐射与远近场的基本概念

2.1 电、磁偶极天线与电磁对偶原理

2.1.1 电偶极天线的场

图 2.1 所示为电偶极天线的基本模型。两根分开的导体形成电偶极的两臂，如果在中央给其馈电，则两臂流有相同方向的电流。设两臂的总长为 l，如果抛开馈电问题不管，电偶极天线在空间产生的场与一根长为 l 的线电流产生的场是一样的。因此，在分析电磁兼容问题时，遇到有其他方式产生的线电流，我们仍然可以用电偶极天线的场公式进行分析和计算。但电偶极天线一般定义为其长度跟波长相比很短，如果天线很长，则称为线天线。

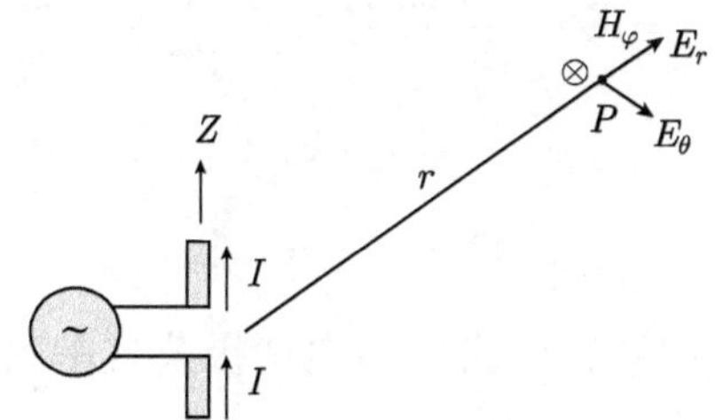

图 2.1 电偶极天线的基本模型及产生的场

设电偶极天线电流为 I_0，全长为 l，在以电偶极中央为原点的球坐标系中，其产生的场为

$$E_r = \eta \frac{I_0 l \cos\theta}{2\pi r^2}\left[1 + \frac{1}{\mathrm{j}kr}\right]\mathrm{e}^{-\mathrm{j}kr} \tag{2.1a}$$

$$E_\theta = \mathrm{j}\omega\mu \frac{I_0 l \sin\theta}{4\pi r}\left[1 + \frac{1}{\mathrm{j}kr} - \frac{1}{(kr)^2}\right]\mathrm{e}^{-\mathrm{j}kr} \tag{2.1b}$$

$$H_\varphi = \mathrm{j}\frac{kI_0 l \sin\theta}{4\pi r}\left[1 + \frac{1}{\mathrm{j}kr}\right]\mathrm{e}^{-\mathrm{j}kr} \tag{2.1c}$$

$$E_\varphi = 0 \tag{2.1d}$$

$$H_r = H_\theta = 0 \tag{2.1e}$$

式中，r, θ 为球坐标参数；μ 为周围空间介质的磁导率，如果介质为空气，则 $\mu = \mu_0 = 4\pi \times 10^{-7}$；$k$ 是介质中的波数，在无损耗介质中与波长 λ 的关系为 $k = \dfrac{2\pi}{\lambda}$；$\eta = \sqrt{\dfrac{\mu}{\varepsilon}}$

称为介质的波阻抗，如果介质为空气，则 $\eta=\eta_0=120\pi$; ε 为周围空间介质的介电常数，如果介质为空气，则 $\varepsilon=\varepsilon_0=\dfrac{1}{36\pi}\times 10^{-9}$ (注意 $\dfrac{1}{\sqrt{\mu_0\varepsilon_0}}=3\times 10^8\text{m/s}$ 正是真空中的光速)。

k 与介质参数的一般关系为 $k=\omega\sqrt{\mu\varepsilon}$，有关有损介质中 ε、μ、k 的表达式将在后面的章节中阐述。

2.1.2　磁偶极天线的场

磁偶极天线 (图 2.2) 是指周长比波长短得多的电流环，设 S 为环的面积，I_0 为流过环的电流，在以环中央为原点的球坐标系中，其产生的场为

$$H_r=\mathrm{j}\frac{kSI_0\cos\theta}{2\pi r^2}\left[1+\frac{1}{\mathrm{j}kr}\right]\mathrm{e}^{-\mathrm{j}kr} \tag{2.2a}$$

$$H_\theta=-\frac{k^2SI_0\sin\theta}{4\pi r}\left[1+\frac{1}{\mathrm{j}kr}-\frac{1}{(kr)^2}\right]\mathrm{e}^{-\mathrm{j}kr} \tag{2.2b}$$

$$E_\varphi=\frac{\omega\mu kSI_0\sin\theta}{4\pi r}\left[1+\frac{1}{\mathrm{j}kr}\right]\mathrm{e}^{-\mathrm{j}kr} \tag{2.2c}$$

$$H_\varphi=0 \tag{2.2d}$$

$$E_r=E_\theta=0 \tag{2.2e}$$

式中，μ、ε、k、η、r、θ 等参数的含义均与电偶极公式中的相同。

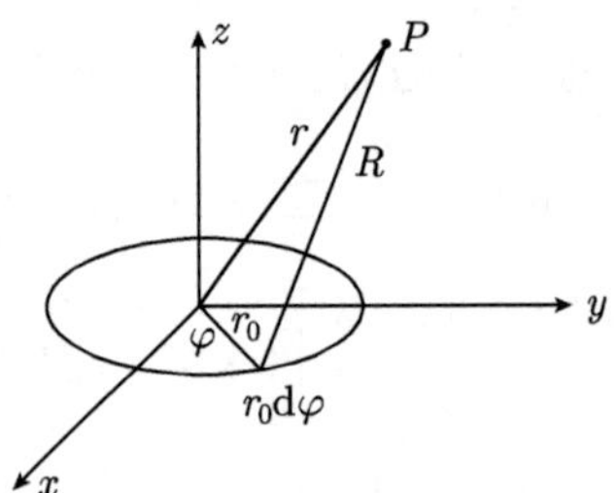

图 2.2　磁偶极天线示意图

2.1.3　等效磁矩与电磁对偶性

如果用等效磁矩来表示式 (2.2) 所示的磁偶极子的场，可以将磁偶极子的场表示成与电偶极子场对偶的形式。等效磁矩的定义为

$$I_\mathrm{m}l=\mathrm{j}S\omega\mu I_0 \tag{2.3}$$

式中，右边各量的含义与式 (2.2) 的相同，左边的量 $I_\mathrm{m}l$ 就是所谓的"等效磁矩"。

联合式 (2.2) 和式 (2.3)，用等效磁矩表示的磁偶极辐射场表达式则为

$$H_r=\frac{1}{\eta}\frac{I_{\mathrm{m}}l\cos\theta}{2\pi r}\left[1+\frac{1}{\mathrm{j}kr}\right]\mathrm{e}^{-\mathrm{j}kr} \tag{2.4a}$$

$$H_\theta=\mathrm{j}\frac{\omega\varepsilon I_{\mathrm{m}}l\sin\theta}{4\pi r}\left[1+\frac{1}{\mathrm{j}kr}-\frac{1}{(kr)^2}\right]\mathrm{e}^{-\mathrm{j}kr} \tag{2.4b}$$

$$E_\varphi=-\mathrm{j}\frac{kI_{\mathrm{m}}l\sin\theta}{4\pi r}\left[1+\frac{1}{\mathrm{j}kr}\right]\mathrm{e}^{-\mathrm{j}kr} \tag{2.4c}$$

对照式 (2.1) 和式 (2.4)，可以发现：电偶极公式只需作 $E\rightarrow H, H\rightarrow E, J\rightarrow -J_m, J_m\rightarrow -J, \varepsilon\rightarrow -\mu, \mu\rightarrow -\varepsilon$ 替换，即可得出磁偶极公式，反之亦然。

这就是电、磁偶极子的电磁对偶性。为了方便，对照下面将电、磁偶极的远场项并排写为

$$\begin{array}{ll} \text{电偶极远场} & \text{磁偶极远场} \\ E_\theta=\mathrm{j}\dfrac{\omega\mu I_0 l\sin\theta}{4\pi r}\mathrm{e}^{-\mathrm{j}kr} & H_\theta=\mathrm{j}\dfrac{\omega\varepsilon I_{\mathrm{m}}l\sin}{4\pi r}\mathrm{e}^{-\mathrm{j}kr} \\ H_\varphi=\mathrm{j}\dfrac{kI_0 l\sin\theta}{4\pi r}\mathrm{e}^{-\mathrm{j}kr} & E_\varphi=-\mathrm{j}\dfrac{kI_{\mathrm{m}}l\sin\theta}{4\pi r}\mathrm{e}^{-\mathrm{j}kr} \end{array} \tag{2.5}$$

$I_{\mathrm{m}}l$ 中的 I_{m} 亦可称为“等效磁流”，它不是在物理上真正存在的，但它的引入在数学上带来很大的方便。电磁偶极间的电磁对偶性实质上来自更普遍的 Maxwell 方程组的电磁对偶性，如本节附录 A 所示。

2.1.4 阻抗特性

电偶极天线的阻抗特性是容性、高阻抗。磁偶极天线的阻抗特性是感性、低阻抗。电偶极和磁偶极的线度与波长相比都很短，电偶极天线可近似看成两臂形成的电容器，而磁偶极子可近似看成一个电感线圈，因此它们的阻抗特性也很好理解。

习惯上，“高阻抗场”是指波阻抗高的场，“低阻抗场”是指波阻抗低的场。而高阻抗辐射源产生的近场就是高阻抗场，低阻抗辐射源产生的近场就是低阻抗场。这里波阻抗的“高”和“低”实际上是以 377Ω 为分界的。因此也可以说，电偶极子的近场是高阻抗场，而磁偶极子的近场是低阻抗场。有关远近场和波阻抗的概念将在下文进一步阐述。

当电偶极子的长度增大，它逐渐演变成线天线。线天线的阻抗随着长度与波长比的增大逐渐由容性变成中性，过 $\dfrac{\lambda}{2}$ 后又变成感性。线天线阻抗的算式见本节附录 B。

附录 A：普遍的电磁对偶原理——Maxwell 方程组的对偶形式

$$\nabla \times \vec{H} = \vec{J} + \varepsilon \frac{\partial \vec{E}}{\partial t}, \quad \nabla \times \vec{E} = -\vec{J}_{\mathrm{m}} - \mu \frac{\partial \vec{H}}{\partial t}$$

对 $\mathrm{e}^{\mathrm{j}\omega t}$ 依赖的场则为

$$\nabla \times \vec{H} = \vec{J} + \mathrm{j}\omega\varepsilon\vec{E}, \quad \nabla \times \vec{E} = -\vec{J}_{\mathrm{m}} - \mathrm{j}\omega\mu\vec{H}$$

附录 B：线天线的阻抗公式

$$\begin{aligned} R_{\mathrm{in}} =& \frac{\eta}{2\pi \sin^2(kL)}\{C + \ln((2kL) - C_{\mathrm{i}}(2kL) + \frac{1}{2}\sin(2kL)[S_{\mathrm{i}}(4kL) - 2S_{\mathrm{i}}(2kL)] \\ &+ \frac{1}{2}\cos(2kL)[C + \ln(kL) + C_{\mathrm{i}}(4kL) - 2C_{\mathrm{i}}(2kL)]\} \end{aligned}$$

$$\begin{aligned} X_{\mathrm{in}} =& \frac{\eta}{4\pi \sin^2(kL)}\left\{2S_{\mathrm{i}}(2kL) + \cos(2kL)[2S_{\mathrm{i}}(2kL) - S_{\mathrm{i}}(4kL)]\right. \\ &\left. - \sin(2kL)\left[2C_{\mathrm{i}}(2kL) - C_{\mathrm{i}}(4kL) - C_{\mathrm{i}}\left(\frac{ka^2}{L}\right)\right]\right\} \end{aligned}$$

上式在 $L \gg a$ 时成立，其中 L 为对称振子 (线天线) 的半长，a 为振子的半径，k 为介质波数。$C_{\mathrm{i}}(x) = \int_{\infty}^{x} \frac{\cos y}{y}\mathrm{d}y$ 为余弦积分函数，$S_{\mathrm{i}}(x) = \int_{0}^{x} \frac{\sin y}{y}\mathrm{d}y$ 为正弦积分函数，$C = 0.5772$ 为欧拉常数。

2.2 远近场概念

远近场的区分在电磁兼容中极为重要。线间耦合是一种近场耦合，防护时首先要搞清楚是电场耦合还是磁场耦合，不同性质的耦合有不同的防护方式。屏蔽更是这样，屏蔽远场与屏蔽近场的方法是完全不同的，而屏蔽近场中屏蔽电场与屏蔽磁场的方法也是完全不同的。

2.2.1 电、磁偶极的远近场

本节通过电、磁偶极子的辐射公式来引入远近场的概念。通过电磁偶极子来引入的原因第一是由于这样引入比较形象和便于理解，第二是由于实际电路或设备中很多无意辐射的辐射体都可以等效成具有一定电偶矩的电偶极子和具有一定磁偶矩的磁偶极子，或者是两者的组合，这样引入在实际中具有很高的普遍性。

无论从2.1 节所述的电偶极辐射公式和磁偶极辐射公式都可以看到其辐射场与

场点距离 r 的关系有 3 项，分别正比于 $\frac{1}{kr}$、$\frac{1}{(kr)^2}$ 和 $\frac{1}{(kr)^3}$，其中 k 为波数。这三项大小之比决定于 kr 大于 1 还是小于 1。当 $kr \gg 1$，也就是场点离源很远时，发射场中显然 $\frac{1}{kr}$ 项占优势，因此与 $\frac{1}{kr}$ 成正比的项称为远场项。反之，当 $kr \ll 1$，也就是场点离源很近时，发射场中显然 $\frac{1}{(kr)^2}$ 和 $\frac{1}{(kr)^3}$ 项占优势，因此与 $\frac{1}{(kr)^2}$ 或 $\frac{1}{(kr)^3}$ 成正比的项称为近场项。

$kr = 1$ 或$r = \frac{\lambda}{2\pi}$ 称为远近场的分界点。当 $r > \frac{\lambda}{2\pi}$ 时，场以远场为主。当 $r < \frac{\lambda}{2\pi}$ 时，场以近场为主。

值得注意的是，有时将电磁偶极的远场和近场一起笼统地称为辐射场，这实际上是一种方便的叫法，严格来说真正能被称为辐射场的仅仅是远场，而近场应该称为感应场。

2.2.2 远场特性

现在来看远场中电场和磁场的关系。仍以电偶极为例，取其公式中的 $\frac{1}{kr}$，则其产生的电场和磁场只有 E_θ 和 H_φ 分量，分别为

$$E_\theta = \mathrm{j}\frac{\omega\mu I_0 l \sin\theta}{4\pi r}\mathrm{e}^{-\mathrm{j}kr} \tag{2.6}$$

$$H_\varphi = \mathrm{j}\frac{kI_0 l \sin\theta}{4\pi r}\mathrm{e}^{-\mathrm{j}kr} \tag{2.7}$$

其电场和磁场大小之比为

$$\frac{E_\theta}{H_\varphi} = \sqrt{\frac{\mu}{\varepsilon}} \tag{2.8}$$

式中，$\sqrt{\frac{\mu}{\varepsilon}}$ 为介质的磁导率与介电常数之比开方，也称为介质的波阻抗，常用 η 来表示。在真空或空气中，$\eta = 120\pi = 377\Omega$。

坡印亭矢量的方向，即能量传播方向为

$$\widehat{E}_\theta \times \widehat{H}_\varphi^* = \widehat{r} \tag{2.9}$$

这是沿 r 方向往外传播的波，波前为一个球面，所以电偶极的远场是球面波，由于 r 很大时球面的曲率很小，此球面波近似为平面波。

物理上电偶极的远场就是传统意义上的电磁波，它由变化的电场产生磁场，又由变化的磁场产生电场，电场与磁场耦合在一起，彼此不能分离。能量由电场和磁

场携带往远处传播，电场方向、磁场方向和传播方向 $\widehat{k}$ 三者成正交关系，如图 2.3 所示。用数学表示，即

$$\widehat{E}_\theta \times \widehat{H}_\varphi = \widehat{k} \tag{2.10}$$

式中，$\widehat{k}$ 为波矢量 $\vec{k}$ 的方向矢量，$\vec{k}$ 的大小就是波数 k。

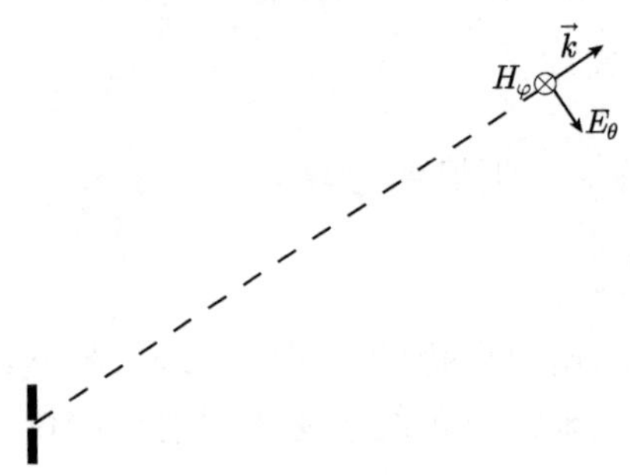

图 2.3　电偶极子的远场

同样可以证明磁偶极的远场只有 E_φ 和 H_θ，且 $\dfrac{E_\varphi}{H_\theta} = -\sqrt{\dfrac{\mu}{\varepsilon}} = -\eta$，$-\widehat{E}_\varphi \times \widehat{H}_\theta = \widehat{r}$，也是沿 $\vec{r}$ 方向往外传播的球面波。

2.2.3　近场特性

现在研究电偶极辐射公式中的 $\dfrac{1}{r^3}$ 和 $\dfrac{1}{r^2}$ 项。从上面公式可看到电场的两个分量 E_r 和 E_θ 都有带 $\dfrac{1}{r^3}$ 的项，而磁场 H_φ 则只有带 $\dfrac{1}{r^2}$ 的项。当 $kr \ll 1$ 时，显然磁场可以忽略，也就是说，电偶极的近场是以电场为主的。

电偶极的近场是如何产生的呢？它与直流电容器的机理相类似，电容器两个极板加上电压后，容器内空间只有电场而没有磁场。当 $kr \ll 1$ 时，电偶极的两极相当于电容器的两个极板，如图 2.4 所示，从而产生与电容器接近的特性。这种电场的性质不是像远场或辐射场那样由变化电场与变化磁场共同存在，互相耦合所产生的，而是一种场就可以独立存在，这种场称为感应场。

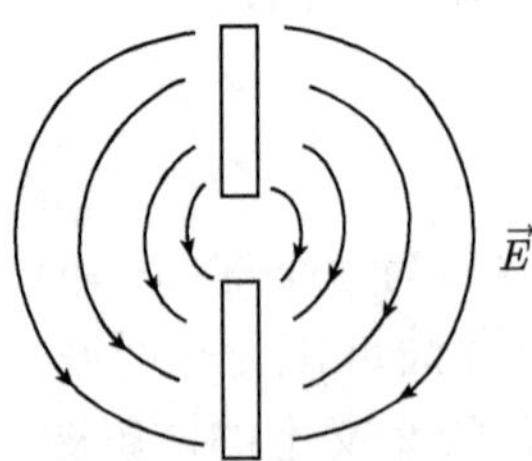

图 2.4　电偶极子的近场

再看磁偶极的例子。从上面公式可看到其磁场的两个分量 H_r 和 H_θ 都有带 $\dfrac{1}{r^3}$ 的项，而电场 E_φ 则只有带 $\dfrac{1}{r^2}$ 的项。当 $kr \ll 1$ 时，显然电场可以忽略，也就是说，磁偶极的近场是以磁场为主的。

磁偶极近场产生的机理类似于直流线圈。一个流过直流的线圈产生磁场，可是并不在周围空间产生电场。当 $kr \ll 1$ 时，磁偶极子几乎就是一个准静态的直流线圈，产生的磁场可以不依赖于电场而单独存在，这种场也是感应场。

实际上，细心的读者可以发现，如果我们只取磁偶极辐射公式中的 $\dfrac{1}{r^3}$ 项，那么得到的磁场强度的公式与对应直流线圈的毕奥–萨伐尔定理完全相同，这也从另一个方面说明感应场的特性接近直流的特性。

由于电磁兼容实际场合中很多辐射体都可以近似当成电偶极子或磁偶极子来处理，在本节的最后对电偶极和磁偶极子的近场特性归纳如下。

低频时，电偶极臂上任一点离馈源的距离都远小于波长，周边的场都是近场，电偶极类似于一个电容器，而电容器两极间的阻抗是容性高阻抗，可以推断电偶极子在低频时的阻抗是容性和高阻抗的。

低频时，磁偶极环上任一点离馈源的距离都远小于波长，周边的场都是近场，磁偶极类似于直流线圈，而直流线圈的阻抗是感性低阻抗，可以推断磁偶极子在低频时的阻抗是感性和低阻抗的。

在实际电路中，杆天线电路中高电压小电流的辐射源，都可以近似用电偶极的特性来处理，其近场以电场为主，阻抗具有容性和高阻抗特性。而环天线电路中低电压大电流的辐射源，则可以近似用磁偶极的特性来处理，其近场以磁场为主，阻抗具有感性和低阻抗的特性。

关于远场的标准，在天线和散射计算中还有另外一个说法，与本节远近场的标准和含义并不完全相同，是为数学计算的近似而定义的。为避免混淆，将两种远场标准列在附录 A 中。

附录 A：两种远场标准

(1) $r > 5\lambda$：反映场的物理性质，在场点辐射场远大于感应场。

(2) $r > \dfrac{2D^2}{\lambda}$：(又称最小测试距离)来自波程差小于 $\dfrac{\lambda}{8}$，使天线计算相位中的 $R \approx r - z'\cos\theta$，幅度 $R \approx r$，是一种数学近似条件。

2.3 波阻抗与远近场判别法

2.3.1 波阻抗的定义，平面波的波阻抗

空间某场点的波阻抗定义为该点的电场强度与磁场强度之比，平面波波阻抗

的定义比较简单，因为其电场和磁场都只有一个分量，且都与传播方向垂直。平面波波阻抗的定义为

$$Z = \frac{E}{H} \tag{2.11}$$

为与介质波阻抗 $\eta = \sqrt{\dfrac{\mu}{\varepsilon}}$ 相区分，本书都以 Z 代表电磁波的波阻抗，而以 η 代表介质波阻抗。在 2.2 节中已经证明电、磁偶矩的远场波阻抗与介质波阻抗是相等的，这个结论对普遍的平面波也成立。就是说，平面波的波阻抗等于 $\sqrt{\dfrac{\mu}{\varepsilon}}$，在真空中，它就是 120πΩ 或 377Ω。

2.3.2 近场波阻抗

近场的波阻抗比较复杂，笼统说来它也是场点的电场强度幅度与磁场强度幅度之比，但由于对近场来说，这个比值决定于场点的位置和所取的分量，同时决定于源的性质是电性源还是磁性源，所以计算时要具体问题具体分析。但有一点却是可以确定的，即电偶极源 (或者叫电性源或高阻抗源)，由于其电场近场分量与磁场近场分量之比总是大于 377Ω 的，因此不管取哪个分量来定义，电性源的波阻抗都大于 377Ω。同理，对磁偶极 (磁性源，低阻抗源)，其近场波阻抗总是小于 377Ω 的。

近场波阻抗一般取电场和磁场与界面相切的那个分量 (横向分量)来定义。因此，磁场源 (磁偶极) 产生的近场波阻抗是 $\dfrac{E_\varphi}{H_\theta}$，电场源 (电偶极) 产生的近场波阻抗是 $\dfrac{E_\theta}{H_\varphi}$。因此由上述的电、磁偶极公式可得到：

磁场源 (近场)
$$Z = -\mathrm{j}\omega\mu_0 r \tag{2.12}$$

电场源 (近场)
$$Z = -\mathrm{j}\frac{1}{\omega\varepsilon_0 r} \tag{2.13}$$

式中，r 为场源至场点的距离，显然近场波阻抗是跟距离有关的，并不完全决定于介质本身的特性，实际上，近场波阻抗也可认为仅仅是一个代号。

2.3.3 远近场的实际判别方法

由以上对近场特性和波阻抗的分析可以得出两种区分远近场的测试方法。

方法 1：随 r 的衰减特性来判断，近场振幅 $\propto \dfrac{1}{r^3}$，远场振幅 $\propto \dfrac{1}{r}$。

可以用同一探头在两个距离测量，然后判断随距离的衰减是大大快于 $\dfrac{1}{r}$ 还是基本等于 $\dfrac{1}{r}$，前者为近场，后者为远场。但这个方法操作起来比较困难，还不能判断源的特性，因此更实用的方法是下述的方法 2。

方法 2：通过波阻抗来判断。这个方法同时也可判别出源的电性或磁性。

分别用电场探头和磁场探头在同一点测量，分别得到 E 和 H 的横向分量值。

如果测量结果为 $\frac{E}{H} > 377\Omega$，则可以判定这是电性源的近场。

如果测量结果为 $\frac{E}{H} < 377\Omega$，则可以判定这是磁性源的近场。

如果测量结果为 $\frac{E}{H} = 377\Omega$，则可以判定为远场。

下面为一种近场探头组及测试实例。近场探头组是电磁兼容测试的一种常用设备，一般包含若干个电场探头和若干个磁场探头，用于覆盖不同的频段。图 2.5 所示为一种探头组的例子，它包含 3 个磁场探头和 2 个电场探头，能测量到 23.6GHz 以内的电场和 2.3GHz 以内的磁场，其探头系数范围为 40 ~ 100dB。

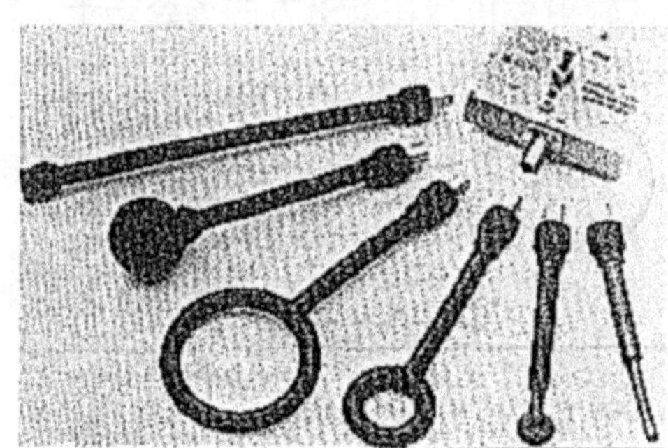

图 2.5 电场探头与磁场探头实物图

探头系数的定义为

电场探头 $$\mathrm{pF}^{(E)} = 20\log\left(\frac{E}{V}\right) \tag{2.14}$$

式中，V 为探头连接到 50Ω 接收机测得的电压，E 为测点位置的电场强度。

磁场探头 $$\mathrm{pF}^{(H)} = 20\log\left(\frac{377\cdot H}{V}\right) \tag{2.15}$$

式中，V 为探头连接到 50Ω 接收机测得的电压，H 为测点位置的磁场强度。

若电场探头测量结果 V_E 和磁场探头测量结果 V_H 都用 dB 表示，注意到 $20\log 377 = 51.52$，则

$$\text{波阻抗} = V_E + \mathrm{pF}^{(E)} - (V_H + \mathrm{pF}^{(H)}) + 51.52 \tag{2.16}$$

用式 (2.16) 表示的波阻抗，小于 51.52 对应磁性源的近场，大于 51.52 对应电性源的近场，等于 51.52 对应远场。表 2.1 为用该探头组测量的一组实例，发射源分别使用环天线和双锥天线。显然，他们分别属于磁性源和电性源。表 2.1 所示结果也证明了这一点。

表 2.1　波阻抗测试实例

发射天线	场点距离/cm	频率/MHz	探头系数/dB	频谱仪示数/dB/m	波阻抗 dB/Ω	判断源特性
25cm 圆环	10	10	$E904:70$ $H901:54$	−77 −52	$-9+51.52$	磁性
40cm 双锥	10	30	$E904:60$ $H901:47$	−62 −68	19+51.52	电性

注：50Ω 接收机 dBμV 读数与 dBm 读数的关系为：dBμV 读数 =dBm 读数 +107

2.4　地面上方的偶极子、镜像原理

镜像原理在电磁兼容分析中十分通用和简便，大地和金属平面通常可近似认为是理想电导体，电路或辐射体出现在其上方的场合是十分常见的。

2.4.1　镜像法

镜像原理可表述为：在无限大理想电导体上方若有一个源，那么它在上半空间产生的场为真实源和镜像源产生的场的矢量和。

镜像原理来自理想电导体的边界条件，即电场的切向分量为零。

注意本节说的理想导体是理想电导体而非理想磁导体，其边界条件是切向电场为零，而非切向磁场为零。

2.4.2　垂直/水平电、磁偶极的镜像

图 2.6 为垂直于水平电偶极和磁偶极的镜像天线图。镜像天线的电流大小与源天线相同，方向与原天线同向或反向，如图所示。垂直电偶极的镜像电流与源同向；水平电偶极的镜像电流与源反向；垂直磁偶极的镜像电流与源反向；水平磁偶的镜像电流与源同向。

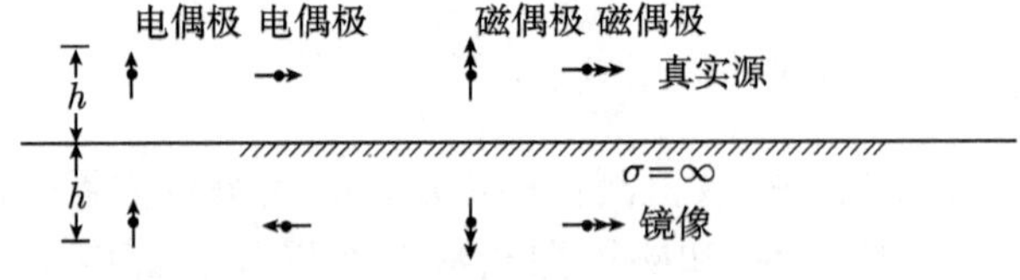

图 2.6　各种电、磁偶极的镜像天线图

如 2.4.1 节所述，镜像电流的方向是由镜像电流与原电流在导电平面边界上产生总切向电场为零这一边界条件决定的。下面仅以垂直电偶极为例说明，其余三种情况读者可自行证明。

图 2.7 为垂直电偶极与其镜像产生的边界场。设原电流为 I_1 方向朝上，在导电边界上某点 P 产生 $E_{r1}, E_{\theta 1}$，方向如图所示。如果假设镜像电流为 I_2 方向与原

电流相同，也是朝上，在导电边界上 P 产生 $E_{r2}, E_{\theta 2}$，方向亦如图所示。由图中很容易看出 $E_{\theta 1}$ 与 $E_{\theta 2}$ 的切向分量是反向的。表面看起来，E_{r1} 与 E_{r2} 似乎切向分量同向，但如果考虑到 E_r 表达式中有 $\cos\theta$ 的因子，而 $\cos\theta_1 = -\cos\theta_2$，同样可以得到 E_{r1} 与 E_{r2} 的切向分量也是反向的。因此，在 P 点源电流与镜像电流产生的总场切向分量为零，符合理想电导体表面的边界条件。

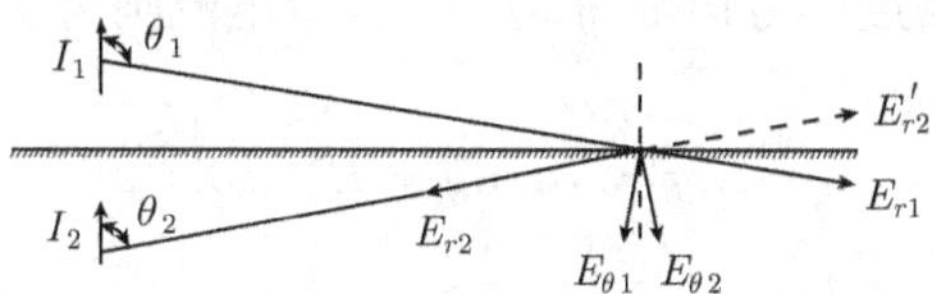

图 2.7 垂直电偶极与其镜像产生的边界场

2.5 口面天线与等效原理

口面天线理论在电磁兼容领域常用于分析孔、缝的辐射。

2.5.1 口面天线与唯一性定理

口面天线定义为：如果有一个金属导体面 S'、一个开口面 S 和 S 与 S' 所包围的内部源，就构成一个口面天线 (图 2.8)。

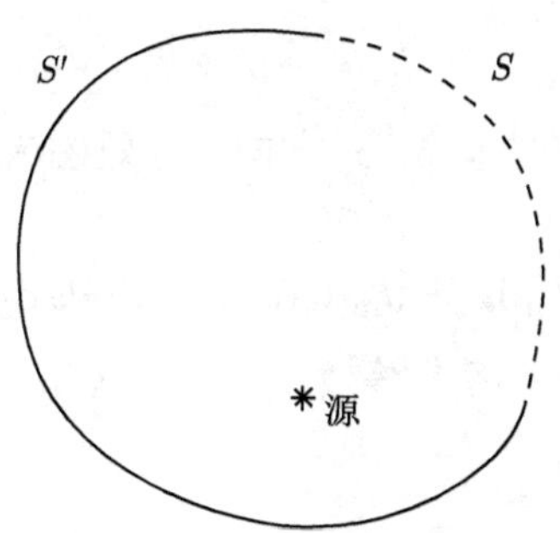

图 2.8 口面天线示意图

唯一性定理：一个有耗区域中的空间任意一点的源加上边界上的电场切向分量，或边界上的磁场切向分量，或部分边界上的电场切向分量和其余边界上的磁场切向分量，唯一地确定该区域中的场。

因此，“若一个封闭面上切向电场分量或边界切向磁场分量是完全已知的，则无源区域中的场便是确定的。”

2.5.2 面元的等效方法

1. 面元上的磁场等效成电偶极子

设口面切向磁场为 $\vec{H}_t$，外法线方向为 $\hat{n}$，其等效面电流密度为

$$\vec{J} = \hat{n} \times \vec{H}_t \tag{2.17}$$

图 2.9 中等效面电流密度的方向沿 y 方向，等效电流则为 $I = J\mathrm{d}x = H_x\mathrm{d}x$，而等效电偶矩为

$$I\mathrm{d}y = J\mathrm{d}x\mathrm{d}y = H_x\mathrm{d}x\mathrm{d}y \tag{2.18}$$

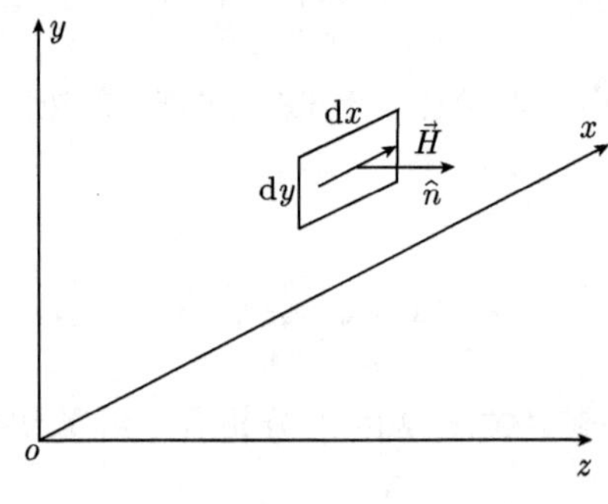

图 2.9 口面磁场的等效

2. 面元上的电场等效成磁偶极子

设口面切向电场为 $\vec{E}_t$，外法线方向为 $\hat{n}$，其等效面磁流密度为

$$\vec{J}_\mathrm{m} = -\hat{n} \times \vec{E}_t \tag{2.19}$$

图 2.10 中等效面电流密度的方向沿 x 方向，等效磁流则为 $I_\mathrm{m} = J_\mathrm{m}\mathrm{d}y = -E_x\mathrm{d}y$，而等效磁偶矩为

$$I_\mathrm{m}\mathrm{d}x = J_\mathrm{m}\mathrm{d}y\mathrm{d}x = -E_x\mathrm{d}x\mathrm{d}y \tag{2.20}$$

式 (2.17) 和式 (2.19) 来自于 “洛夫等效”，见 2.5.3 节所述。

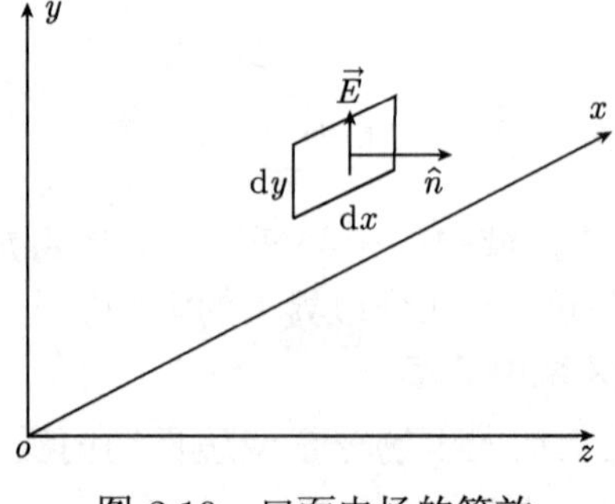

图 2.10 口面电场的等效

2.5.3 等效原理的应用

按照唯一性定理，当全部场源位于闭合曲面 S 内时，S 面外区域的场是由 S 面上的切向场分量决定的。只要保持原来的边界场不变，外部场就是原问题的场。这样，我们可有很多方法代替原来的内部源来产生相同的边界场。

洛夫等效方法如图 2.11 所示。设 1 区为 S 外部，0 区为 S 内部。洛夫等效的方法是移去内部源，并假设 S 内部的电、磁场都为 0，而在 S 面上人为地加上面电流密度 $\vec{J}_s = \hat{n} \times \vec{H}_1$ 和面磁流密度 $\vec{M}_s = -\hat{n} \times \vec{E}_1$。其中 $\vec{E}_1$ 和 $\vec{H}_1$ 是移去场源前原内部源在口面上产生的场，这样等效电流 $\vec{J}_s$ 和等效磁流 $\vec{M}_s$ 代替了原来的内部源产生了口面上相同的边界值，从而也产生与原问题相同的外部场。

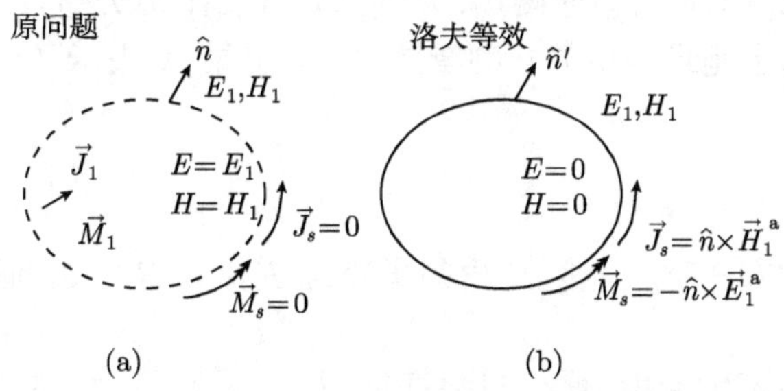

图 2.11 洛夫等效原理的解释

这样等效后内部场与原问题改变了，但由于边界值不变，所以外部场与原问题相同。等效方法中内部场还可以人为地选择其他的值，洛夫等效是将其选择为 0，如果一般地选择为内部场为 $\vec{E}_0$ 和 $\vec{H}_0$，则相应的等效面电流密度和等效面磁流密度将为 $\vec{J}_s = \hat{n} \times (\vec{H}_1 - \vec{H}_0)$ 和 $\vec{M}_s = -\hat{n} \times (\vec{E}_1 - \vec{E}_0)$。

用等效面电流和等效面磁流代替内部源之后，即可由 $\vec{J}_s$ 和 $\vec{M}_s$ 简单地通过电、磁偶极的辐射公式得求外部空间的场。

2.5.4 三种等效方法

1. 洛夫等效

令 S 内的场变为 $E = 0, H = 0$，在开口面上加入：

等效面电流密度 $\vec{J}_s = \hat{n} \times \vec{H}_1^{\mathrm{a}}$ (2.21)

等效面磁流密度 $\vec{M}_s = -\hat{n} \times \vec{E}_1^{\mathrm{a}}$ (2.22)

由 $\vec{J}_s$ 和 $\vec{M}_s$ 共同求外部空间的场。$\vec{H}_1^{\mathrm{a}}$ 和 $\vec{E}_1^{\mathrm{a}}$ 是原问题的孔径场 (口面场)。

2. 电导体等效

令 S 内的场变为 $E = 0, H = 0$，而且 S 内的介质用理想电导体充满，就称为电导体等效方法。它也可以认为是洛夫等效的一种特殊情况。

在电导体等效中求外部区域场时，等效面电流密度不必考虑，因为它在理想导电介质的表面，相当于水平电偶极的辐射被其镜像电流抵消。而等效面磁流密度 $\vec{M}_s = -\hat{n} \times \vec{E}_1^{\mathrm{a}}$ 的辐射则要翻倍，因为水平磁偶极的镜像电流与原电流是同向的。

于是，在电导体等效中，只需考虑口面电场和等效面磁流密度 $\vec{M}_s$。$\vec{M}_s$ 向 S 外空间的辐射是在理想电导体表面上的辐射，相当于

$$\vec{M}_s = -2\hat{n} \times \vec{E}_1^{\mathrm{a}} \tag{2.23}$$

在自由空间的辐射。

由上可见电导体介质引入的作用是抵消了边界上的面电流而将面磁流翻倍，这样在具体计算中可以不考虑口面磁场，从而给计算带来很大的方便。电导体等效实际上在大多数问题上是最实用的一种等效方法。附录 A 表示了原问题用电导体等效演变的全过程。

3. 磁导体等效

与电导体等效方法对应，令 S 内的场变为 $E = 0, H = 0$，而且内部区域用理想磁导体介质充满。

磁导体等效中不需考虑 $\vec{M}_s$，只需计算 $\vec{J}_s = \hat{n} \times \vec{H}_1^{\mathrm{a}}$ 在理想磁导体表面上的辐射。

附录 A：电导体等效过程

(1) 原问题，在孔径上有电场 E_{a}，在导体边界上 $E = 0$[图 A1(a)]。

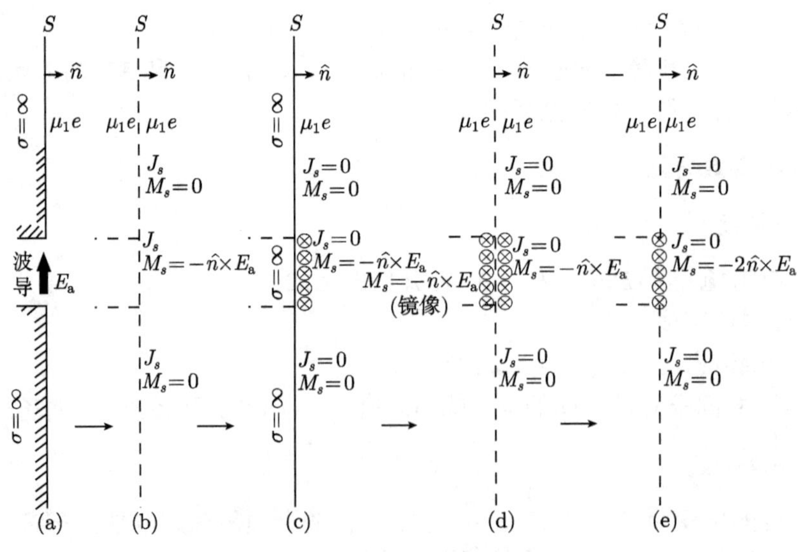

图 A1　电导体等效过程

(2) 进行洛夫等效后，在导体边界上只有等效电流 J，而 $M=0$(由于理想导体表面 $E=0$，从而 $\vec{M}=-\hat{n}\times\vec{E}_s=0$)。孔径上则 J，M 都存在 [图 A1(b)]。

(3) 在此基础上再在内部塞入理想电导体 (理想电导体内部电磁场为零，与洛夫等效不矛盾)，则全部界面上的 J 产生的辐射都由于镜像电流而被抵消，相当于不存在 J 或 $J=0$[图 A1(c)]。

(4) 这时边界上等效电、磁流只剩下孔径上的 $\vec{M}_s$，但由于内部是理想电导体，其辐射要考虑镜像，水平磁偶极的辐射要翻倍 [图 A1(d)]。

(5) 最后结果只需考虑 $\vec{M}_s=-2\hat{n}\times\vec{E}_s$ 的辐射 [图 A1(e)]。

2.6 矩形口面的辐射

2.6.1 口面场均匀分布时矩形口面的辐射场

假设无限大导电平面中有一个矩形口面，矩形的长、宽分别为 a 和 b，口面电场垂直于宽边，并沿宽边均匀分布。在图 2.12 表示的坐标中，口面电场为 $\vec{E}_{\rm a}=E_0\hat{y}$。

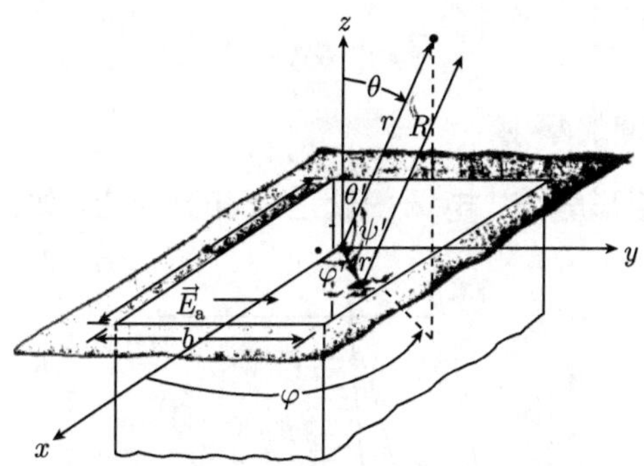

图 2.12 无限大导电平面中的矩形口面

用电导体等效的方法，$\vec{J}_{\rm m}=-2\hat{n}\times\vec{E}_0=2E_0\hat{x}$，面元的等效磁矩为

$$\vec{I}_{\rm m}{\rm d}l=2E_0{\rm d}x{\rm d}y\hat{x} \tag{2.24}$$

当面元较大时，需积分各面元的辐射场。对等效磁偶极远场积分结果 (在垂直于口面为 z 轴的球坐标中) 为

$$E_r=H_r=0$$

$$E_\theta={\rm j}\frac{kabE_0{\rm e}^{-{\rm j}kr}}{2\pi r}\left[\sin\varphi\frac{\sin X}{X}\frac{\sin Y}{Y}\right],\quad H_\varphi=\frac{E_\theta}{\eta} \tag{2.25}$$

$$E_\varphi={\rm j}\frac{abkE_0{\rm e}^{-{\rm j}kr}}{2\pi r}\left[\cos\theta\cos\varphi\frac{\sin X}{X}\frac{\sin Y}{Y}\right],\quad H_\theta=-\frac{E_\varphi}{\eta} \tag{2.26}$$

其中，$X = \dfrac{ka}{2}\sin\theta\cos\varphi$，$Y = \dfrac{kb}{2}\sin\theta\sin\varphi$。

特殊情况下：

在 yz 平面 $\left(\varphi = \dfrac{\pi}{2}\right)$ 上

$$E_\theta = \mathrm{j}\frac{kabE_0\mathrm{e}^{-\mathrm{j}kr}}{2\pi r}\frac{\sin\left(\dfrac{kb}{2}\sin\theta\right)}{\dfrac{kb}{2}\sin\theta}, \quad H_\varphi = \frac{E_\theta}{\eta} \tag{2.27}$$

$$E_\varphi = H_\theta = 0$$

在 xz 平面 ($\varphi = 0$) 上

$$E_\varphi = \mathrm{j}\frac{kabE_0\mathrm{e}^{-\mathrm{j}kr}}{2\pi r}\cos\theta\frac{\sin\left(\dfrac{kb}{2}\sin\theta\right)}{\dfrac{kb}{2}\sin\theta}, \quad H_\theta = -\frac{E_\varphi}{\eta} \tag{2.28}$$

$$H_\varphi = E_\theta = 0$$

2.6.2 导电平面上缝隙的辐射

对导电平面中的矩形缝隙，电场一般是垂直于缝的，如图 2.13 所示。

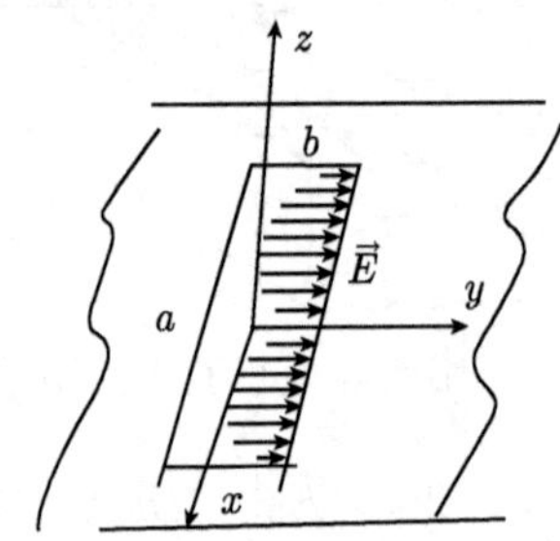

图 2.13 导电平面上的矩形缝隙

设缝平面位于 xy 平面上，缝长为 $2L$，方向沿 x，宽度为 b，沿 y 方向。我们仍用电导体等效计算缝的辐射。

(1) 如果电场沿 x 方向的分布是均匀的，则辐射远场就是 2.6.1 节结果的特殊情况 ($b \ll a$)。令式 (2.25) 式和式 (2.26) 中 $b \to 0$，即得到缝隙辐射的结果

$$E_\theta = \mathrm{j}\frac{kabE_0\mathrm{e}^{-\mathrm{j}kr}}{2\pi r}\sin\varphi\frac{\sin\left(\dfrac{ka}{2}\sin\theta\cos\varphi\right)}{\dfrac{ka}{2}\sin\theta\cos\varphi}, \quad H_\varphi = \frac{E_\theta}{\eta} \tag{2.29}$$

$$E_\varphi = \mathrm{j}\frac{kabE_0\mathrm{e}^{-\mathrm{j}kr}}{2\pi r}\cos\theta\cos\varphi\frac{\sin\left(\dfrac{ka}{2}\sin\theta\cos\varphi\right)}{\dfrac{ka}{2}\sin\theta\cos\varphi}, \quad H_\theta = -\frac{E_\varphi}{\eta} \tag{2.30}$$

其中 $a = 2L$。

(2) 若口面电场幅度沿 x 呈正弦分布，即 $\vec{E}_\mathrm{a} = E_0\sin(k(L-|x|)\hat{y}$。

将缝隙沿长度 x 方向分成很多小段，每一小段 $\mathrm{d}x$ 等效成方向沿 x 的磁流源，磁矩为

$$\vec{I}_\mathrm{m}(x)\mathrm{d}x = 2E_\mathrm{a}(x)b\hat{x}\mathrm{d}x \tag{2.31}$$

可通过对偶原理，利用有限长电振子的结果得到有限长磁振子的辐射场表达式。有限长电振子的远场为

$$E_\theta = \mathrm{j}\eta\frac{I_\mathrm{M}}{2\pi r_0}\left[\frac{\cos(kL\cos\theta)-\cos kL}{\sin\theta}\right]\mathrm{e}^{-\mathrm{j}kr_0} \tag{2.32}$$

$$H_\varphi = E_\theta/\eta = \mathrm{j}\frac{I_\mathrm{M}}{2\pi r_0}\left[\frac{\cos(kL\cos\theta)-\cos kL}{\sin\theta}\right]\mathrm{e}^{-\mathrm{j}kr_0} \tag{2.33}$$

其中，I_M 为波腹电流，L 为振子的半长。

利用对偶原理，可得此缝隙在以 x 轴为极轴的球坐标中产生的远场为

$$H_\theta = -\mathrm{j}\frac{E_0 b}{\eta\pi r_0}\frac{\cos(kL\cos\theta)-\cos kL}{\sin\theta}\mathrm{e}^{-\mathrm{j}kr_0} \tag{2.34}$$

$$E_\varphi = -\mathrm{j}\frac{E_0 b}{\pi r_0}\frac{\cos(kL\cos\theta)-\cos kL}{\sin\theta}\mathrm{e}^{-\mathrm{j}kr_0} \tag{2.35}$$

式 (2.34) 和式 (2.35) 是在以 x 轴为极轴的坐标系的表达式，若换成如图 2.12 或图 2.13 所示以 z 轴为极轴的坐标系的表达式，参见附录 A。

附录 A：电场正弦分布缝隙场在 z 为极轴的球坐标中的表达式

$$E_r = 0 \tag{A1}$$

$$E_\theta = -\frac{\sin\varphi}{\sqrt{\cos^2\theta+\sin^2\theta\sin^2\varphi}}E_{\varphi'} \tag{A2}$$

$$E_\varphi = -\frac{\cos\theta\cos\varphi}{\sqrt{\cos^2\theta+\sin^2\theta\sin^2\varphi}}E_{\varphi'} \tag{A3}$$

或

$$E_r = 0 \tag{A4}$$

$$E_\theta = \mathrm{j}\frac{E_0 b}{\pi r_0}\frac{\sin\varphi}{(\cos^2\theta + \sin^2\theta\sin^2\varphi)}[\cos(kL\cos\theta\cos\varphi) - \cos kL]\mathrm{e}^{-\mathrm{j}kr_0} \tag{A5}$$

$$E_\varphi = \mathrm{j}\frac{E_0 b}{\pi r_0}\frac{\cos\theta\cos\varphi}{(\cos^2\theta + \sin^2\theta\sin^2\varphi)}[\cos(kL\cos\theta\cos\varphi) - \cos kL]\mathrm{e}^{-\mathrm{j}kr_0} \tag{A6}$$

第 3 章　干扰的耦合途径和抑制

3.1　传导性耦合的基本形式

传导性耦合是指骚扰直接通过导线和电路器件或通过线间的互感、互容传递到受害设备的耦合形式。

3.1.1　电路性耦合

骚扰直接通过导线和器件向负载的传递方式称为电路性耦合。图 3.1 就是一个最简单的例子，图中 R_{t} 表示导线的电阻。可用最简单的欧姆定律计算负载 R_{L} 受到的干扰电压 U

$$U=\frac{R_{\mathrm{L}}}{R_{\mathrm{s}}+R_{\mathrm{t}}+R_{\mathrm{L}}}U_{\mathrm{s}} \tag{3.1}$$

式中，U_{s} 和 R_{s} 分别表示干扰源电压和内阻。

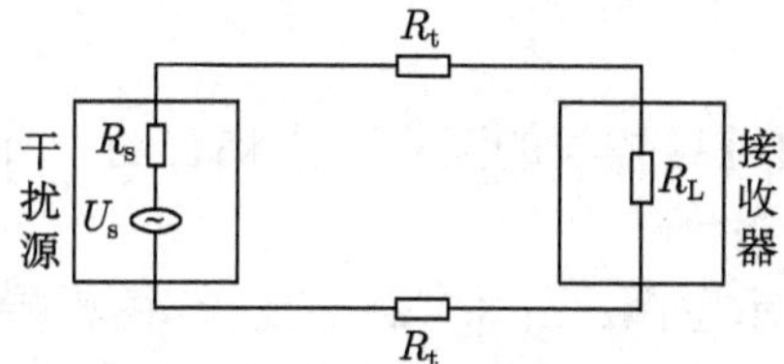

图 3.1　干扰通过导线和器件向负载的传递

3.1.2　导线的电阻和趋肤深度

低频时导线的电阻可简单地由电阻率公式计算

$$R_{\mathrm{t}}=\rho\frac{l}{S} \tag{3.2}$$

式中，ρ 为材料的电阻率，l 和 S 分别是导线的长度和横截面积。

高频时，由于趋肤效应，电流仅在导体表面一层流动。近似地，可将层的厚度视为趋肤深度，以 δ 表示。趋肤效应的存在是由于电磁波由导体的外部传入导体所致，这个电磁波是由干扰源 U_{s} 引起的，第 1 章的图 1.2 曾经论述过这个问题。电磁波进入导体后以 $\mathrm{e}^{-\alpha r}$ 形式衰减，其中 α 为衰减常数，趋肤深度 δ 等于衰减常数的倒数，即电磁波的振幅衰减到原来 $\frac{1}{\mathrm{e}}$ 的距离。

在导体中衰减常数为 $\alpha \approx \sqrt{\pi\mu f\sigma}$，从而

$$\delta = \frac{1}{\sqrt{\pi\mu f\sigma}} \tag{3.3}$$

式中，f 为电磁波的频率，μ 和 σ 分别为导体的磁导率和电导率。

近似用模型图 3.2 表示趋肤效应，电流流过的截面将是厚度为 δ 的圆环，于是式 (3.2) 中的 S 变为 $S_{AC} \approx \pi d\delta$，其中 d 为导线直径。这时导线电阻为

$$R_{\rm t} = \rho\frac{l}{\pi d\delta} \tag{3.4}$$

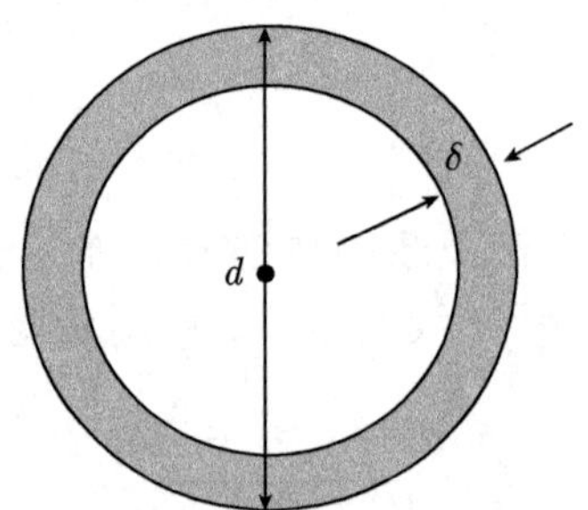

图 3.2　近似认为电流沿厚度为趋肤深度的圆环流动

3.1.3　电容性耦合

电容性耦合是骚扰通过导体间的互容产生耦合的一种形式，电容性耦合是一种近场耦合，亦称为电场耦合。

图 3.3 为电容性耦合示意图。图 3.3(a) 有 A, B 两根导线，导线 A 与地之间有干扰源 $U_{\rm s}$(设为恒压源)，导线 B 与导线 A 之间的互电容为 $C_{\rm t}$，导线 B 两端分别通过电阻 $R_{\rm L1}$ 和 $R_{\rm L2}$ 接地。由于电容性耦合，电路 B 中的负载 $R_{\rm L1}$ 和 $R_{\rm L2}$ 受到干扰，干扰电压 $U_{\rm L}$ 可由等效电路图 3.3(b) 计算。

$$U_{\rm L} = \frac{R_{\rm L}}{R_{\rm L} - {\rm j}X_C}U_{\rm s} \tag{3.5}$$

其中，$R_{\rm L} = R_{\rm L1} /\!/ R_{\rm L2}$，$X_C = \dfrac{1}{2\pi fC_{\rm t}}$。

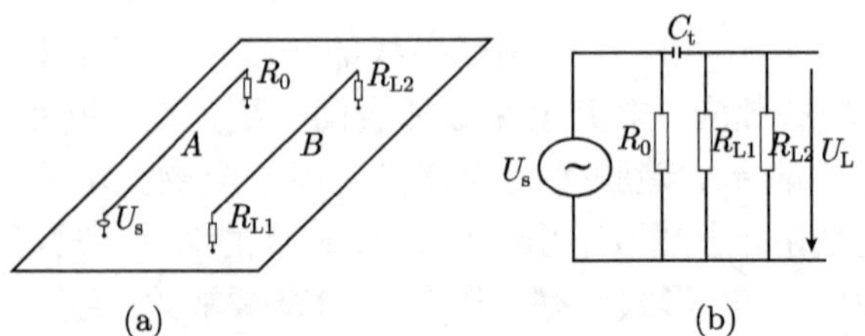

图 3.3　电容性耦合示意图

3.1.4 电感性耦合

电感性耦合是干扰通过导体间的互感产生耦合的一种形式，电感性耦合也是一种近场耦合，亦称为磁场耦合。

图 3.4 为电感性耦合示意图。设导线 1 流有干扰电流 I_1，导线 2 与导线 1 之间的互电感为 M，导线 2 两端分别通过电阻 R_c 和 R_d 接地。由于电感性耦合，电路 2 产生感生电动势

$$e_2 = \mathrm{j}\omega M I_1 \tag{3.6}$$

式中，ω 为干扰电流的角频率。负载 R_d 上的受扰电压从而为

$$V_d = \omega M I_1 \frac{R_d}{R_c + R_d + \mathrm{j}\omega L_2} \tag{3.7}$$

式中，L_2 为导线 2 的自感，低频时 ωL_2 往往比 R_c 和 R_d 小，这项也可以忽略不计。

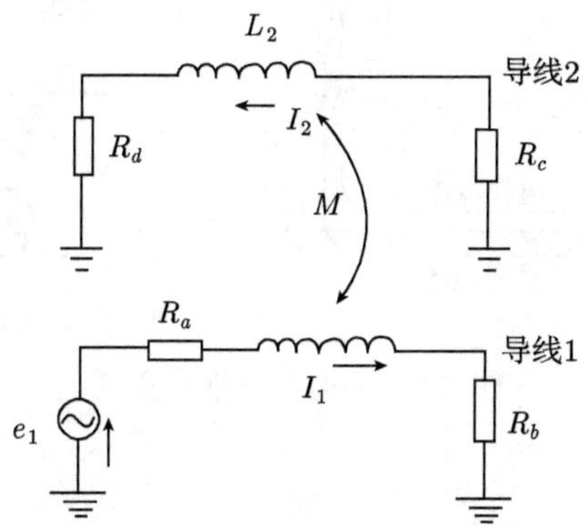

图 3.4 电感性耦合示意图

3.1.5 典型传导性耦合

1. 共地阻抗耦合

共地阻抗耦合是由于两个电路具有公共地，一个电路的电流流过公共地，由于地阻抗的原因在公共地两端引起电压降，而这个电压降又成为第二个电路的干扰源，使第二个电路成为受害电路。上述原理可通过图 3.5 表示。电路 1 的干扰源 U_s 引起公共地 Z_g 上的电压降为

$$U_\mathrm{g} = Z_\mathrm{g} I_1 = \frac{Z_\mathrm{g} U_\mathrm{s}}{R_\mathrm{s} + Z_\mathrm{st} + R_\mathrm{L}} \tag{3.8}$$

该电压降引起电路 2 的负载 R_{C2} 上的干扰电压则为

$$U_{C2} = \frac{R_{C2}}{R_{C1} + R_{C2} + Z_{C_\mathrm{t}}} U_\mathrm{g} = \frac{R_{C2} Z_\mathrm{g} U_\mathrm{s}}{(R_\mathrm{s} + Z_\mathrm{st} + R_\mathrm{L})(R_{C1} + R_{C2} + Z_{C_\mathrm{t}})} \tag{3.9}$$

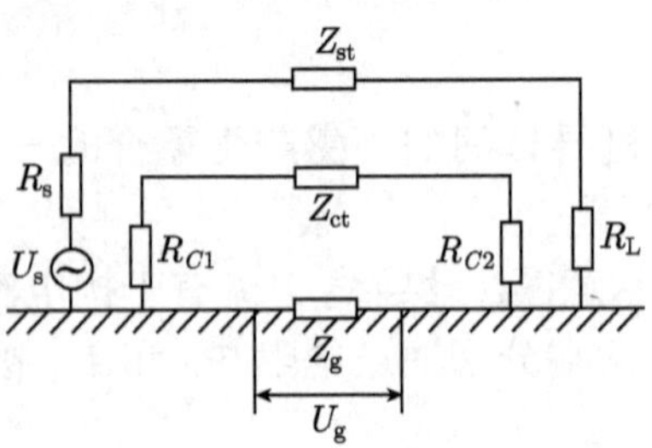

图 3.5　共地阻抗耦合原理图

图 3.6(a) 和图 3.6(b) 均是共地阻抗耦合的实际例子。在图 3.6(a) 中，电源电流通过地阻抗耦合到信号电流通道。在图 3.6(b) 中，BG1 的电流通过地阻抗耦合到 BG2 电路通道。

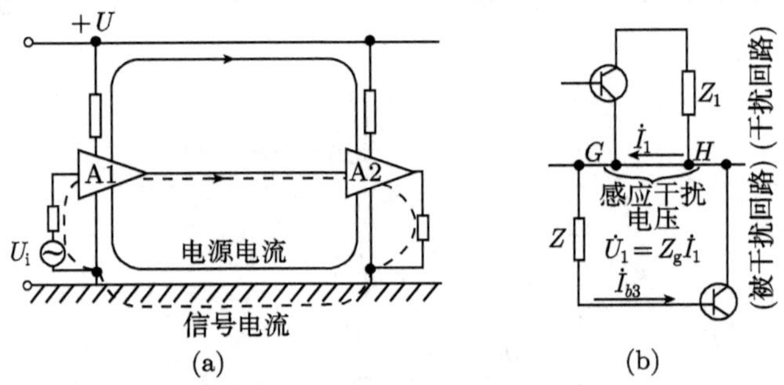

图 3.6　共地阻抗耦合实例

2. 共电源耦合

共电源耦合是两个电路使用共同的电源，由于源阻抗引起的两个电路之间的耦合。

如图 3.7 所示，假如电路 1 存在干扰源 U_{1s}，则在公共源阻抗 R_0 上引起电压降为

$$V_{R_0} = \frac{R_0}{R_0 + R_1} U_{1s} \tag{3.10}$$

在电路 2 的负载 R_2 上产生干扰电压 $U_2 = \dfrac{R_2}{R_2 + R_0} U_{R_0}$，于是

$$U_2 = \frac{R_2 R_0}{R_1 R_2 + R_1 R_0 + R_2 R_0 + R_0^2} U_{1s} \tag{3.11}$$

式 (3.10) 和式 (3.11) 比较便于理解，严格的电路计算结果为

$$U_2 = \frac{R_2 /\!/ R_0}{R_2 /\!/ R_0 + R_1} U_{1s} = \frac{R_2 R_0}{R_1 R_2 + R_1 R_0 + R_2 R_0} U_{1s} \tag{3.12}$$

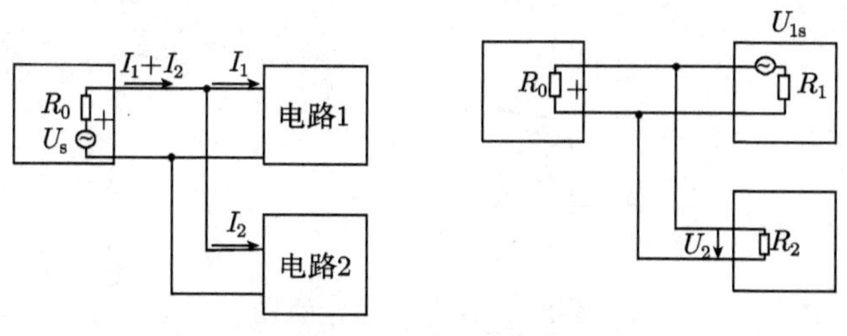

图 3.7　共电源耦合

3.2　互感系数与互容系数

互感系数与互容系数的大小在电感与电容性耦合中起到至关重要的作用，本节将讨论制约互感系数与互容系数的因素。

3.2.1　平行导线间的互感系数与互容系数

导体间的互感和互容与地面的存在关系很大。图 3.8(a) 和图 3.8(b) 分别表示无地面与有地面存在时的两根平行圆柱直导线示意图，其对应的单位长度互容系数公式分别为

图 3.8(a)：

$$\frac{C}{l}=1.21\times10^{-11}\frac{1}{\lg\dfrac{d+\sqrt{d^2-4r^2}}{2r}} \tag{3.13}$$

当 $d\gg r$ 时

$$\frac{C}{l}=1.21\times10^{-11}\frac{1}{\lg\dfrac{d}{r}}=\frac{3.5\times10^{-10}}{4\pi\ln\dfrac{d}{r}} \tag{3.14}$$

图 3.8(b)：

当 $h_1=h_2$ 时

$$\frac{C_{\mathrm{t}}}{l}=1.1\times10^{-10}\frac{\ln\dfrac{\sqrt{d^2+4h^2}}{d}}{\left(\ln\dfrac{2h}{r}\right)^2-\left(\ln\dfrac{\sqrt{d^2+4h^2}}{d}\right)^2} \tag{3.15}$$

式中，l 为导线的长，h 为离地高度。

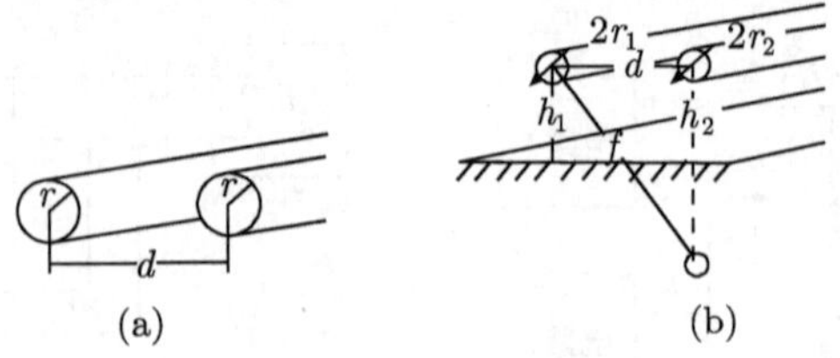

图 3.8 平行导线示意图

以一组数值为例观察地面对互容的影响，设 $h = 1\text{cm}$，$d = 5\text{cm}$，$r = 0.1\text{cm}$，由式 (3.14) 与式 (3.15) 分别可得

无地面时 $$\frac{C}{l} = 0.71 \times 10^{-11}\text{F/m} = 7.1\text{pF/m} \tag{3.16}$$

有地面时 $$\frac{C}{l} = 0.09 \times 10^{-11}\text{F/m} = 0.9\text{pF/m} \tag{3.17}$$

结果表明地面减小了导线之间的互容。

对应图 3.8(a) 和图 3.8(b) 的单位长度互感系数公式分别为

图 3.8(a)：

$$\frac{M}{l} = \frac{\mu_0}{2\pi}\left(\ln\frac{2l}{d} + \frac{d}{l} - 1\right) \tag{3.18}$$

图 3.8(b)：

$$\frac{M}{l} = \frac{\mu_0}{2\pi}\ln\frac{\sqrt{d^2 + 4h^2}}{d} \tag{3.19}$$

式中，l 为导线的长，h 为离地高度 (设 $h_1 = h_2$)。

再以一组数值为例观察地面对互感的影响，设 $d = 5\text{cm}$，$h = 1\text{cm}$，$a = 0.1\text{cm}$，$l = 1\text{m}$，由式 (3.18) 与式 (3.19) 分别可得

无地面时 $$M = 8.3 \times 10^{-6} = 8.3\mu\text{H} \tag{3.20}$$

有地面时 $$M = 0.15 \times 10^{-7}\text{H} = 0.015\mu\text{H} \tag{3.21}$$

结果表明地面的存在大大减小了导线之间的互感。

计算表明，地面的存在无论对互感系数还是互容系数都起到减小的作用，而且离地面越近，减低的幅度越大。因此可以得出结论：让导线紧贴金属面时是降低电感性耦合和电容性耦合的有效方法。

3.2.2 地面影响的物理解释

前面通过计算得到了地面上方的互感比在自由空间时小的结论，这一现象在抑制电磁干扰中有重要的应用，下面进一步从物理上分析这一现象的来源。

假设有图 3.9 所示的两根导线 1 和 2，它们彼此平行，并都与地面平行。这里所说的地面，更多的是指一个大的金属导体面，如 PCB 的地层或镜像层。如果某

种情况指大地，也将大地认为是个理想导体面。当地面出现时，按照第 2.4 节所述的镜像原理，水平电流的镜像与原电流的方向相反，设 I_1 的镜像电流为 I_3，其位置和方向如图所示，且有 $I_3 = I_1$。

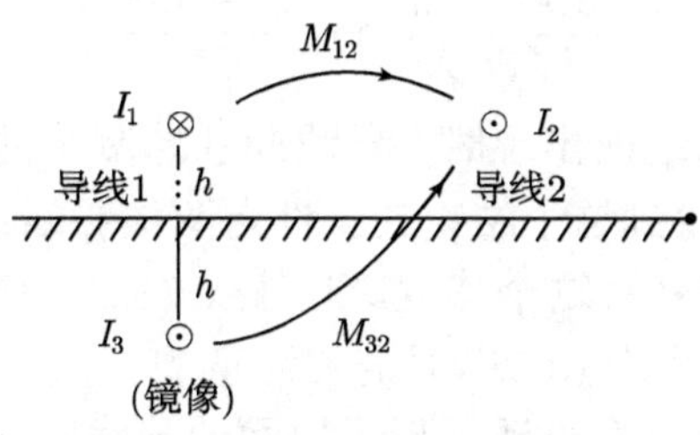

图 3.9 互感减小的镜像原理

对导线 2 来说，周围的磁场是导线 1 与其镜像电流 I_3 产生的磁场之和，从而由于导线 1 使导线 2 产生的互感电动势也是导线 1 与其镜像电流对导线 2 共同作用之和，则有

$$V_2 = \mathrm{j}\omega M_{12}I_1 + \mathrm{j}\omega M_{32}I_3 = \mathrm{j}\omega M_{12}I_1 - \mathrm{j}\omega M_{32}I_1 \tag{3.22}$$

式中，M_{12}，M_{32} 分别为导线 1，3 对导线 2 的自由空间互感系数。于是总的互感系数 M'_{12} 将为

$$M'_{12} = \frac{V_2}{\mathrm{j}\omega I_1} = \frac{M_{12}I_1 + M_{32}I_3}{I_1} = \frac{M_{12}I_1 - M_{32}I_1}{I_1} = M_{12} - M_{32} \tag{3.23}$$

由于导线 3 与导线 2 的距离大于导线 1 与导线 2 的距离，$M_{32} < M_{12}$，则有

$$M'_{12} = M_{12} - M_{32} < M_{12} \tag{3.24}$$

并保持与 M_{12} 相同的符号。就是说由于镜像平面的出现使互感系数的量值变小了，但是互感电流的方向与在自由空间时仍是相同的。

地面上方的互感与自由空间互感的定量关系也可以由镜像原理推出，自由空间平行导线的互感系数为

$$M_{12} = \frac{\mu_0 l}{2\pi}\left(\ln\frac{2l}{d} + \frac{d}{l} - 1\right) \tag{3.25}$$

式中，d 为导线 1 与导线 2 的距离，l 为导线的长，μ_0 为真空中的磁导率。则镜像电流 I_3 对导线 2 的互感系数为

$$M_{32} = \frac{\mu_0 l}{2\pi}\left(\ln\frac{2l}{r} + \frac{r}{l} - 1\right) \tag{3.26}$$

式中，r 为导线 3 与导线 2 的距离，$r = \sqrt{d^2 + 4h^2}$，于是有

$$M' = M_{12} - M_{32} = \frac{\mu_0 l}{2\pi}\left(\ln\frac{r}{d} + \frac{d-r}{l}\right) \tag{3.27}$$

当导线贴近地面时，$h \ll d$，$r \approx d$，于是式 (3.27) 近似为 $M' = \dfrac{\mu_0 l}{2\pi}\ln\dfrac{r}{d}$，从而得到地面上方单位长度的平行导线互感公式

$$\frac{M'}{l} = \frac{\mu_0}{2\pi}\ln\frac{\sqrt{d^2+4h^2}}{d} \tag{3.28}$$

由以上分析可以看出地面出现时，导线间互感减小的原因可以由镜像原理得到解释，值得注意的是，得到这个结论的条件是两根导线都平行于地面。如果导线不平行于地面，并不一定具有这个特性。此外式 (3.28) 成立的条件是导线离地面距离很小，这也是我们使用式 (3.28) 时需要注意的。

同样的方法可以证明地面出现平行于地面的导线时的自感也是减小的。由于镜像电流的出现，导线的自感将为原来的自感与其镜像电流的互感之和，如图 3.10 所示。由于平行导线镜像电流与原电流反向，总自感 L' 将为

$$L' = L - M < L \tag{3.29}$$

这就得到地面上方导线自感比其在自由空间中小的结论。

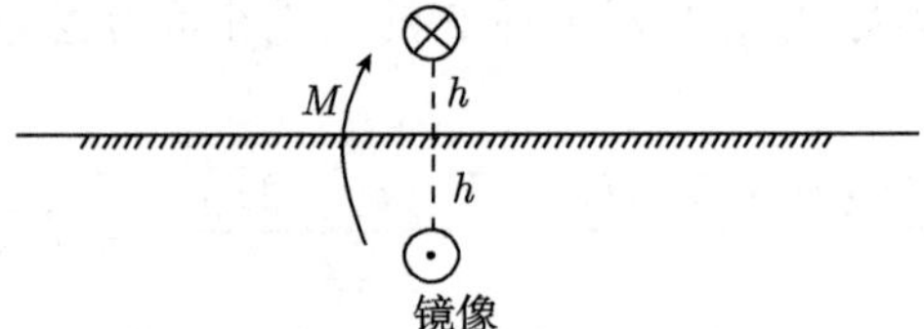

图 3.10　自感减小的镜像原理

圆柱导体在自由空间的自感公式为

$$\frac{L}{l} = \frac{\mu_0}{2\pi}\ln\frac{2l}{a} - 1 \tag{3.30}$$

其中，a 为圆导线半径，l 为导线的长，μ_0 为真空中磁导率。自由空间两导线互感为

$$\frac{M}{l} = \frac{\mu_0}{2\pi}\left(\ln\frac{2l}{d} + \frac{d}{l} - 1\right) \tag{3.31}$$

其中，d 为两导线之间的间距。而现在镜像电流与原导线距离为 $2h$，h 为导线离地高度。代入 $d = 2h$，则有

$$\frac{L'}{l} = \frac{L-M}{l} = \frac{\mu_0}{2\pi}\left(\ln\frac{2h}{a} - \frac{2h}{l}\right) \tag{3.32}$$

再利用靠近地面时 $h \ll l$，则得到地面上方平行圆导线的自感公式

$$L' = \frac{\mu_0 l}{2\pi}\ln\frac{2h}{a} \tag{3.33}$$

同样值得注意的是得到这个结论的条件是导线要平行于地面。导线平行于地面时，镜像电流才会与原电流反向。此外式 (3.33) 成立的条件也是导线离地面距离很小，这也是使用式 (3.33) 时需要注意的。

地面上方导线自感比在自由空间时小的现象在抑制电磁干扰中也有重要的应用，自感减小可以降低公共阻抗，减小共地阻抗耦合，降低接地噪声电压，减小共模辐射等，这些内容在以下的章节中还会提及。

3.2.3 电感性耦合与电容性耦合的比较

两导线间的近场耦合以电感性为主还是电容性为主是一个经常令人困惑的问题，本节首先讨论一个实际算例。

图 3.11 表示地面上方有两平行圆柱导线，分别长 1m，直径都为 2mm, 相距 30mm，导线离地高度都为 $h = 10\text{mm}$，干扰源电路 1 的负载为 100Ω，干扰源频率为 $f = 1\text{MHz}$，受干扰电路 2 接有一负载 100Ω 及另一源内阻 100Ω，试求干扰源电压为 10V 时对导线 2 的负载上的干扰电压。

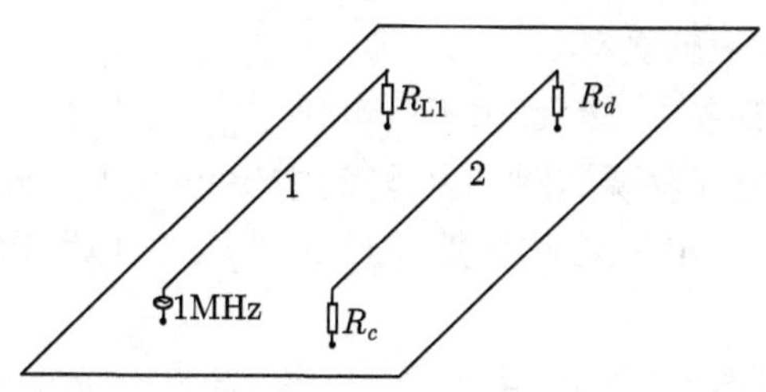

图 3.11 算例示意图

解：本算例 $l = 1\text{m}$，$a = 1\text{mm}$，$d = 30\text{mm}$，$h = 10\text{mm}$，$f = 1\text{MHz}$，$V_1 = 10\text{V}$，$R_c = R_d = 100\Omega$，$R_{\text{L1}} = 100\Omega$。

地面上平行圆柱线的互感为

$$M = \frac{\mu_0}{2\pi} l \ln \frac{\sqrt{d^2 + 4h^2}}{d} \approx 0.036\mu\text{H}$$

感应电动势

$$e_2 = \text{j}\omega M I_1,\ I_1 = \frac{V_1}{100} = 0.1(\text{A})$$
$$e_2 = \text{j}\omega M I_1 = \text{j}2\pi \times 10^6 \times 0.036 \times 10^{-6} \times 0.1 = \text{j}0.023(\text{V})$$

地面上方圆柱导体自感为

$$L_2 = \frac{\mu_0}{2\pi} l \ln \frac{4h}{d} \approx 0.058\mu\text{H}$$

负载 R_d 上的电感性耦合电压

$$V_d^M = \frac{R_d}{R_c + R_d + \mathrm{j}\omega L_2} e_2 = 0.011\mathrm{V} = 11\mathrm{mV}$$

地面上平行圆柱线的互容

$$C_\mathrm{t} = 1.1 \times 10^{-10} \frac{\ln \dfrac{\sqrt{d^2+4h^2}}{d}}{\left(\ln \dfrac{2h}{a}\right)^2 - \left(\ln \dfrac{\sqrt{d^2+4h^2}}{d}\right)^2} l = 2.2 \times 10^{-12}\mathrm{F} = 2.2\mathrm{pF}$$

另有，$R_\mathrm{L} = 100\Omega /\!/ 100\Omega = 50\Omega$, $\dfrac{1}{\omega C_\mathrm{t}} = 71250\Omega$。则负载 R_d 上的电容性耦合电压

$$V_d^C = \frac{R_\mathrm{L}}{R_\mathrm{L} + \dfrac{1}{\mathrm{j}\omega C_\mathrm{t}}} V_1 \approx \frac{R_\mathrm{L}}{\dfrac{1}{\mathrm{j}\omega C_\mathrm{t}}} V_1 \approx -\mathrm{j}\frac{50}{71250} V_1 = -\mathrm{j}7(\mathrm{mV})$$

本例结果为 $V_L^M \approx 11\mathrm{mV}$，而 $V_C^C \approx 7\mathrm{mV}$，粗略地看似乎两种耦合数量级基本相同。但如果改变一下电路条件:

(1) 保持 V_1 不变而令 I_1 增大 10 倍 (可让 $R_{\mathrm{L}1}$ 减小 10 倍来达到)。

用同样的计算方法可发现这时 V_d^C 与例中保持不变，而 V_d^M 增大 10 倍，即 $V_L^M \approx 110\mathrm{mV}$ 而 $V_C^C \approx 7\mathrm{mV}$，这时显然 $V_d^M \gg V_d^C$，即电路电流较大时，是电感性耦合为主的。

(2) 如果保持 I_1 不变而令 V_1 增大为 10 倍 ($R_{\mathrm{L}1}$ 不变)。

用同样的计算方法可发现这时 V_d^M 与例中保持不变，而 V_d^C 增大 10 倍，即 $V_L^M \approx 11\mathrm{mV}$ 而 $V_C^C \approx 70\mathrm{mV}$，这时显然 $V_d^C \gg V_d^M$，即电路电压较大时，是电容性耦合为主的。

以上算例尽管是一个个例，但从分析过程可以得到以下结论，即低电压大电流时感应耦合以电感耦合为主, 高电压小电流时感应耦合以电容耦合为主。

本节关于感应耦合的分析适合于 “低频”，即线长比波长小得多的情况。如果 $l > \dfrac{\lambda}{10}$，则需用传输线理论来分析线间耦合问题。

3.3　传导性耦合的抑制

3.3.1　电路性耦合的抑制方法

电路性耦合是指直接通过导线和元器件的连接引起的传导性耦合，上面章节提到的公共阻抗耦合、共电源耦合等都属于这种类型。对这种类型的抑制方法一般有:

(1) 使不同回路的公共阻抗 (Z_{g}) 尽量小。使 Z_{g} 减小的方法如让公共导线尽量地粗、短；用大金属平面作公共导线等。让公共导线靠近地面也可以降低导线的自感量，从而也降低 Z_{g}。注意在高频时，导线的阻抗更主要是来自它的电感而不是它的电阻。

(2) 两电路以一点相连。

图 3.12 是两个电路相互关联的两种接法，其中图 3.12(a) 中两电路有两个连接点，而图 3.12(b) 中两电路仅有一点连接点，为防止公共阻抗耦合，应采取图 3.12(b) 的接法。

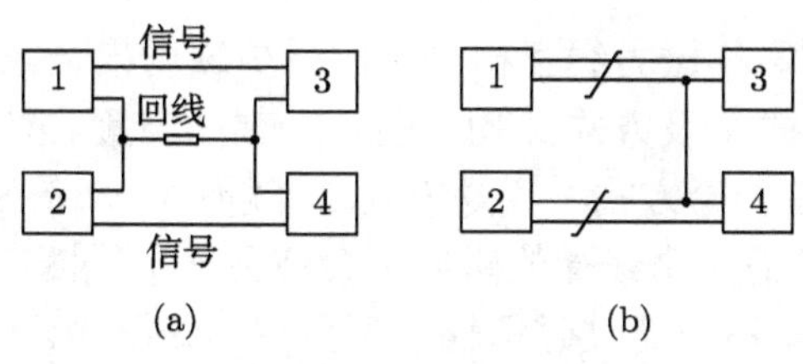

图 3.12 不正确 (a)，正确 (b)

(3) 选择正确的接地方式，如单点接地。这将在第 4 章中专门论述。

上述几种方法主要是抑制共地阻抗耦合。抑制公共阻抗耦合总的说来一个是尽量避免公共的地线，另一个是使公共地线的阻抗尽量地低。

(4) 滤波。滤波是抑制电路性耦合的重要方式，通过滤波器直接阻断干扰电流的通道，这将在第 6 章中专门论述。

3.3.2 感应耦合的抑制方法

感应耦合包括电感性耦合和电容性耦合两种。常用抑制方法有：

(1) 电路布局使线间的互感和互容系数尽量小。如使线间间距大，让平行导线贴近镜像平面等。

(2) 在某些情况下采取平衡式接法也能减小电容性耦合。

例如图 3.13 所示的一种平衡式接法。在屏蔽多股线中令 $C_{13}:C_{23}=C_{14}:C_{24}$，可以抵消电场耦合的干扰信号。图中 1，2，3，4 为 4 根导线，1，2 为干扰源电路的进线与回线，3，4 为受干扰电路的进线与回线，$C_{13},C_{23},C_{14},C_{24}$ 是导线 1，2，3，4 相互间的耦合电容。

干扰电压 U_{12} 耦合到导线 3 的电位为 $U_{32}=\dfrac{C_{13}}{C_{13}+C_{23}}U_0$，耦合到导线 4 的电位为 $U_{42}=\dfrac{C_{14}}{C_{14}+C_{24}}U_0$。如果 $U_{42}=U_{32}$，则负载 Z_{a} 上不产生电流，从而不受害。此条件即 $\dfrac{C_{14}}{C_{14}+C_{24}}=\dfrac{C_{13}}{C_{13}+C_{23}}$，亦即 $C_{13}:C_{23}=C_{14}:C_{24}$。

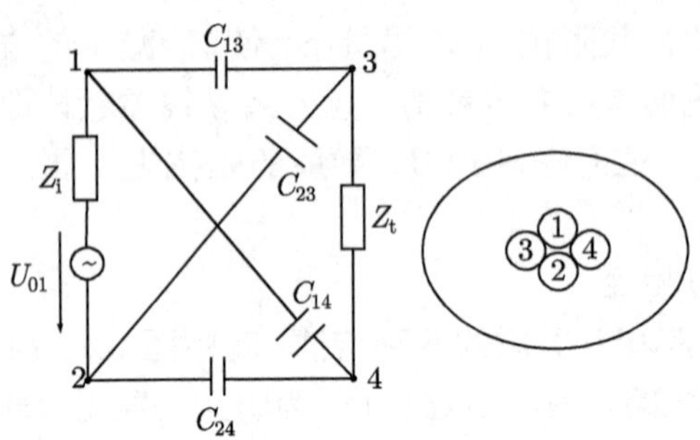

图 3.13　平衡式接法

(3) 磁场去耦。使两环磁力线互相垂直而减少磁场耦合。

图 3.14 所示的方式 1 及方式 2 均为磁场去耦的布置。图中 1—2 和 3—4 分别表示低频线圈的回路。无论方式 1 还是方式 2，线圈 1—2 的磁力线与线圈 3—4 的磁力线都互相垂直，从而一个线圈的磁场不会使另一个线圈产生感应电动势，亦即在一个线圈的干扰信号不能通过磁场耦合到另一个线圈中。

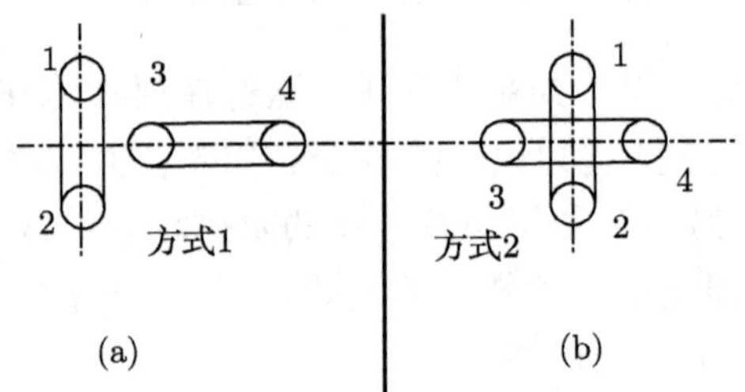

图 3.14　磁场去耦示意图

(4) 使用双绞线减小磁场耦合。

使用双绞线可降低磁场发射，也可降低磁场敏感度。图 3.15(a) 是发射情况。干扰源产生的电流通过双绞线流向负载，粗略地，流经双绞线的电流可看成由一环环组成，而每相邻两环电流的环向是相反的，故每相邻两环电流在空间产生的磁场相互抵消，使得由导线发射出去的总磁场受到了抑制。

图 3.15(b) 是电路受扰的情况，设空间中来的干扰磁场的磁力线均指向纸面，它在双绞线的每环产生绕向相同的电流，但相邻两环的电流却是相互抵消的，因此在电路中不能形成由磁场引起的电流。

由于双绞线具有抵抗磁场干扰的特点，加上结构上柔软结实，常用作低频电源线。

(5) 在干扰源和受害电路之间作电屏蔽或磁屏蔽。电屏蔽和磁屏蔽分别是抑制电场耦合和磁场耦合的重要方式，这将在第 5 章中专门论述。

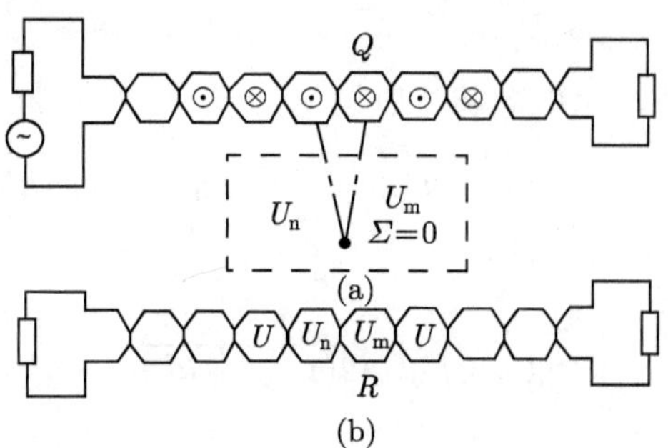

图 3.15 双绞线降低磁场耦合

3.4 辐射耦合与抑制

3.4.1 辐射耦合计算方法

辐射耦合是指电磁波或远场对设备的耦合。设备对电磁波有意无意实际总有一个接收天线。如果接收天线是电偶极型的，一般通过电场计算，其接收电动势为

$$\varepsilon = \int_l \vec{E} \cdot \mathrm{d}\vec{l} \tag{3.34}$$

在接收电路产生的电流由电动势与天线阻抗和负载阻抗共同决定。如果接收天线是环形，可通过电场或者磁场计算电动势，图 3.16 以矩形环路为例说明 (设 $l \ll \lambda$)。

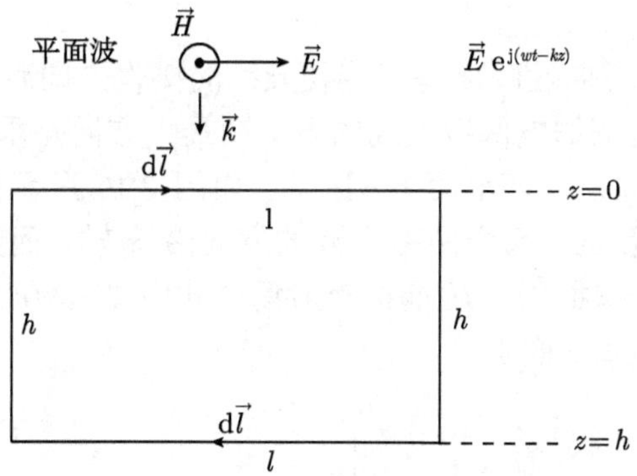

图 3.16 矩形环路辐射耦合电动势的计算

图 3.16 中电磁波由上至下沿 z 方向入射，$\vec{E}_{\rm i} = \vec{E}_0 \mathrm{e}^{-\mathrm{j}kz}$，其中 k 为电磁波的波数，设其电场矢量平行于纸面，而磁场矢量垂直于纸面；接收环的平面平行于纸面，平行边的边长为 l，垂直边的边长为 h，计算的坐标系如图所示。

(1) 通过电场计算。

电场仅在上下两边产生电动势，则

$$\varepsilon=\int\limits_{l_1}\vec{E}\cdot\mathrm{d}\vec{l}+\int\limits_{l_2}\vec{E}\cdot\mathrm{d}\vec{l}=E_0l-E_0l\mathrm{e}^{-\mathrm{j}kh}=E_0l(1-\cos kh-\mathrm{j}\sin kh) \tag{3.35}$$

其模值为

$$U=E_0l\sqrt{2(1-\cos kh)}$$

(2) 通过磁场计算。

$$\varepsilon=-\frac{\mathrm{d}\varphi}{\mathrm{d}t}=-\frac{\mathrm{d}}{\mathrm{d}t}\iint\vec{B}\cdot\mathrm{d}\vec{S} \tag{3.36}$$

如果取环向沿顺时针方向，则 $\mathrm{d}\vec{S}$ 垂直纸面向里，$\vec{B}\cdot\mathrm{d}\vec{S}=-Bl\mathrm{d}z$。则有

$$\varepsilon=-\frac{\mathrm{d}\varphi}{\mathrm{d}t}=-\frac{\mathrm{d}}{\mathrm{d}t}\iint\vec{B}\cdot\mathrm{d}\vec{S}=\mathrm{j}\omega\mu\int_0^h H_0\mathrm{e}^{-\mathrm{j}kz}l\mathrm{d}z=\frac{\omega\mu}{k}H_0l(1-\mathrm{e}^{-\mathrm{j}kh}) \tag{3.37}$$

其中，$\dfrac{\omega\mu}{k}$ 等于波阻抗 η。结果的模值为

$$U=\eta H_0l\sqrt{2(1-\cos\beta h)}=E_0l\sqrt{2(1-\cos\beta h)} \tag{3.38}$$

可见与电场计算结果是相同的。

3.4.2 辐射耦合抑制方法

常用的辐射耦合的方法有：

(1) 屏蔽。高频电磁屏蔽是抑制辐射耦合的最主要方法。其中包括金属板屏蔽、金属丝网屏蔽、编织屏蔽、金属薄膜屏蔽、导电涂料屏蔽等，这些将在第 5 章详细阐述。

(2) 方向性隔离。方向性隔离是指接收天线的接收方向避开来波的方向。这应由天线方向图来判断。例如电偶极天线的方向图最大方向是垂直于天线的，磁偶极天线的方向图最大方向是在环平面上。因此，如图 3.17 所示的线和环的摆设方位能达到方向性隔离的目的，因为图中来波的方向沿 z 轴，而无论线和环的方向图最大方向都是垂直于 z 轴。电、磁偶极辐射场公式中 $\theta=90°$ 为方向最大值，在图 3.17 中 $\theta=90°$ 是在 xy 平面上。

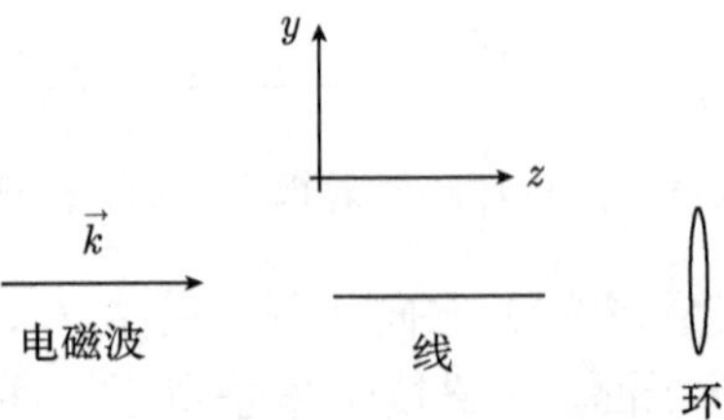

图 3.17 线和环的方向性隔离位置

(3) 极化隔离。电磁波的极化方向是指其电场强度振动的方向。如果接收天线的极化方向与电磁波的极化方向垂直，则天线接收不到电磁波，这就是极化隔离。

对电偶极或者线天线，电磁波激发的电动势是通过电场沿线的积分 [式 (3.34)] 产生的，因此只有来波的电场强度有沿线的分量才能激发电动势。而对磁偶极或者环天线，电磁波激发的电动势是通过穿过环的磁通量产生的 [式 (3.36)]，因此只有来波的磁场强度有环的法向分量才能激发电动势。实际上，如图 3.17 所示的线和环的摆法也能达到极化隔离的目的，因为来波的电场方向垂直于传播方向，即垂直于 z 轴，没有沿线的方向的分量；而来波的磁场方向也垂直于传播方向或 z 轴，没有环的法向分量。

但值得注意的是方向性隔离与极化隔离并不是一个概念，尽管图 3.17 的摆布同时可以达到方向性隔离和极化隔离，但极化隔离并不一定如图 3.17 的摆布才能达到。假设来波极化方向如图 3.18 所示，那么如图 3.18 摆布的线也可有极化隔离的效果，但却没有方向性隔离的效果。即使只知道来波方向 $\vec{k}$ 而不知道其极化方向，只要将线绕 $\vec{k}$ 轴旋转一圈也总能找到一个极化隔离的位置。

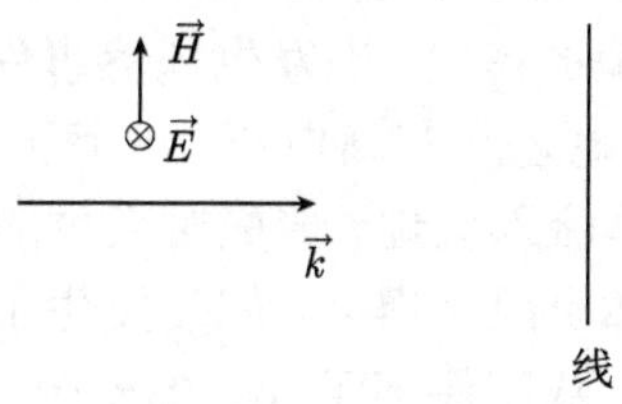

图 3.18 有极化隔离但没有方向性隔离

第4章　接　　地

接地总的分为安全接地和信号接地两大类。安全接地的目的是为了人体与电子设备的安全，安全接地的“地”一般是指大地 (地球)，并认为大地具有无限大的电容量。信号接地的目的主要是为了方便走线与抑制电磁干扰，它的“地”一般是电子电路中的一块大的金属面。

4.1　安全接地

4.1.1　机箱外壳的接地

机箱外壳接地的目的之一是保证人身的安全。

图 4.1(a) 是机箱没有接地的情况，当发生偶然事件导致机壳带电时 (如漏电或高电压接触机壳)，机壳与大地之间有高电压，一旦人体接触机壳，且脚底与大地绝缘不好时，电荷将通过人体流入大地，造成对人体的伤害。图 4.1(b) 中机壳接了大地，因为机壳电阻要比人体电阻小得多，即使发生了漏电，漏电电流将会直接由机壳流入大地而不经过人体，从而保证了人体的安全。

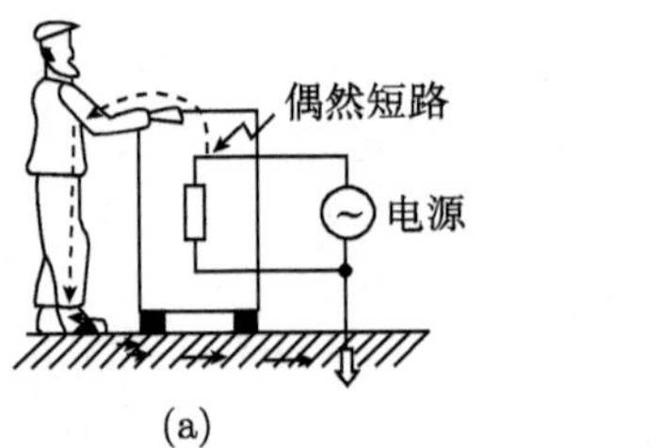

(a)

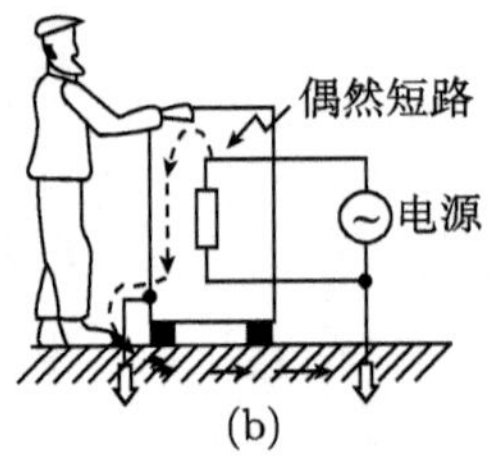

(b)

图 4.1　机壳接地保证人身安全

人体电阻与皮肤的干湿有很大关系，皮肤干时，人体电阻约为 $40 \sim 100\text{k}\Omega$，而潮湿时只有 1000Ω 左右。人体的安全电流交流为 $15 \sim 20\text{mA}$，直流为 50mA。我国安全电压规定为 36V。

安全接地还要注意一个接零保护的问题。设备外壳接地后对大地有一定的接地电阻，而对三相四线制供电系统，电网的中性线与大地之间也是有一定接地电阻的，如果外壳接地的接地电阻与电网中性点的接地电阻在数量上相当，那么假如设备内电源的相线碰到了机壳，则形成了如图 4.2 所示的等效电路。

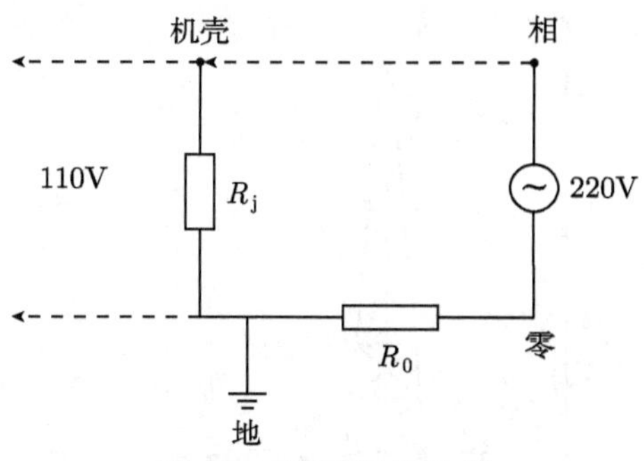

图 4.2 接零保护分析

图中 $R_{\rm j}$ 和 R_0 分别表示机壳的接地电阻和电网的中性线接地电阻。如果 $R_{\rm j} = R_0$，则机壳和大地之间有一个稳定等于电源电压一半的电压降，如果人体接触了机壳，仍然是有触电可能的。要解决这个问题，可以把机壳同时接到电网的零线上，这时 $R_{\rm j}$ 的两端则不再有电压降。当然假如用电单位已将通往各实验室插座的中性线与地线接在一起，实验室的用户则不需考虑这个问题，只需将机壳接到插座的地线就可以了。

机箱外壳接地除保证人体安全外还有保护设备免受静电放电损害的作用，这点将在 4.2 节阐述。

4.1.2 防雷接地

雷电是由于云积累的电荷产生的，从地面观测，云大多总体上是带负电的。由于静电感应，云与地面上的突出物之间形成很大的电场，超过击穿场强后，则发生放电 (闪电)。雷电除直接击中受害导体这一损伤途径外，还可在放电过程中产生强烈的电磁波和超声波，使周围设备受到损害。

防雷设备包括接闪器、引下线和接地体。接闪器通俗称为避雷针，设在建筑物上方作为突出物引导放电，使放电电流通过它和引下线、接地导体流入大地，从而保护了周围的建筑物免于与云层的直接放电。粗略地，避雷针的保护范围壳认为是半径约为 $3h$ 的圆锥区域，其中 h 为避雷针高度。

引下线和接地体的阻抗会引起阻抗耦合。雷电流经引下体和接地体入地时，由于引下体和接地装置具有电阻和电感，从而产生沿线某点 A' 对地有很高的电压降，这个高电压也容易引起该处与周围导体之间的放电击穿，如图 4.3 所示。

举一个数值例子，设雷电流幅值 $I = 20\text{kA}$，$\dfrac{\mathrm{d}I}{\mathrm{d}t} = 8\text{kA/μs}$，引下线为 $\rho = 1\times10^{-4}\Omega\cdot\text{m}$ 的圆导线，引下线的电感 $L_0 = 1\text{μH/m}$，接地电阻 $R = 2\Omega$，A' 的高为 $l' = 10\text{m}$，由 $U' = IR + l'L_0\dfrac{\mathrm{d}I}{\mathrm{d}t}$ 可算得 A' 的对地电压 $U' = 120\text{kV}$，如果附近有导体 B，A' 与 B 之间就有可能产生二次放电。引下线的电压降主要是引下线的电感引起的。

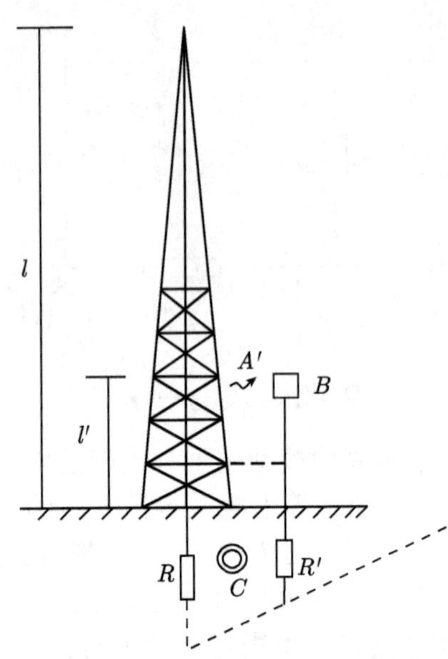

图 4.3　阻抗耦合示意图

雷电的频谱一般集中在 30MHz 以下，90%的雷电能量集中在几万赫兹以内。

4.1.3　接地方法与接地电阻要求

设备安全接地的接地电阻要求一般为 10Ω 以下。1000V 以上的高压电力线接地电阻要求较高，需达到 0.5Ω 以下。

防雷接地的接地电阻一般要求 10 ∼ 25Ω 以下，要求不高的原因主要是由于雷电流通道阻抗较高，雷击电流的大小与接地电阻关系不是特别大。

接地方法中，最简单与最普遍的方法是用镀铜或镀锌的圆形钢接地：棒长 2 ∼ 3m，入地 1m 左右，直径不小于 8mm。

如果接地电阻要求很高，则可采取双钢管、接地栅网等方法，进一步扩大电极与地的接触面积。

接地电阻主要由三部分组成：①电极本身的电阻；②电极与土壤之间的接触电阻；③电极流出的电流，其扩散过程引起的电阻。

其中第①点一般很小，基本可忽略。第②点与土壤湿度、松紧程度、电极受腐蚀程度关系很大。第③点则涉及电极的形状和大小，它可以通过电磁学理论计算出来。

4.1.4　圆柱体接地电阻

不同形状电极的埋地电阻原则上可通过 Laplace 方程计算，这里只给出一个圆柱形接地体的埋地电阻公式。

图 4.4 为半空间埋地圆柱电极，埋地电阻为

$$R=\frac{\rho}{2\pi l}\left(\ln\frac{2l}{d}+\frac{1}{2}\ln\frac{4t+l}{4t-l}\right) \tag{4.1}$$

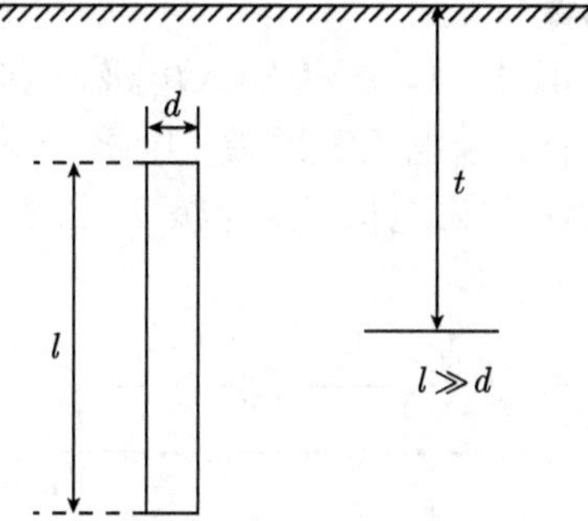

图 4.4 圆形钢的埋地电阻

式中，l 为棒长，d 为棒的直径，t 为棒中心离地面距离，ρ 为土壤的电阻率。公式条件为 $l\gg d$。式 (4.1) 中的第一项为全空间棒的埋地电阻

$$R_{\mathrm{q}}=\frac{\rho}{2\pi l}\ln\frac{2l}{d} \tag{4.2}$$

后一项为半空间修正项的近似表达式。

当棒的上方在地面，埋地电阻为

$$R=\frac{\rho}{2\pi l}\ln\frac{4l}{d} \tag{4.3}$$

由于空气不导电，长为 l 的半空间棒与长为 $2l$ 的全空间棒发出的流线形状是一样的，如图 4.5 所示，因此其接地电阻应为长 $2l$ 的全空间棒的一倍，长为 $2l$ 的全空间棒接地电阻为 $R_{2l}=\frac{\rho}{4\pi l}\ln\frac{4l}{d}$，因而式 (4.3) 实际上可由式 (4.2) 推出。

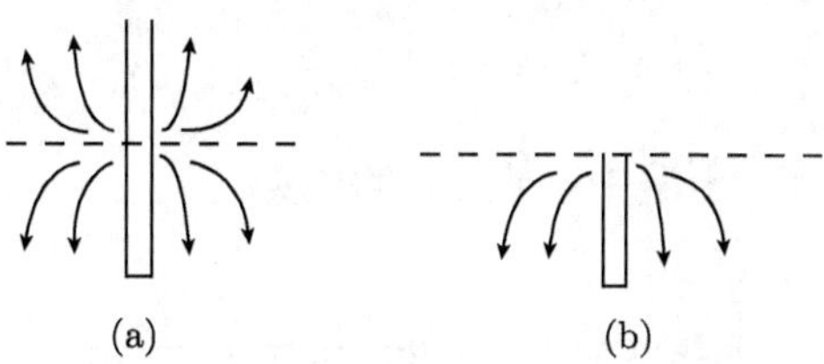

图 4.5 全空间棒与半空间棒的流线

导体的埋地电阻与其相同形状的导体的电容有很简单的对应关系，所以埋地电阻的公式也可从相应导体的电容公式得到。只需把导体电容公式中的电容率 (介

电常数 ε) 换成土壤的电导率 σ，就可得到相同形状电极的埋地电导公式。附录 A 给出了几种电极埋地电阻与电极电容的对应公式。

4.1.5 一种简单的土壤电阻率自测方法

由于接地电阻与土壤电阻率的关系极大，有时需对地层的电阻率进行实地测量。这里介绍一种简单易行的测量方法。

图 4.6 所示为测试示意图，其中 A，B 为输入电极，接在一个低频信号源两端；M，N 为接收电极，接在一个低频电压表两端；电极 A 和 M 捆绑在一起，埋到土壤的深层，电极距离 $L = AM$ 称为电极距。电极 B 和 N 可埋在地表，但要保持距离 $AB \gg L, MN \gg L$。

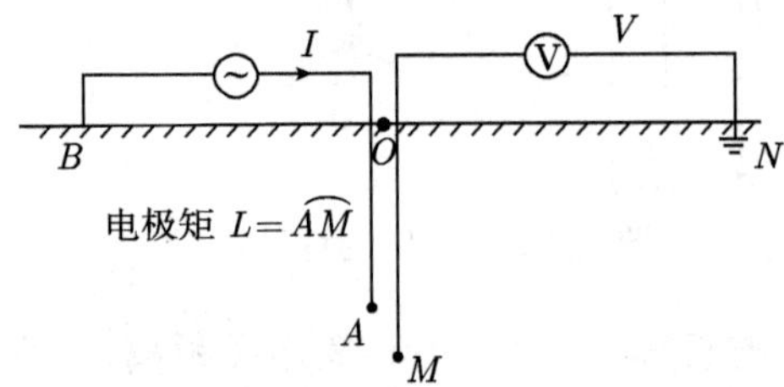

图 4.6 土壤电阻率测试设置图

测试时，用低频信号源对输入电极 A，B 供电，并测量供电电流 I_A，另由接收电压表测量接收电极 M 与 N 之间的电压 V_{MN}，即可由式 (4.4) 计算出土壤的电阻率

$$\rho = 4\pi L \frac{V_{MN}}{I_A} \tag{4.4}$$

式 (4.4) 来源如下。设 B 位于无穷远处，A 可认为各向同性地发出电流，发出的电流密度为

$$J = \frac{I_A}{4\pi r^2} \tag{4.5}$$

其中，r 为场点到 A 的距离。电场强度随 r 的分布则为

$$E = \rho J = \rho \frac{I_A}{4\pi r^2} \tag{4.6}$$

式中，ρ 为土壤的电阻率。土壤中某点 M 的电势为

$$U_M = -\int_{\infty}^{M} \vec{E} \cdot \mathrm{d}\vec{r} = -\int_{\infty}^{M} \rho \frac{I_A}{4\pi r^2} = \rho \frac{I_A}{4\pi r_M} = \rho \frac{I_A}{4\pi L} \tag{4.7}$$

由式 (4.7) 即得

$$\rho = 4\pi L \frac{U_M}{I_A} \tag{4.8}$$

式 (4.8) 中，U_M 为 M 对无穷远处的电势，即测量的 V_{MN}，I_A 为 A 流向无穷远处的电流，即测量的 I_A。

理论上用直流信号源也可以得到式 (4.4)，但为克服电极与土壤的接触电阻，用低频信号源更好。

下面给出一个某次潮湿地表的实测数据：$f = 1\text{kHz}$，$BO = 157\text{cm}$，(O 为井口)，$NO = 140\text{cm}$，$AM = L = 4\text{cm}$，$MO = 70\text{cm}$, $I_{AB} = 30\text{mA}$, $U_{MN} = 2.1\text{V}$, 结果得 $\rho = 4\pi L\dfrac{U_M}{I_A} = 35.2\Omega\cdot\text{m}$。

附录 A：球体与同轴电缆的电容与埋地电阻

自由空间球体电容为 $C = 4\pi\varepsilon a$，其中 a 为球体半径。

全空间球体埋地电导为 $G = 4\pi\sigma a$，埋地电阻则为 $R = \dfrac{1}{4\pi\sigma a}$。

同轴线内外导体间的单位长度电容为 $C = \dfrac{2\pi\varepsilon}{\ln\dfrac{b}{a}}$，其中 a 和 b 分别为内外导体半径，ε

为内外导体间介质的电容率。

同轴线内外导体间的单位长度电导为 $G = \dfrac{2\pi\sigma}{\ln\dfrac{b}{a}}$，其中 σ 为内外导体间介质的电导率。单位长度电阻则为 $R = \dfrac{1}{2\pi\sigma}\ln\dfrac{b}{a}$

4.2 人体放电与设备安全

4.2.1 人体放电的原理

静电荷是由于两个绝缘体之间摩擦产生的，分离之后各自带有某种符号的静电荷。带电的绝缘体接近导体，又使导体产生电荷分离，如图 4.7 所示。

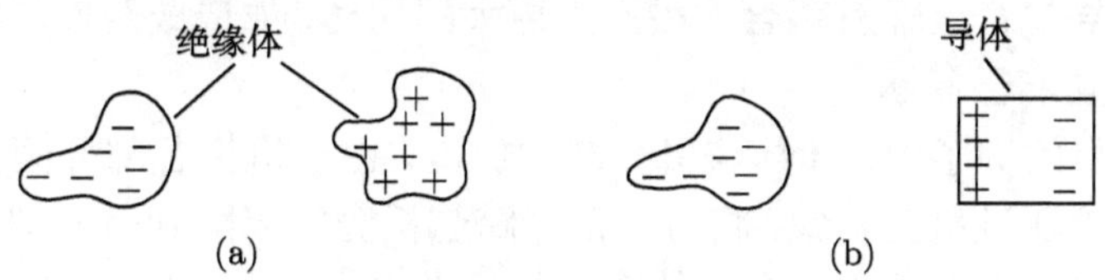

图 4.7 电荷分离

当电荷分离的导体充分接近另一个导体时，相对面产生反号的电荷，在间隙之间产生强烈的电场，当超过空气的击穿场强时，空气被击穿，弧光放电就产生了。空气击穿场强约为 30kV/cm。

例如，鞋底与地毯摩擦后产生负电荷，而人体是导体，脚底感应出正电荷，上半身带负电荷，手指接近另一导体时则产生放电。由于人体是高阻，属高阻放电。

可以用图 4.8 所示电路简要分析放电过程。C_0，V_0 分别为人体对地电容和放电前对地电压，R 为放电电阻 (包括人体电阻及电流途径电阻)。

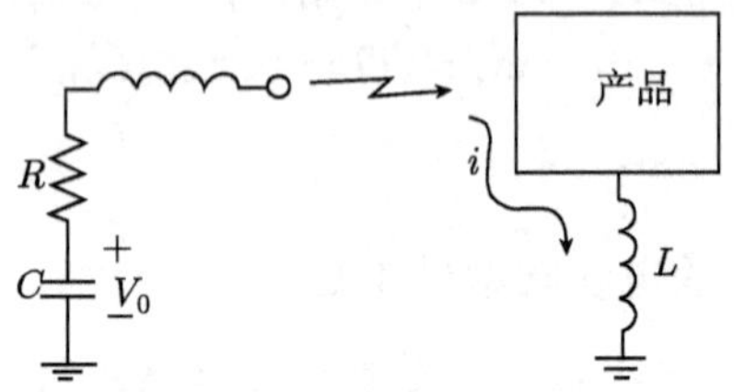

图 4.8　人体放电模型

图 4.8 中 V_0 为人体带电荷后的对地电压，$V_0 = \dfrac{Q}{C}$。当放电发生，放电电流通过产品回到大地，放电就是整个地回路的一个 RC 放电过程。

人体放电大致数据如下：人体对地电容 $C_{\rm b} \approx 50 \sim 250\text{pF}$，人体电阻 $R_{\rm b} \approx 500\Omega \sim 10\text{k}\Omega$，放电初始电压为 $V_{\rm b} \approx 0 \sim 20\text{kV}$。

4.2.2　ESD 破坏性途径

带电的人体部分 (如手指) 靠近设计设备的机壳或者某一敞露的器件，常常产生静电放电 (ESD)。静电放电过程发生期间，放电电流总要寻找阻抗最小的路径回到大地，对设备的损伤途径有：

(1) 放电电流直接经过受害器件，造成直接的传导性损伤。

(2) 强放电电流流经导体或导线产生的强电磁场，通过辐射对周围器件造成的损伤。

(3) 放电电流或电压产生的容性耦合或感性耦合，分别出现在高阻抗电路和低阻抗电路场合。

直接的传导耦合比辐射耦合一般产生更大的损伤，如造成器件的损坏，辐射耦合通常只导致功能性问题。

图 4.9 所示的例子中，人体与机壳产生放电，由于机壳各部分间有缝隙，放电电流不能顺利地通过机壳入地，将有一部分跨越机壳的缝隙到另一部分机壳，另一部分将流经设备内部的电路，对器件造成传导性损伤或者辐射损伤，图 4.10(a) 的情况也是如此。而图 4.10(b) 中由于机壳封闭，放电电流全部流经机壳入地，有效地保护了机壳内部电路的安全。

如果金属盒不接地，由于静电作用外壳电压对地有几万伏的电位差，将随时存在放电损伤的可能性。

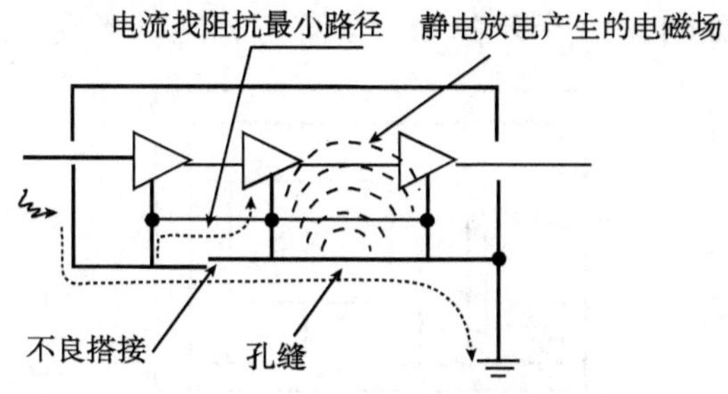

图 4.9　放电电流的途径

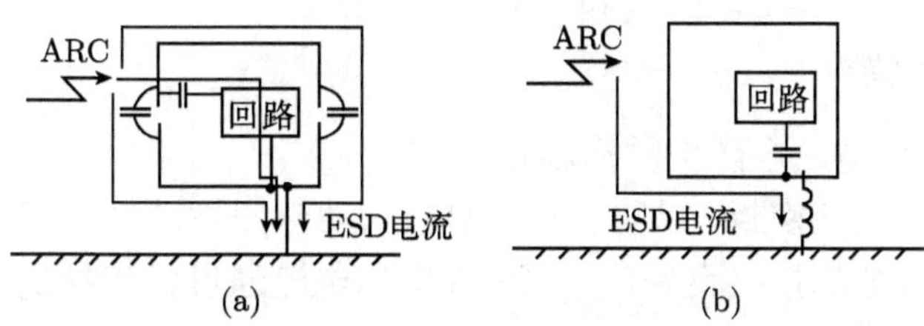

图 4.10　(a) 机盒不封闭时有一部分放电电流流过电路；(b) 机盒封闭并接地，放电电流全部由机壳流入地

4.2.3　二次放电

如果金属外壳某部分与地不相连，人接触了该部分，或由于一次放电引起电荷转移，将升高其电位，造成该金属部分与周边电子电路之间产生放电，即二次放电，亦称为机器放电。图 4.11 显示了这个过程。

二次放电的损害往往比人体放电的损害更大，因为金属比人体电阻小得多，属低阻放电，放电电流较人体放电大得多。

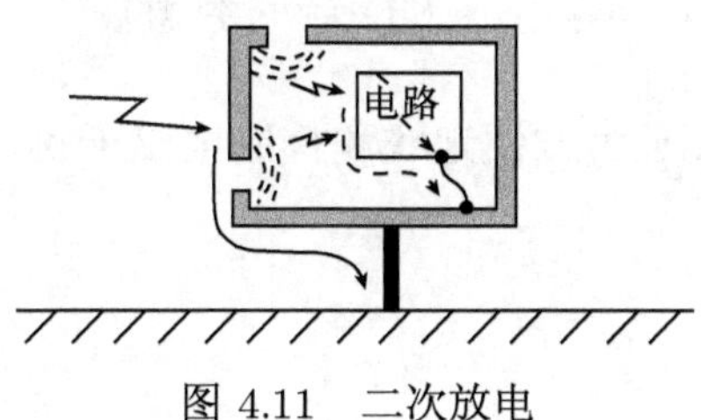

图 4.11　二次放电

对二次放电的防护措施有：

(1) 将暴露在外的所有金属部分都与机壳地相连，可有效防止二次放电的产生。

(2) 让内部电路与机壳未接地的部分相距 1cm 以上。由于静电引起的二次放电电压一般不会超过 25kV，而空气的击穿场强约为 30kV/m，超过 1cm 的距离将不会导致二次放电的发生。

(3) 二次屏蔽。如图 4.12 所示的二次屏蔽可分流机器放电的电流，保护电路。

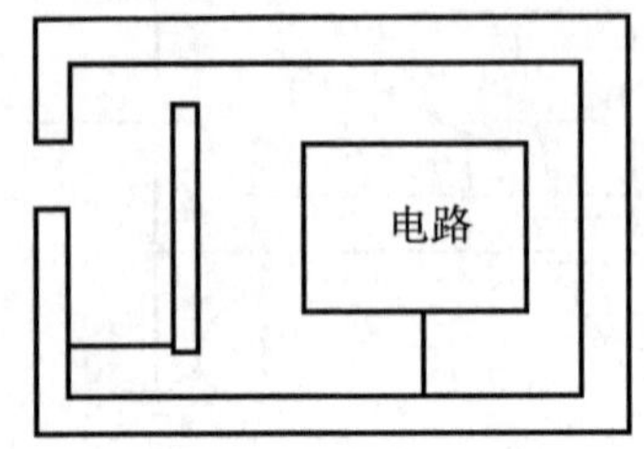

图 4.12 二次屏蔽防止机器放电

4.2.4 静电防护措施

在实验室作静电放电防护的措施有：

(1) 将设备的机壳密封，以防止放电直接对器件产生。

(2) 机壳各部分间搭接良好，有利于放电的电流通过机壳导走，同时防止二次放电的产生。

(3) 使用防静电服，防静电工作服的作用是防止服装上的静电积累。目前绝大多数防静电织物是采用导电纤维制作的。类似功能的还有防静电鞋、防静电手套等。

(4) 实验室使用防静电地板。防静电地板采取高阻接地的方式，作用主要为泄漏人体的静电。地板电阻太大起不到泄漏作用，太小则影响人身安全。类似功能的还有防静工作台等, 防静电地板和防静电工作台的表面对地电阻为 1M~1000MΩ。测量对地电阻方法是将重几公斤的专用电极平放到地面上，兆欧表的一端连接该电极，兆欧表的示数即视为地板的对地电阻。

4.3 信号接地

信号接地的目的主要是为方便走线和抑制电磁干扰，与安全接地的目的并不相同。

4.3.1 信号接地的分类

1. 并联式单点接地

图 4.13 所示的各电路单元的地线各自独立地引到公共接地点，这种接法称为单点接地，也称为并联式单点接地。

图 4.13 中，设各单元地线的阻抗分别为 R_1，R_2 和 R_3，由地线引起的电压降各自为

$$U_A = I_1 R_1, \quad U_B = I_2 R_2, \quad U_C = I_3 R_3 \tag{4.9}$$

由式 (4.13) 可见这种接法的优点为各地电位相互独立，一个电路的地电流对另外的电路无影响，从而不会互相干扰。也可以说不同电路单元间无共地阻抗耦合。

这种接法的缺点是线多而长，结构笨重，对高频电路，线间电感耦合与电容耦合都很大，因而这种接法只适于低频。

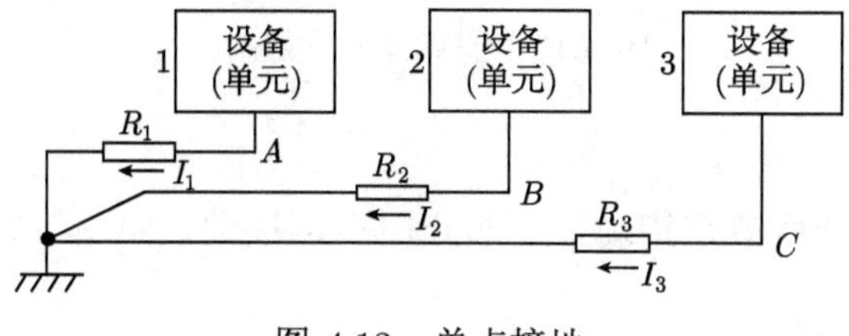

图 4.13 单点接地

2. 串联式单点接地

图 4.14 所示的地线接法称为串联式单点接地。图 4.14 中由地线阻抗引起的电压降各自为

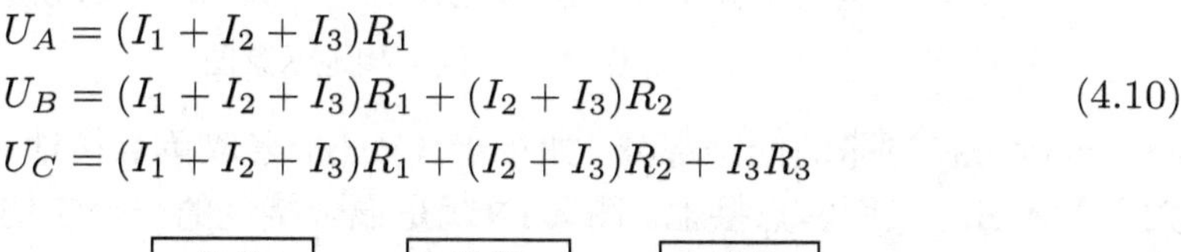

$$\begin{aligned} U_A &= (I_1 + I_2 + I_3)R_1 \\ U_B &= (I_1 + I_2 + I_3)R_1 + (I_2 + I_3)R_2 \\ U_C &= (I_1 + I_2 + I_3)R_1 + (I_2 + I_3)R_2 + I_3R_3 \end{aligned} \tag{4.10}$$

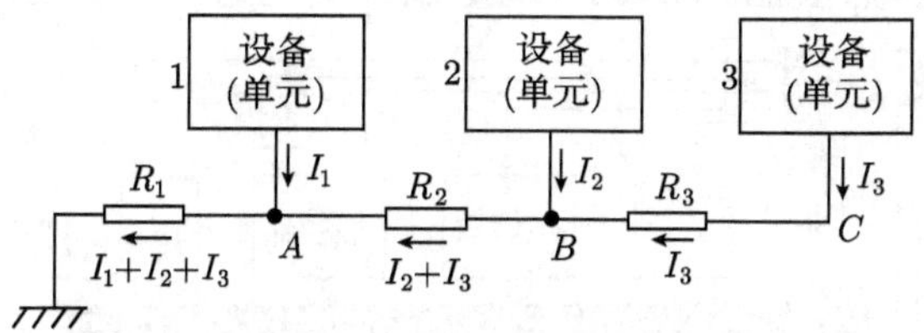

图 4.14 串联式单点接地

由式 (4.10) 可见这种接法中一个电路的地电位与另外电路的电流有关，从而不同电路间互相干扰。虽然此接法较并联式单点接地的接地线短，结构相对简单，但在电磁兼容的角度，这是抑制电磁干扰最差的一种接地方式。

仔细分析图 4.14 的结构，如果将导线 R_1，R_2 和 R_3 换成一个大的金属面，结构将演变成下面的“多点接地”。因此，串联式单点接地并不是严格意义的单点接地，一般术语中的单点接地，都是指并联式单点接地。

3. 多点接地

图 4.15 所示的接地方式称为多点接地。严格地说多点接地的不同单元间是存在公共地阻抗的，但由于地平面阻抗很小，共地阻抗耦合很小。但这种接法接地线短，结构简单，接线方便，抑制电磁干扰性能好，特别是对高频，这是值得推崇的接法。

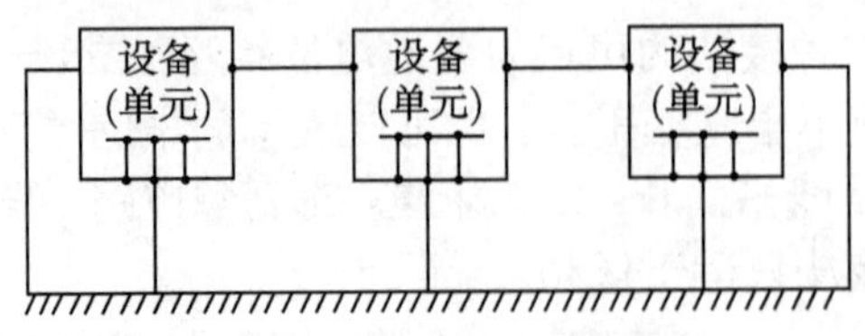

图 4.15　多点接地示意图

4. 混合接地

如果电路某部分用单点接地，某部分用多点接地，如图 4.16 所示，这种方式称为混合接地。

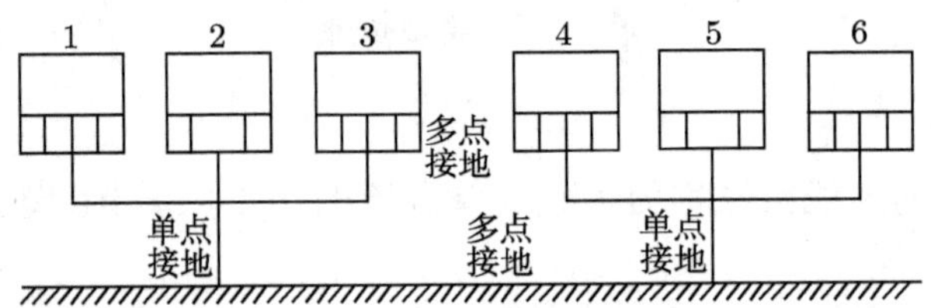

图 4.16　混合接地示意图

一般可在电路的低频部分 (如小于 1MHz) 采取单点接地，而在高频部分 (如大于 10MHz) 采用多点接地。图 4.17 就是混合接地的一个实例。

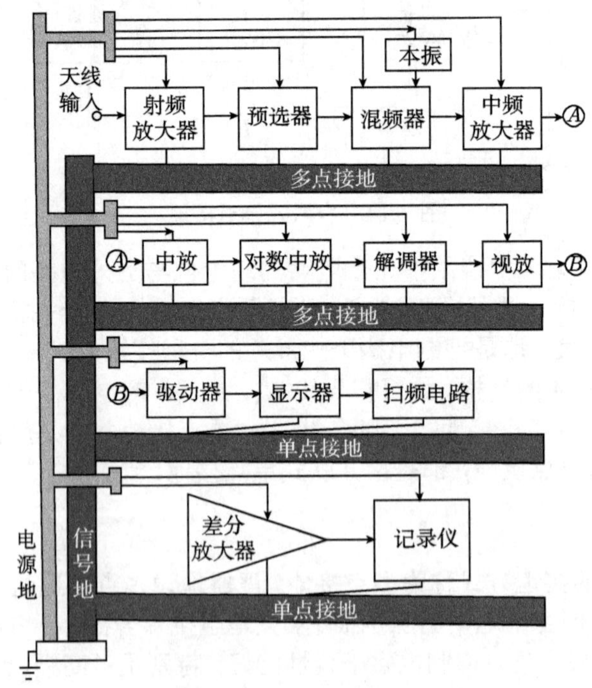

图 4.17　混合接地实例

4.3.2 电子电路接地要点

1. 分类设置接地系统

各类电路最好有单独的接地系统，以避免不同系统间通过地产生相互干扰。例如分成：

(1) 模拟信号“地”系统，包括模拟的强弱信号电路，若细分还可再分为敏感信号地子系统和不敏感信号与大信号地子系统。

(2) 数字信号地系统。

(3) 噪声源设备“地”系统，包括电动机、继电器等。

(4) 金属构件地，包括机壳、底版等。

2. 多级电路的接地

接地点要选择在低电平信号的输入端。

图 4.18 的电路由电路 1 至电路 3 信号电平依次增强，由式 (4.10) 的分析可知，离接地点远的电路受其他电路的影响更大。在图 4.18(a) 中，信号弱的受信号强的末级影响大，接地点 G 的位置是不可取的。图 4.18(b) 的接法中电路 3 受电路 1 的干扰较大，但由于电路 3 是高电平，可承受低电平电路 1 的干扰。

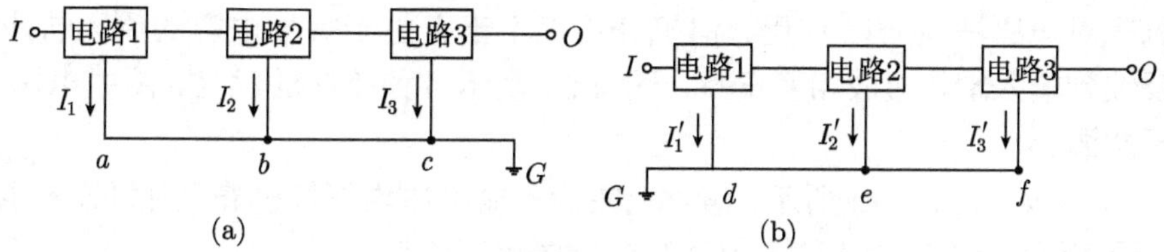

图 4.18 不正确 (a)，正确 (b)

3. 若干接地要点

以下是若干接地的要点：

(1) 低频电路用单点接地，高频电路用多点接地。

(2) 采取“直尺结构”，避免各级感应地电流的耦合。

图 4.19 所示为 PCB 中的接地板上的地电流，当各级电路的接地点如图 4.19(a) 的安排时，各地电流环没有相互交错，故各级电路不会通过地电流相互干扰。而图 4.19(b) 的非直尺结构则会产生这种干扰。

(3) 尽量减小电源电流回路面积和信号电流回路面积。环路面积大时，电路产生的差模辐射大，受外界的差模干扰也大。这点在 PCB 一章中还会详细阐述。

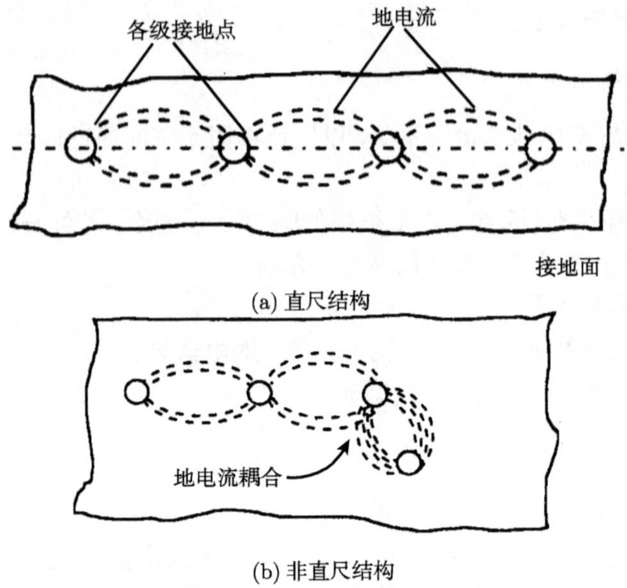

(a) 直尺结构

(b) 非直尺结构

图 4.19　直尺结构与非直尺结构

4.3.3　信号地与屏蔽盒 (机壳) 的连接

机壳对电磁波有屏蔽作用，但机壳接地不当会由于寄生电容的原因造成输出信号反馈到输入端，形成相互干扰。图 4.20 表示各种接法的优劣，图中电压 V_{3-0} 视为干扰源。

(1) 如果如图 4.20(a) 所示，信号地在输入输出端均不接机壳，则如等效电路所示，由于寄生电容 C_{3S} 和 C_{1S} 的存在会造成反馈通道。

(2) 如果如图 4.20 (b) 所示，信号地在输出端接机壳，则在等效电路中，寄生电容 C_{2S} 被短路，反馈信号亦被短路，这种情况反馈不会发生。

(3) 如果如图 4.20 (c) 所示，信号地在输入端接机壳，虽然短路了寄生电容 C_{2S}，但输出端的信号电流仍会经屏蔽罩和 C_{2S} 向输入端流动，会在输入端地线上引起电压降，形成串联的反馈。

(4) 如果如图 4.20 (d) 所示，首末端的地线均接机壳，这种情况虽不产生如图 4.20 (a) 所示的反馈，但两地线与机壳之间构成了接地环路 (地环)，接地环路是电路系统易受磁感应干扰的不利因数，这点将在 4.4 节中阐述。

4.3.4　导线在屏蔽罩外部的接地问题

如果盒子内的电路有一根导线引出盒子又不与盒子相连，它对某一靠近盒子的外部导体的互电容 (如图 4.21 的 C_{35}) 将易使干扰引入到放大器中。图 4.21 (a)

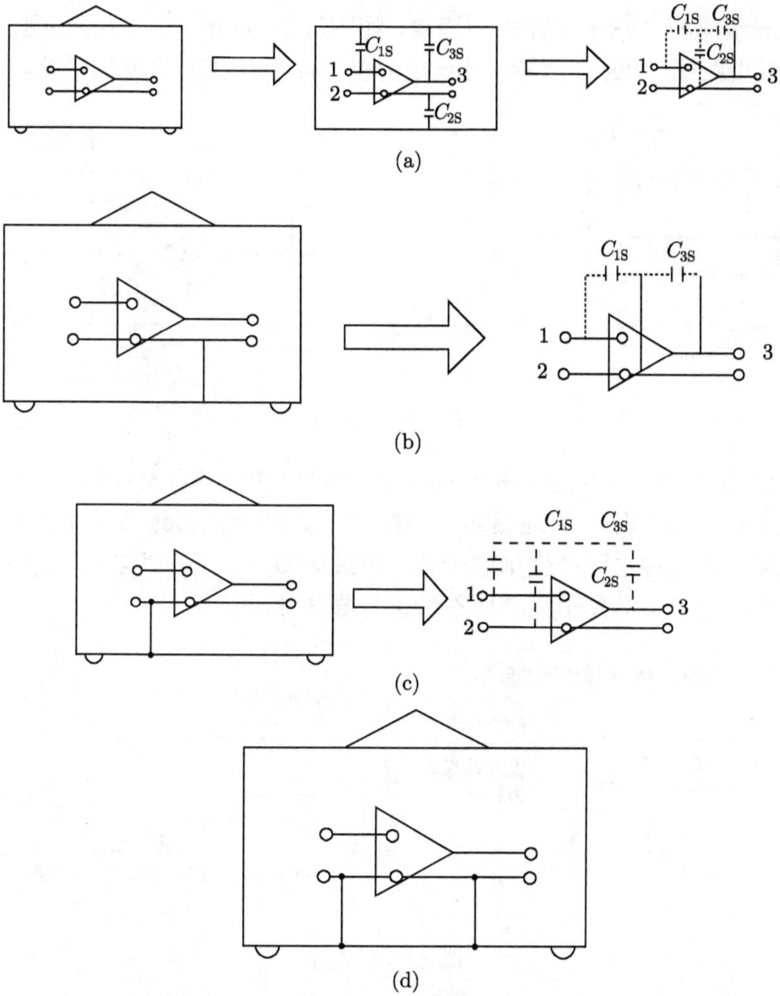

(a)

(b)

(c)

(d)

图 4.20 机壳接地的各种情况

就是一个例子，设 C_{35} 和 C_{45} 分别为外部导体⑤对引出导线和盒子的分布电容，其等效电路如图 4.21(b) 所示，C_{35} 和 C_{45} 可视为两个电容天线，在外部静电干扰场的作用下产生电压，效果是将外部的静电干扰场引进到盒子内部的电路中。

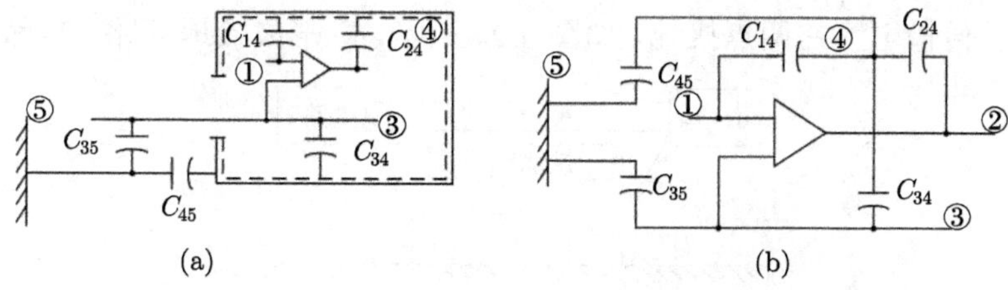

图 4.21 导线在屏蔽罩外侧的接地问题实例

如果导线离开了盒子并在外部接地，如图 4.22(a) 所示，将出现更加糟糕的情况。如等效电路图 4.22(b) 所示，外部电势差 V_{36} 将产生对电路的干扰。

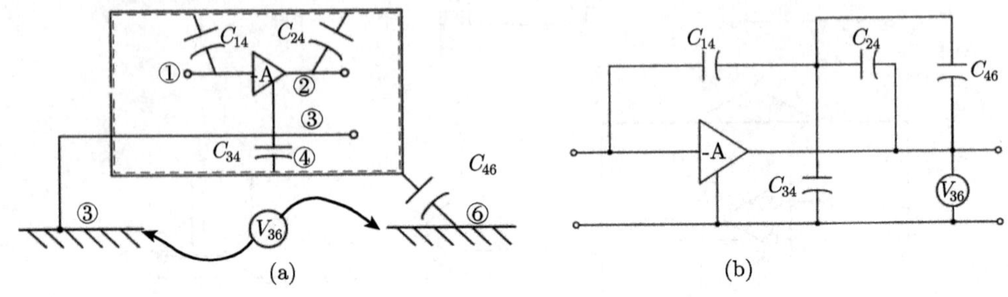

图 4.22　实例

图 4.23 是另外一个例子，图 4.23(a) 图中引出的电缆屏蔽层没有接地，而信号的地线在外面接地。设 V 为地噪声源，图 4.23(a) 所示的接地方式会在地线上引起噪声电压降，从而对电路产生串联干扰。如果如图 4.23(b) 那样接地，问题就解决了，这时干扰电流将沿盒子流动而不沿信号导体流动。

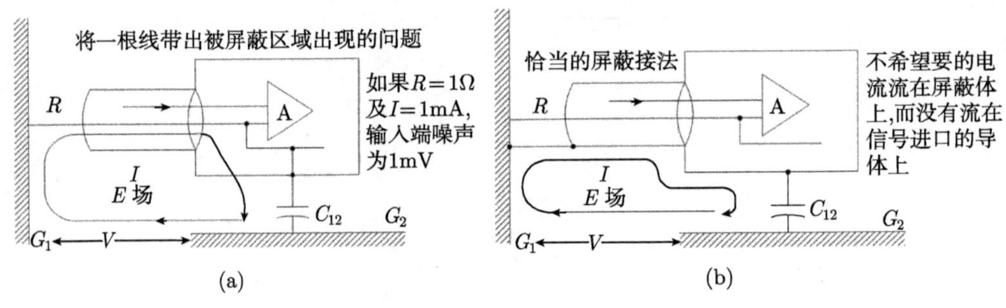

图 4.23　实例

4.4　地环路的抗干扰措施

4.4.1　地环路引起的干扰

若信号传输电缆在两点接地，如图 4.24 所示，则形成接地环路，简称为地环。

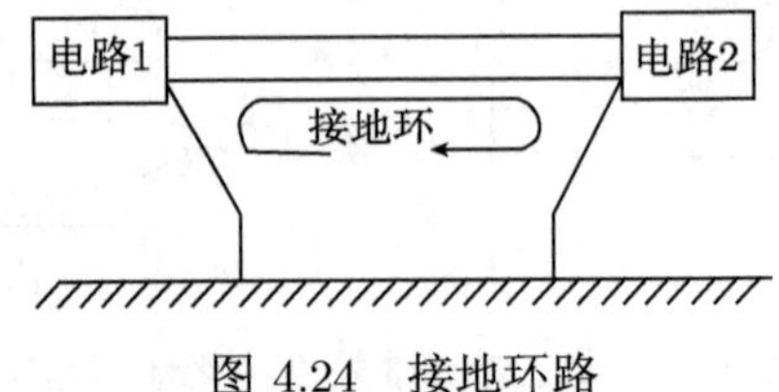

图 4.24　接地环路

地环的存在产生电磁干扰隐患，主要一点是易受外界磁场的干扰，另一个是易受地噪声电势差的干扰，因此需要采取相应措施消除来自地环的干扰。常用的地环的抗干扰措施有以下几种。

1. 浮地

浮地是最简单的不形成地环的方法。但对于高频电路，由于分布电容的原因很难做到真正的浮地，另外浮地存在安全性差的隐患，一般这种方式是不宜采取的。

2. 差分平衡电路

用差分平衡电路有助于消除地环干扰的影响。差分电路额输出电压为

$$U_0 = K(U_1 - U_2) \tag{4.11}$$

其中，U_1, U_2 为信号输入两端对公共点 P 的电压，图 4.25 中 $U_1 = U_{PA}, U_2 = U_{PB}$。设图 4.25 中地噪声为 U_g，U_g 通过地环耦合到 P 和 O 之间的电压为

$$U_{PO} = \frac{R_{PO}}{R_\mathrm{g} + R + R_{PO}} U_\mathrm{g} \tag{4.12}$$

其中，R_{PO} 为 P 和 O 之间的电阻。放大器受扰输出电压将为

$$U_\mathrm{n} = U_1 - U_2 = \left(\frac{R_\mathrm{L1}}{R_\mathrm{L1} + R_{C1} + R_\mathrm{s}} - \frac{R_\mathrm{L2}}{R_\mathrm{L2} + R_{C2}} \right) U_{PO} \tag{4.13}$$

由于电路是对称的，$R_\mathrm{L1} = R_\mathrm{L2}, R_{C1} = R_{C2}$。另外，一般情况下 $R_\mathrm{L} \gg R_\mathrm{s}$，由式 (4.13) 可得

$$U_\mathrm{n} \approx 0 \tag{4.14}$$

所以尽管存在地环，输出端电压仍基本不受地噪声的干扰。

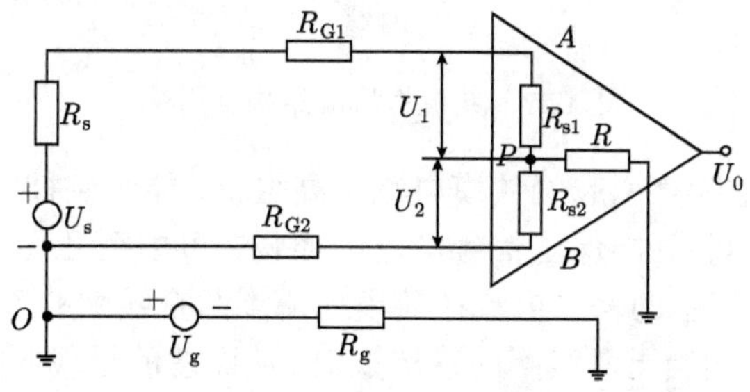

图 4.25 差分平衡电路

3. 隔离变压器

用隔离变压器传输信号是抑制地环干扰的一种方法。如图 4.26 所示，使用隔离变压器后，地环不复存在。但由于隔离变压器初次级间存在一定的极间电容 C，如等效电路所示，地噪声 U_{g} 仍有部分到达负载 R_{L}，其数值为

$$U_{\mathrm{n}} = \frac{R_{\mathrm{L}}}{R_{\mathrm{L}} + \dfrac{1}{\mathrm{j}\omega C}} U_{\mathrm{g}} \tag{4.15}$$

因此为提高抑制地干扰效果，需要减小极间电容 C。

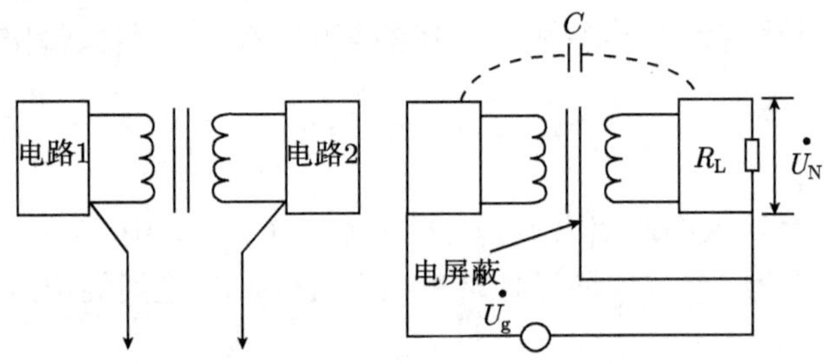

图 4.26　隔离变压器及等效电路

4. 共模扼流圈

共模扼流圈又名中和变压器，它由两组并绕在同一磁芯，绕向相同的线圈组成，如图 4.27 所示。

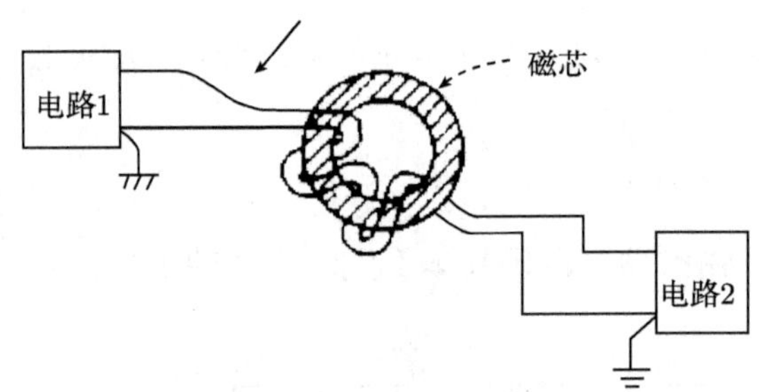

图 4.27　共模扼流圈结构及用法

共模扼流圈对地噪声引起的共模电流呈高阻抗，能起到抑制共模噪声的作用。但对差模电流呈低阻抗，能保证信号电流的通畅，可由图 4.28 作粗略解释。在图 4.28 中，信号源 U_{s} 产生的差模电流在共模扼流圈两个线圈的流向是相反的，引起的磁通量相互抵消，相当于两线圈的感抗抵消，从而总的呈现低阻抗。而地噪声 U_{g} 产生的共模电流在两线圈的流向却是相同的，对共模电流两线圈的感抗相加，呈现高阻抗，起到了抑制地噪声的作用。

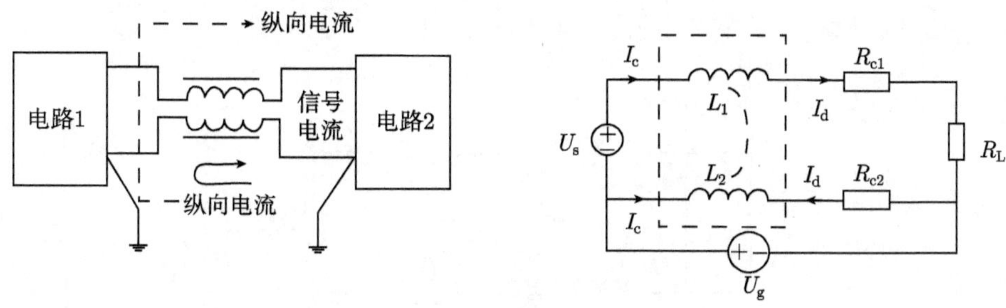

图 4.28 共模电流与差模电流的流向

5. 光电耦合器

图 4.29 所示的光电耦合器也是传输信号的一种方式。在这种方式中输入端为发光二极管，输出端为光敏三极管，由于输入输出端没有直接的电连接，因而完全没有了地环路。在低噪声放大电路中这种方式可以考虑。

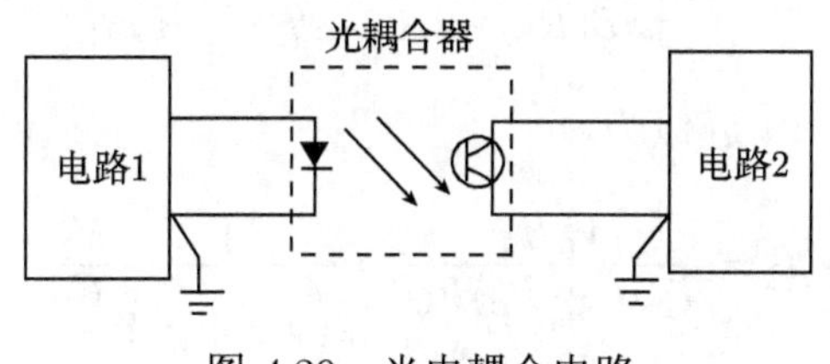

图 4.29 光电耦合电路

6. 使用同轴电缆及套铁氧体磁环

此方法见第 4.4.3 节。

4.4.2 共模扼流圈原理

粗略的物理解释固然好理解，但实际上共模扼流圈实现这两个功能仍有一定的条件，以下再通过电路分析推导这些条件。首先注意共模扼流圈从结构上具有两个特征：①$L_1 = L_2 = M$，其中 L_1，L_2，M 分别为两根导线的自感和互感。②存在一个所谓截止频率，其定义为 $f_c = \dfrac{R_c}{2\pi L}$，其中 L, R_c 分别为其中一根导线的自感和电阻。

1. 对地噪声源

图 4.30 中所示的等效电路中 V_g 为地噪声源。取回路 1 为回线与地线组成的回路，回路 2 为信号线与地线组成的回路，用附录 A 所示的方法分别列出两个电路方程如下

$$V_g = j\omega M I_1 + I_2(j\omega L_2 + R_c) \tag{4.16}$$

$$V_{\mathrm{g}} = \mathrm{j}\omega M I_2 + I_1(\mathrm{j}\omega L_1 + R_{\mathrm{L}} + R_{\mathrm{c}}) \tag{4.17}$$

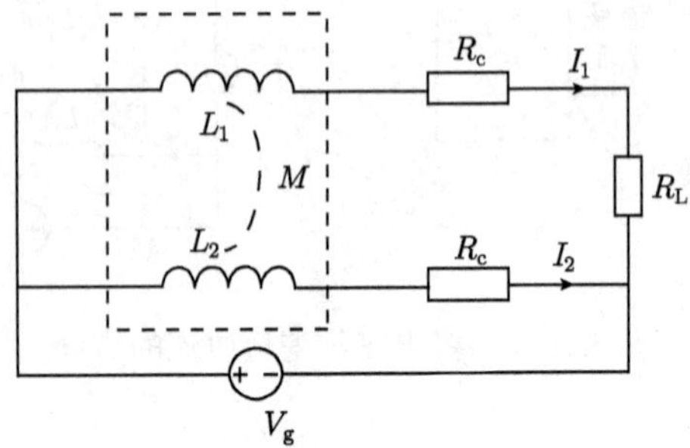

图 4.30　对地噪声源的等效电路

由式 (4.16) 和式 (4.17) 消去 I_2，并利用 $L_1 = L_2 = M$ 可得

$$I_1 = \frac{V_{\mathrm{g}} R_{\mathrm{c}}}{\mathrm{j}\omega L(R_{\mathrm{L}} + 2R_{\mathrm{c}}) + R_{\mathrm{c}}^2 + R_{\mathrm{c}} R_{\mathrm{L}}} \tag{4.18}$$

由于 $R_{\mathrm{L}} \gg R_{\mathrm{c}}$，式 (4.18) 近似为

$$I_1 = \frac{V_{\mathrm{g}} R_{\mathrm{c}}}{(\mathrm{j}\omega L + R_{\mathrm{c}}) R_{\mathrm{L}}} = \frac{1}{\left(1 + \mathrm{j}\dfrac{f}{f_c}\right)} \frac{V_{\mathrm{g}}}{R_{\mathrm{L}}} \tag{4.19}$$

其中，$f_{\mathrm{c}} = \dfrac{R_{\mathrm{c}}}{2\pi L}$ 为共模扼流圈的截止频率。负载上的受扰电压则为

$$U_{\mathrm{n}} = I_1 R_{\mathrm{L}} \approx \frac{V_{\mathrm{g}}}{\mathrm{j}\dfrac{f}{f_{\mathrm{c}}} + 1} \tag{4.20}$$

由式 (4.20) 可看出当 $f \gg f_{\mathrm{c}}$ 时，$U_{\mathrm{n}} \to 0$，共模扼流圈起到了抑制地噪声的作用。由式 (4.20) 同时可以看出共模扼流圈的截止频率越低，抑制地噪声的作用越强。

2. 对信号源

图 4.31 中所示的等效电路中 V_{s} 为有用信号源，取回路 1 为回线与地线组成的回路，回路 2 为信号线与地线组成的回路，分别列出电路方程如下

$$0 = -\mathrm{j}\omega M I_{\mathrm{s}} + (I_{\mathrm{s}} - I_{\mathrm{g}})(\mathrm{j}\omega L_2 + R_{\mathrm{c}}) - R_{\mathrm{g}} I_{\mathrm{g}} \tag{4.21}$$

$$V_{\mathrm{s}} = -\mathrm{j}\omega M(I_{\mathrm{s}} - I_{\mathrm{g}}) + I_{\mathrm{s}}(\mathrm{j}\omega L_1 + R_{\mathrm{c}} + R_{\mathrm{L}}) + I_{\mathrm{g}} R_{\mathrm{g}} \tag{4.22}$$

联立求解式 (4.21) 和式 (4.22)，并利用 $L_1 = L_2 = M$ 可得

$$I_{\rm g} = \frac{V_{\rm s}}{(R_{\rm L} + 2R_{\rm c})\left(1 + {\rm j}\dfrac{f}{f_{\rm c}} + \dfrac{R_g}{R_{\rm c}}\right) - R_{\rm c}} \tag{4.23}$$

$$I_{\rm s} = \frac{V_{\rm s}}{\dfrac{1}{\left[1 - {\rm j}\dfrac{f_{\rm c}}{f\left(1 - {\rm j}\dfrac{R_{\rm g}}{\omega L}\right)}\right]} + (R_{\rm L} + 2R_{\rm c})} \tag{4.24}$$

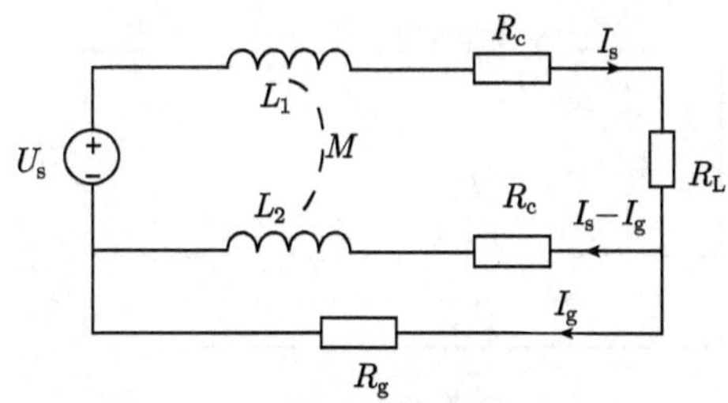

图 4.31　对信号源的等效电路

由于 $R_{\rm g} \ll R_{\rm c}$，$R_{\rm g} \ll \omega L$

$$I_{\rm g} = \frac{V_{\rm s}}{(2R_{\rm c} + R_{\rm L})\left(1 + {\rm j}\dfrac{f}{f_{\rm c}}\right) - R_{\rm c}} \tag{4.25}$$

$$I_{\rm s} = \frac{\left(1 + j\dfrac{f}{f_{\rm c}}\right)V_{\rm s}}{(2R_{\rm c} + R_{\rm L})\left(1 + {\rm j}\dfrac{f}{f_{\rm c}}\right) - R_{\rm c}} \tag{4.26}$$

当 $f \gg f_{\rm c}$ 时

$$I_{\rm g} \to 0, \quad I_{\rm s} \to \frac{V_{\rm s}}{2R_{\rm c} + R_{\rm L}} \tag{4.27}$$

负载上得到的信号电压则为

$$V_{\rm s} = I_{\rm s}R_{\rm L} = \frac{R_{\rm L}}{2R_{\rm c} + R_{\rm L}}V_{\rm s} \tag{4.28}$$

此电压与无扼流圈时是一样的，说明共模扼流圈的接入对信号电压的传输没有影响。

从以上推导可知共模扼流圈的两个功能都是在条件 $f \gg f_{\rm c}$ 时才具备，这是使用时必须注意的。

4.4.3　同轴线抑制地环干扰的作用

同轴电缆是用于传输信号的常用设备。同轴电缆由内、外导体组成，外导体又称为屏蔽层。同轴线的一个特性为屏蔽层的自感 L_s 等于内外导体之间的互感 M，其截止频率的定义为

$$f_c = \frac{R_s}{2\pi L_s} \tag{4.29}$$

其中，L_s 和 R_s 分别为屏蔽层的电感和电阻。

同轴线对地噪声有一定的抑制作用，将图 4.30 的回线改为屏蔽层，相应符号改写为 L_s 和 R_s，如图 4.32 所示。

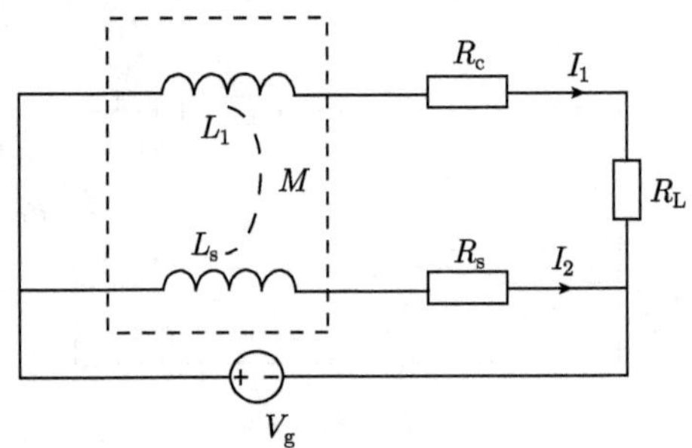

图 4.32　同轴线的地干扰模型

图 4.32 中取地线–屏蔽层、地线–信号线两个回路所得方程如下

$$V_g = I_2(j\omega L_s + R_s) + j\omega M I_1 \tag{4.30}$$

$$V_g = I_1(j\omega L_1 + R_L) + j\omega M I_2 \tag{4.31}$$

由式 (4.30) 和式 (4.31) 消去 I_2，并利用 $L_s = M$ 可得

$$I_1 = \frac{V_g R_s}{R_s R_L - \omega^2 M(L_1 - M) + j\omega(L_1 R_s + M R_L)} \tag{4.32}$$

一般有 $L_1 R_s \ll M R_L$，式 (4.32) 可化为

$$I_1 = \frac{V_g}{R_L\left(1 + j\frac{f}{f_c}\right) - \frac{\omega^2(L_1 - L_s)}{R_s}} \tag{4.33}$$

当 $f \gg f_c$

$$|I_1| \approx \frac{V_g}{\left|jR_L\frac{f}{f_c} - \frac{\omega^2(L_1 - L_s)}{R_s}\right|} \tag{4.34}$$

从式 (4.34) 可知，当 $f \gg f_c$ 时流过负载的干扰电流非常小。

对于信号源 U_s 产生的电流，只要 $f \gg f_c$，流经负载的电流基本不受地回路的影响，这可简单从下面分析得出。将图 4.31 的回线改为屏蔽层，相应符号改写为 L_s 和 R_s，如图 4.33 所示。

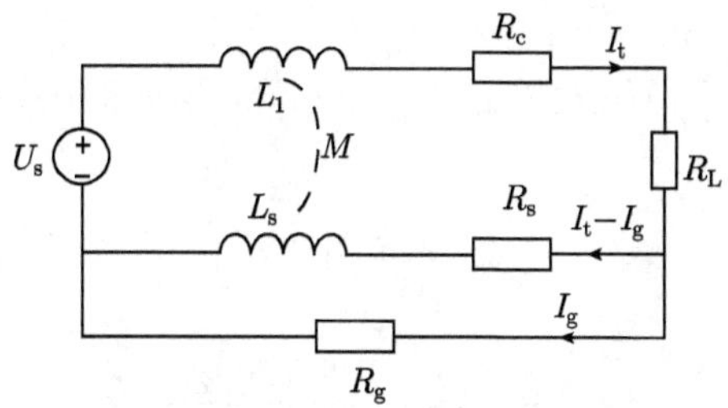

图 4.33 同轴线在有地环时的信号传输

对于屏蔽层–地线回路，为简单起见设 $R_g = 0$，有

$$0 = -\mathrm{j}\omega M I_1 + I_s(\mathrm{j}\omega L_s + R_s) \tag{4.35}$$

$$I_s = \frac{\mathrm{j}\omega M}{\mathrm{j}\omega L_s + R_s} I_1 = \frac{\mathrm{j}\omega L_s}{\mathrm{j}\omega L_s + R_s} I_1 = \frac{1}{1 - \mathrm{j}\dfrac{f_c}{f}} I_1 \tag{4.36}$$

由式 (4.36) 看出只要 $f \gg f_c$，则 $I_s \approx I_1$，$I_g \approx 0$，即信号电流传输基本不受地环的影响。

为增加抑制共模干扰的效果，可以采用在同轴线外套铁氧体磁环的方式。套铁氧体磁环后，式 (4.34) 中的 L_s 和 L_1 都增大了，f_c 变小，而 $L_1 - L_s$ 是与磁环无关的，不管磁环存在与否都有 $L_1 - L_s = \dfrac{\mu_0 l}{2\pi} \ln\left(\dfrac{R_2}{R_1}\right)$，由式 (4.34) 可知，$f_c$ 变小后对同一个频率地噪声引起的 I_1 越小，即同轴线抑制地噪声的作用越强。

附录 A：有互感时的电路计算

当两线圈产生的磁通量方向相同时其电流流入端称为“同名端”。

当两路电流由同名端流入时，每路的互感电压方向与自感电压方向相同；

当两路电流由异名端流入时，每路的互感电压方向与自感电压方向相反。

互感电动势 $\varepsilon_{12} = \mathrm{j}\omega M_{12} I_2$ 的正负号的决定：

两个线圈如果产生方向相同的磁通量，其电流流入端称为同名端，如果电流都从同名端流入，则产生的互感电动势与自感电动势方向相同，$\varepsilon_{12} = \mathrm{j}\omega M_{12} I_2$ 与 $\mathrm{j}\omega L_1$ 同号，反之则反号。

例：试列出下图所示回路的基尔霍夫方程

设流过 L_1 的电流为 I_1，流过 L_2 的电流为 I_2，流过 L_3 的电流为 I_3，如图 A1 所示。其同名端由绕向决定，用 • 表示。例中 M_{12} 和 M_{13} 为负，M_{23} 为正。

则回路 1

$$\varepsilon_1 = I_1(Z_1 + \mathrm{j}\omega L_1) - \mathrm{j}\omega M_{12}I_2 - \mathrm{j}\omega M_{13}I_3 + I_3(Z_3 + \mathrm{j}\omega L_3) - \mathrm{j}\omega M_{13}I_1 + \mathrm{j}\omega M_{23}I_2$$

回路 2

$$\varepsilon_2 = -I_2(Z_2 + \mathrm{j}\omega L_2) + \mathrm{j}\omega M_{12}I_1 - \mathrm{j}\omega M_{23}I_3 + I_3(Z_3 + \mathrm{j}\omega L_3) - \mathrm{j}\omega M_{13}I_1 + \mathrm{j}\omega M_{23}I_2$$

节点电流

$$I_1 = I_3 + I_2$$

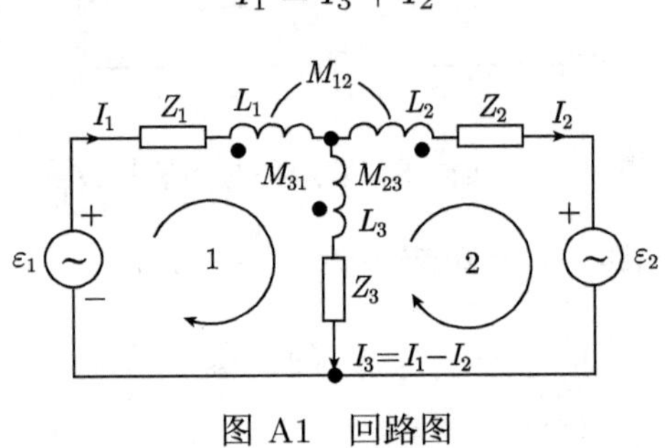

图 A1　回路图

附录 B：同轴电缆的自感和互感

同轴电缆的电感具有下列特性：

(1) 同轴电缆屏蔽层的自感与内外导体之间的互感相等，即 $L_\mathrm{S} = M$。

$L_\mathrm{S} = M$ 可由下列分析看出：设 R 为同轴线内导体，S 为屏蔽层，由于 M_RS 可以由 R 加上电流得到的屏蔽层的磁通获得，即 $M_\mathrm{RS} = \dfrac{\psi_\mathrm{S}}{I_\mathrm{R}}$，而这一电流加到屏蔽也可以获得同样的磁通，而后者正是屏蔽层的自感。

(2) 同轴电缆内外导体的电感之差为 $L = L_1 - L_\mathrm{S} = \dfrac{\mu_0}{2\pi} l \ln\dfrac{b}{a}$，其中 a 和 b 分别为内外导体半径。此式为内外导体的单位长度总电感，或者说是传输线的单位长度电感。

4.5　电缆屏蔽层的接地

4.5.1　屏蔽层接地方式对感性耦合和容性耦合的影响

1. *屏蔽层的特征及作用*

屏蔽层大多为编织屏蔽体或刚性屏蔽体，一般由高电导率的材料构成，对高频电磁波有屏蔽作用。但屏蔽层一般是无磁材料，对磁场并无直接的遮挡作用，但是它可以通过电流或电位的形式影响低频电场或磁场的耦合，如何影响则与其接地方式有关。本节论述的屏蔽层都是基于相对磁导率为 1 的假设。

2. 同轴电缆屏蔽层接地对容性耦合的影响

图 4.34(a) 的上方为干扰源电路，设电路通过互容与下方电路产生耦合，如果受扰电路有屏蔽层，则耦合电容 C_{GS} 终止在电路屏蔽层上，其等效电路见图 4.34(b)，其中 G 代表发射导体，S 代表屏蔽层，R 代表中心导体或接收导体。

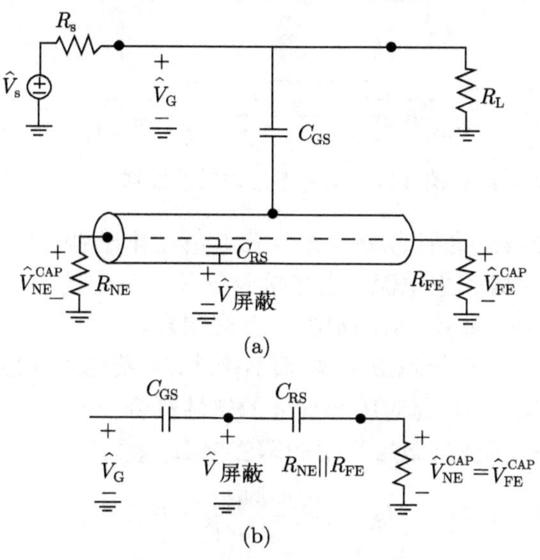

图 4.34 有屏蔽层时的容性耦合

图 4.34 的屏蔽层没有接地，设 C_{RS} 为屏蔽层与中心导体的互电容，来自干扰源 V_{S} 的容性耦合将通过 C_{GS} 与 C_{RS} 的串联回到地。则受扰的中心导体对地电压为

$$V_{\mathrm{FE}}=\frac{R_{\mathrm{b}}}{-\mathrm{j}\dfrac{1}{\omega C_{\mathrm{q}}}+R_{\mathrm{b}}}=\frac{R_{\mathrm{b}}}{-\mathrm{j}\dfrac{1}{\omega C_{\mathrm{q}}}+R_{\mathrm{b}}} \tag{4.37}$$

其中，$C_{\mathrm{q}}=\dfrac{C_{\mathrm{RS}}C_{\mathrm{GS}}}{C_{\mathrm{RS}}+C_{\mathrm{GS}}}$ 为串联电容，$R_{\mathrm{b}}=\dfrac{R_{\mathrm{NE}}R_{\mathrm{FE}}}{R_{\mathrm{NE}}+R_{\mathrm{FE}}}$ 为中心导体两端对地电阻的并联电阻。对足够小的频率

$$V_{\mathrm{FE}}\approx \mathrm{j}\omega C_{\mathrm{q}}R_{\mathrm{b}} \tag{4.38}$$

式 (4.38) 表示的耦合形式与无屏蔽层时的耦合形式是一样的，只不过互容变为两个电容的串联。事实上，由于 $C_{\mathrm{RS}}\ll C_{\mathrm{GS}}$，$C_{\mathrm{q}}\approx C_{\mathrm{GS}}$，容性耦合基本上与无屏蔽时是一样的。

如果屏蔽层一端或两端接地，则马上可以得到 $V_{\mathrm{FE}}=0$。所以，只要屏蔽层接地，就可以消除容性耦合。

3. 同轴电缆屏蔽层接地方式对感性耦合的影响

图 4.35 的上方为干扰源电路，下方为受扰电路，受扰电路有屏蔽层。假设屏蔽层两端都接地，其等效电路如图 4.36 所示，其中上方为受扰电路的中心导体。

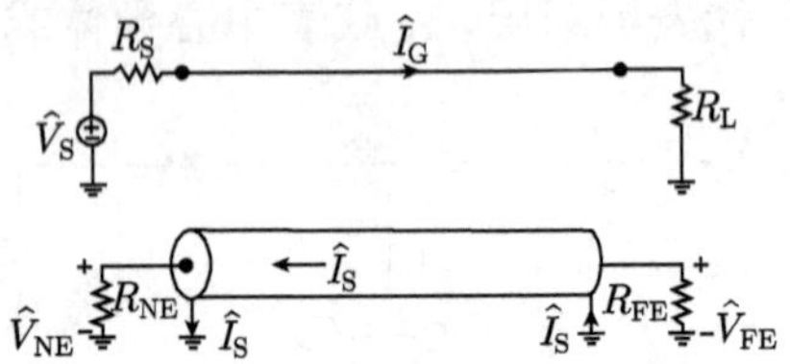

图 4.35　有屏蔽层时的感性耦合

定性地说，发射电流的磁场在屏蔽层激起感生电动势，如果屏蔽层两端接地，这个感生电动势将形成感生电流，它在接收导体处产生的磁通抵消了发射导体直接在接收导体处产生的磁通，从而消除了感应耦合。

如果屏蔽层只有一端接地，或两端都不接地，屏蔽层上的感生电动势不能形成感生电流，则不能消除干扰源对中心导体的感性耦合。

图 4.36 中，干扰源使屏蔽层产生的感生电流 I_S 为

$$I_S = \frac{j\omega M_{GS}}{j\omega L_{SH} + R_{SH}} I_G \tag{4.39}$$

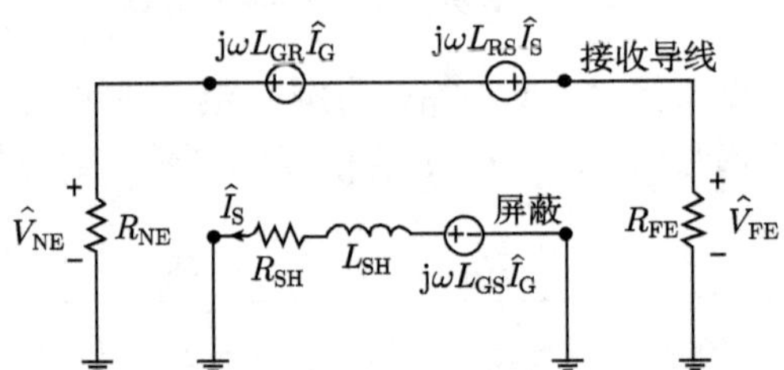

图 4.36　有屏蔽层时两端接地的感性耦合等效电路

其中，I_G 为干扰源电路的电流，L_{SH} 和 R_{SH} 分别为屏蔽层的电感和电阻，M_{GS} 为干扰源电路与屏蔽层之间的互感。I_S 在中心导体的负载上产生的二次电压为

$$V_{FE} = \frac{R_{FE}}{R_{NE} + R_{FE}} j\omega M_{RS} I_S \tag{4.40}$$

其中，M_{RS} 为中心导体与屏蔽层之间的互感，R_{FE} 和 R_{NE} 分别为中心导体两端的对地电阻。

加上接收导体直接由发射电路的感应，接收导体负载的总感应电压为

$$V_{FE} = \frac{R_{FE}}{R_{NE} + R_{FE}} j\omega (M_{GR} I_G - M_{RS} I_S) \tag{4.41}$$

式 (4.41) 中两项相减是因为屏蔽体感应电流方向与源电流方向是反向的。

将式 (4.39) 代入式 (4.41)，并利用 $M_{\mathrm{GR}} = M_{\mathrm{GS}}$，$M_{\mathrm{RS}} = L_{\mathrm{SH}}$，式 (4.41) 变为

$$V_{\mathrm{FE}} = \frac{R_{\mathrm{FE}}}{R_{\mathrm{NE}} + R_{\mathrm{FE}}} \mathrm{j}\omega M_{\mathrm{GR}} I_{\mathrm{G}} \times \frac{R_{\mathrm{SH}}}{R_{\mathrm{SH}} + \mathrm{j}\omega L_{\mathrm{SH}}} \tag{4.42}$$

式中，前面因子为无屏蔽层时的串扰，后面因子反映屏蔽层的影响。可见有屏蔽层后，串扰要在无屏蔽层时的结果上再乘一个因子

$$\mathrm{SF} \approx \frac{R_{\mathrm{SH}}}{R_{\mathrm{SH}} + \mathrm{j}\omega L_{\mathrm{SH}}} = \frac{1}{1 + \mathrm{j}\dfrac{f}{f_{\mathrm{SH}}}} \tag{4.43}$$

其中，$f_{\mathrm{SH}} \approx \dfrac{R_{\mathrm{SH}}}{2\pi L_{\mathrm{SH}}}$ 为屏蔽层的截止频率。

式 (4.43) 为屏蔽层两端接地时的结果。在特殊情况下：

(1) 屏蔽层两端接地，且 $f \ll f_{\mathrm{SH}}$，则有

$$V_{\mathrm{FE}} = \frac{R_{\mathrm{FE}}}{R_{\mathrm{NE}} + R_{\mathrm{FE}}} \mathrm{j}\omega M_{\mathrm{GR}} I_{\mathrm{G}} \tag{4.44}$$

此时结果与无屏蔽层时无异。

(2) 屏蔽层两端接地，且 $f \gg f_{\mathrm{SH}}$，这时有

$$V_{\mathrm{FE}} = -\frac{R_{\mathrm{FE}}}{R_{\mathrm{NE}} + R_{\mathrm{FE}}} R_{\mathrm{SH}} I_{\mathrm{G}} \tag{4.45}$$

式 (4.45) 表明屏蔽层两端接地，且 $f > f_{\mathrm{SH}}$ 时串扰与频率无关，高于此频率串扰不再增加，而且此值比相同频率下无屏蔽层时的感应串扰要小，反映出在此条件下屏蔽层起到了抑制感性耦合的作用。

当屏蔽层两端均不接地，或者只有一端接地时，$I_{\mathrm{S}} = 0$，这时感应串扰与单导线受的磁场干扰相同，为

$$V_{\mathrm{FE}} = \frac{R_{\mathrm{FE}}}{R_{\mathrm{NE}} + R_{\mathrm{FE}}} \mathrm{j}\omega M_{\mathrm{GR}} I_{\mathrm{G}} \tag{4.46}$$

以上分析结果可简单归纳如下：

(1) 屏蔽层至少一端接地，容性耦合将为 0。屏蔽层不接地时，容性耦合与无屏蔽层时的耦合形式是一样的，只不过互容为两个电容的串联。

(2) 屏蔽层两端接地，且 $f > f_{\mathrm{SH}}$，感性耦合才受屏蔽层的影响，即屏蔽层起到减小感性耦合作用。不接地或者一端接地，感性耦合与无屏蔽层时是一样的，屏蔽层起不到屏蔽磁场的作用。

4.5.2　屏蔽层单点接地和两点接地

1. 一般选择原则

图 4.37 和图 4.38 分别表示屏蔽层单点接地和两点接地的接法。如上节所述，无论单点接地还是两点接地，屏蔽层都能起到屏蔽电场或抑制容性耦合的作用；而单点接地时，不能抑制电感性耦合。单点接地的优点是不形成地环，有利于防止外界的磁场干扰和地噪声干扰由地环进入。对于低频信号，屏蔽层一般以采取单点接地为宜。

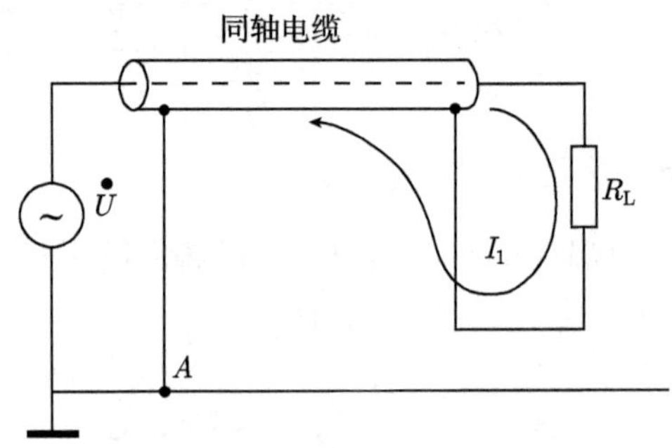

图 4.37　屏蔽层的单点接地

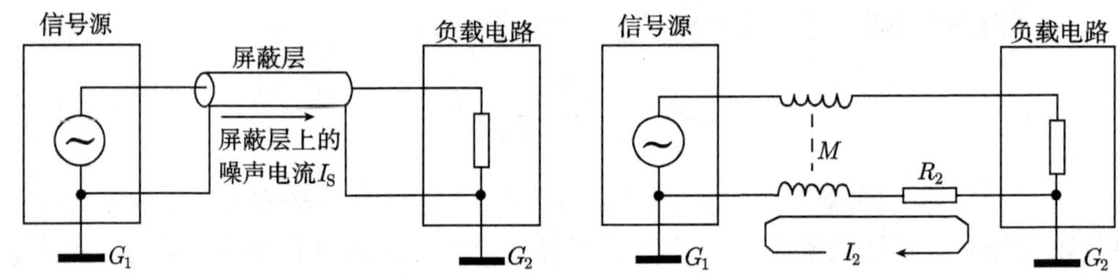

图 4.38　屏蔽层的两点接地 (形成地环)

两点接地的缺点是形成地环，但当频率较高，$f \gg f_c$ 时，来自信号环路或地环路的电感性耦合都可受到抑制。另外高频时，由电缆阻抗导致的电位差是产生干扰不可忽视的因素，因此高频时，电缆屏蔽层不宜采取单点接地，宜采取多点接地的方式。常常推荐的方式是每 1/10 波长设一个接地点。

2. 屏蔽双线屏蔽层单点接地点的选择

低频时屏蔽双线屏蔽层仍采取单点接地为宜。但由于屏蔽层与中心导体间有分布电容存在，屏蔽双线接地点选择在输入端还是输出端仍有不同效果。

图 4.39 为屏蔽层在输出端接地的情况。设 U_{G1}, U_{G2} 为地噪声源，图 4.39(b)～图 4.39(d) 分别为屏蔽层通过路径 B, C, D 接地时的等效电路。由等效电路可得对

应各图受干扰电压 U_{12} 分别为

$$U_{12}=\frac{C_1}{C_1+C_2}(U_{\mathrm{G1}}+U_{\mathrm{G2}}),\quad U_{12}=0,\quad U_{12}=\frac{C_1}{C_1+C_2}U_{\mathrm{G1}} \tag{4.47}$$

比较各种接法可发现这时以图 4.39(c) 接法为最佳。读者可自行分析如果屏蔽层不在输出端而在输入端接地时采取各种不同接地路径的优劣。

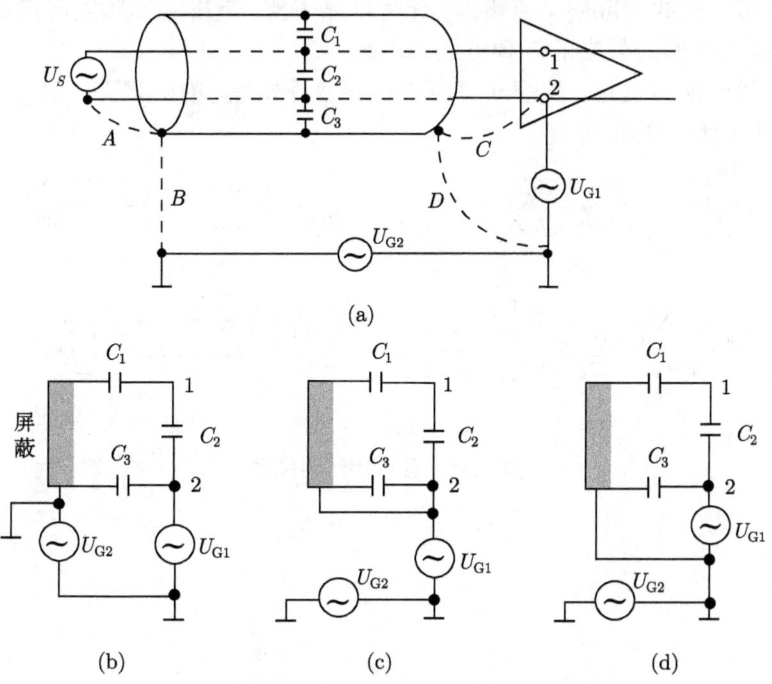

图 4.39　屏蔽双线屏蔽层在输出端接地

3. 低电平电路屏蔽层的接地

低电平电路对干扰特别敏感，需加强保护。可选择双屏蔽双绞线的方式，如图 4.40 所示。其中内屏蔽层单点接地，外屏蔽层多点接地。内屏蔽层单点接地保证了对低频电场的屏蔽，外屏蔽层主要屏蔽高频电磁波，双绞线的作用主要为屏蔽磁场。

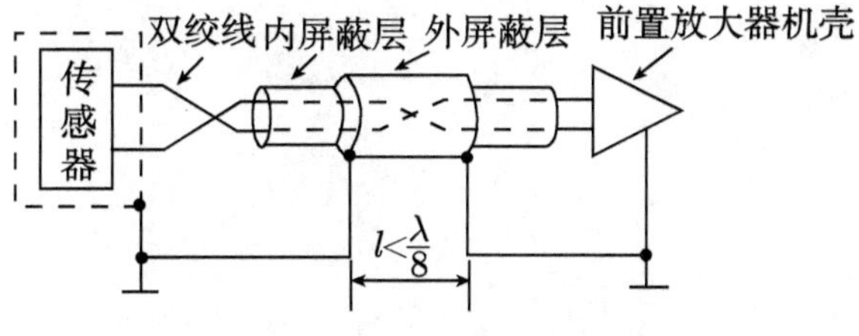

图 4.40　双屏蔽双绞线接法

4. 例：以下 4 种传输线及接法的优缺点

(1) 双绞线可屏蔽低频磁场。单点接地无地环路，可避免地环干扰。无屏蔽层不能屏蔽高频电磁波，也不能屏蔽静电场或低频电场 [图 4.41(a)]。

(2) 屏蔽层不接地，只能屏蔽高频电磁波，不能屏蔽静电场。屏蔽层也不能屏蔽来自信号环路的磁场干扰 [图 4.41(b)]。

(3) 屏蔽双绞线屏蔽层单点接地，无地环路干扰，能屏蔽高频电磁波及静电场。里面双绞线还可屏蔽外来的低频磁场 [图 4.41(c)]。

(4) 同轴线两点接地，能屏蔽高频电磁波及静电场，有地环路，但 $f > f_c$ 时磁场耦合影响不大 [图 4.41(d)]。

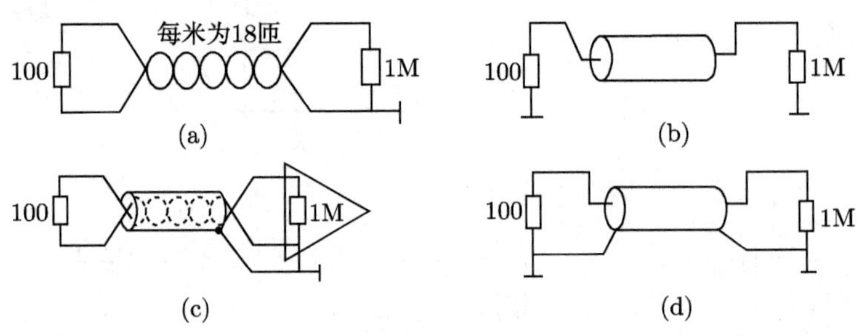

图 4.41　各种接法的优劣

第5章 屏　　蔽

屏蔽是抑制干扰通过空间耦合的措施。按照被屏蔽的场的种类，屏蔽基本分为静电屏蔽、低频磁屏蔽和高频电磁屏蔽。其中静电屏蔽用于屏蔽静电场或似稳态低频电场，低频磁屏蔽用于屏蔽静磁场或似稳态低频磁场，这两种屏蔽对象都是近场。而高频电磁屏蔽是用于屏蔽远场，即电磁波。

5.1 静电屏蔽与磁屏蔽

5.1.1 静电屏蔽

静电场是由于电荷产生的，静电场可以脱离磁场单独存在，与磁场没有耦合关系。静电屏蔽用于阻断静电场或低频似稳电场的耦合，一般可简单地通过电荷和电位来解释。

1. 静电屏蔽原理的通俗解释

图 5.1 为对静电屏蔽的通俗解释。图 5.1(a) 中，带电荷的干扰源 A 与物体 B 之间没有金属屏蔽体，由 A 发出的电力线可直接到达 B，静电感应就产生了；换句话说就是电荷在 B 处产生了电场，使物体 B 受到了干扰。在图 5.1(b) 中，带电体 A 与物体 B 之间有金属屏蔽罩，但屏蔽罩没有接地；由于静电感应，屏蔽罩的内壁产生与 A 异号的电荷，而外壁产生与 A 同号的电荷，外壁的电荷仍然可以通过发出电力线到达物体 B，所以图 5.1(b) 情况并没有达到屏蔽的效果。在图 5.1(c) 中，有金属屏蔽罩，而且屏蔽罩接地，这时外壁的电荷将流入大地，外壁不再存在电荷，不会向 B 发出电力线，从而 B 不受电场干扰，达到了屏蔽的效果。

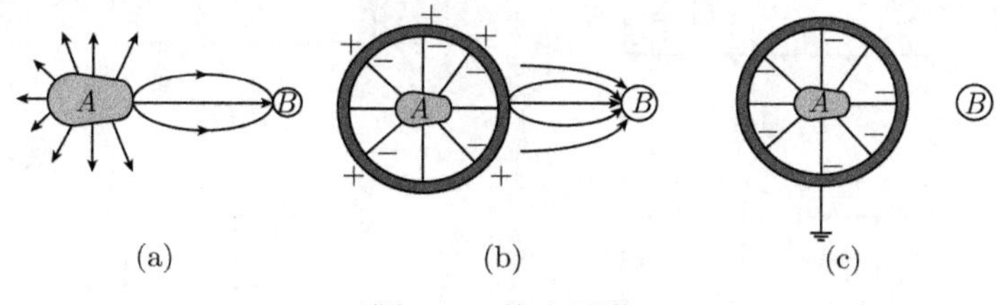

图 5.1　静电屏蔽

由图 5.1 的分析可知金属屏蔽体和接地是产生静电屏蔽的要点。当然也有一种特殊情况，假设有一个封闭的屏蔽罩，干扰源在屏蔽罩外，而物体 B 在屏蔽罩腔体之内，而且与屏蔽罩体没有任何连接，这种情况屏蔽体即使不接地，由高斯定理可知腔体内部也没有电场，B 仍然可以得到屏蔽。这种情况称为被动式屏蔽，但这种情况在工程上比较少出现。另外屏蔽罩不接地容易出现如第 4 章所述的许多安全方面的问题。在实际工程中，为使屏蔽体电位与地电位相等，也常常接地。

2. 静电屏蔽的电路解释方法

分析静电屏蔽也可以用等效电路的方法，这种方法更具定量的效果。

图 5.2 中 A 为干扰源，A 携带电荷对地有一电位 V_{S}，B 为被干扰导体，设其对地电容为 C_B，其对地电压 U_B 为受干扰电压。图 5.2(a) 中 A 与 B 间无屏蔽体，A, B 间则存在互电容 C_{SR}，由简单的电路计算可得 B 的受干扰电压为

$$U_B = \frac{C_{\mathrm{SR}}}{C_B + C_{\mathrm{SR}}} V_{\mathrm{S}} \tag{5.1}$$

图 5.2(b) 中 A, B 间有一屏蔽板遮挡，如果没有将 A 完全密封，则 A, B 间还有漏电容 C_{SR}。图 5.2(b) 中的屏蔽板没有接地，对地有一电容 C_3，设屏蔽板对 A 和 B 的电容为 C_1 和 C_2，通过电路计算可得

$$V_B = \frac{(C_1 + C_2 + C_3)C_{\mathrm{SR}} + C_1 C_2}{(C_1 + C_2 + C_3)(C_2 + C_B + C_{\mathrm{SR}}) - C_2^2} V_{\mathrm{S}} \tag{5.2}$$

如果不考虑漏电容 ($C_{\mathrm{SR}} = 0$), 如图 5.2(c) 所示，则式 (5.2) 简化为

$$V_B = \frac{C_2 C_1}{(C_2 + C_B)\left(C_1 + C_3 + \dfrac{C_2 C_B}{C_2 + C_B}\right)} V_{\mathrm{S}} \tag{5.3}$$

式 (5.3) 中如果 $C_3 = \infty$，即屏蔽罩接地，则 $U_B = 0$，达到了完全屏蔽的目的。这种情况如图 5.2(d) 所示。

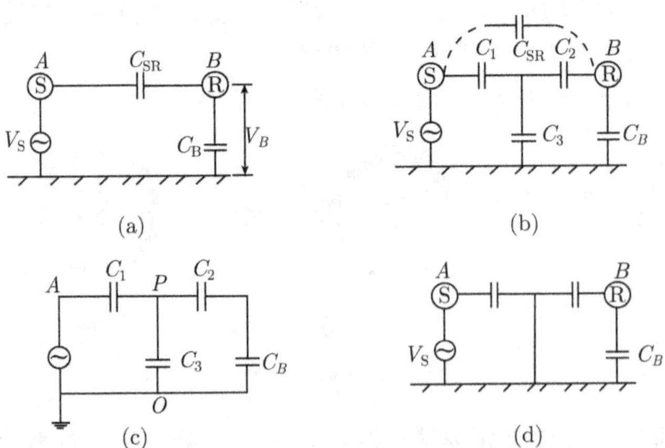

图 5.2　静电屏蔽的电路分析法

若屏蔽体不接地，不但达不到屏蔽的目的，甚至可能出现比无屏蔽体时还差的结果。图 5.2(c) 表示屏蔽体不接地情况，B 的受扰电压如式 (5.3) 所示。如果 $C_1 \gg C_3$ 及 $C_1 \gg \dfrac{C_2C_B}{C_2+C_B}$ 同时出现，则有

$$U_B \approx \frac{C_2}{C_2+C_B}V_{\mathrm{S}} \tag{5.4}$$

比较无屏蔽板时的 $U_B = \dfrac{C_{\mathrm{SR}}}{C_B+C_{\mathrm{SR}}}V_{\mathrm{S}}$，由于 $C_2 > C_{\mathrm{SR}}$ (因 A 与屏蔽板的距离比 A 与 B 的距离更近，而且相对面积更大)，可发现其感应电压比无屏蔽板时还大。

5.1.2 低频磁屏蔽

低频磁屏蔽也可称为静磁屏蔽，由于实际中低频磁场比静磁场出现的场合多得多，习惯上就称为低频磁屏蔽，有时甚至简单称为磁屏蔽。与静电屏蔽对应，静磁场是脱离电场单独存在的，与电场没有耦合关系。低频磁屏蔽用于阻断静磁场或低频似稳磁场的耦合，一般可简单地通过磁通量的磁路来解释。

1. 低频磁屏蔽基本原理

低频磁屏蔽使用高磁导率的材料作屏蔽体，由于屏蔽体的磁阻小，干扰磁场的磁力线集中在屏蔽层内，而不越出屏蔽层，从而达到屏蔽的目的。铁和铁氧体是最常用的高磁导率材料，其相对磁导率达几十到几千。

图 5.3 的方框为一个高磁导率材料构成的磁屏蔽罩，罩内为一个通电线圈。线圈发出的磁力线由于有低磁阻的屏蔽罩通道，因而都通过罩内的通道返回，无磁力线溢出罩外，从而保护了外部空间不受线圈磁场的干扰。

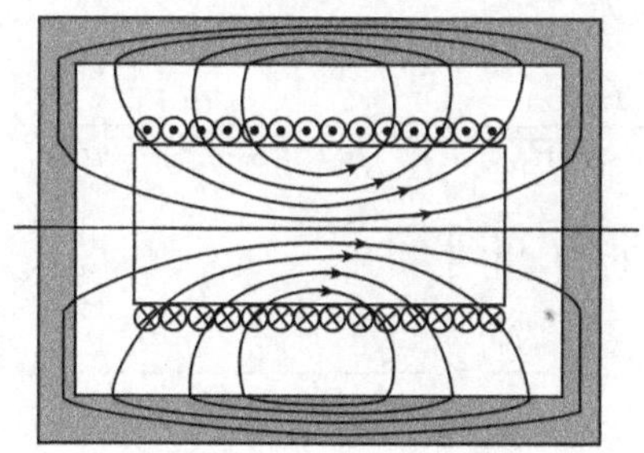

图 5.3 磁导体与磁屏蔽

2. 简单算例

以下通过一个磁路的简单算例进一步解释磁屏蔽的效果。设图 5.4 中有一个外来干扰磁场，其磁场强度为 H_0，磁力线方向从上到下，虚线部分表示一个圆柱磁屏蔽体的纵截面。设自由空间的磁导率为 μ_0，磁屏蔽体的相对磁导率为 μ_{r}，圆柱体屏蔽体腔内的磁场为 H_1。

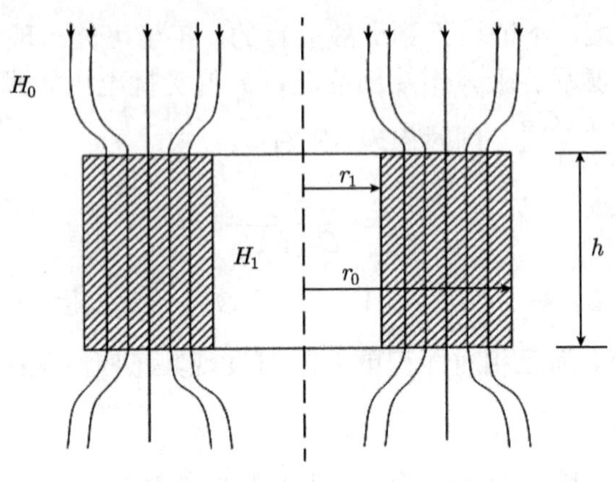

图 5.4　磁路定理的应用

磁路定理为

$$NI = \phi R_{\mathrm{m}} \tag{5.5}$$

其中，NI 为磁动势，$\phi = \mu HS$ 为磁通量，$R_{\mathrm{m}} = \dfrac{l}{\mu S}$ 为磁阻，S 为截面积，μ 为磁导率。

流入圆柱体的总磁通量为 $\phi_0 = \mu_0 H_0 \pi r_0^2$，其中 r_0 为外圆柱的外半径。流入圆柱后磁通量将按磁阻分流。腔内空气通道与磁导体圆柱壁通道的磁阻分别为

$$R_{\mathrm{m1}} = \frac{h}{\mu_0 \pi r_1^2}, \quad R_{\mathrm{ms}} = \frac{h}{\mu_{\mathrm{s}} \pi (r_0^2 - r_1^2)} \tag{5.6}$$

分流后流入空腔的磁通量为

$$\phi_1 = \frac{R_{\mathrm{ms}}}{R_{\mathrm{m1}} + R_{\mathrm{ms}}} \phi_0 = \frac{\mu_0 r_1^2}{\mu_{\mathrm{s}}(r_0^2 - r_1^2) + \mu_0 r_1^2} \mu_0 H_0 \pi r_0^2 \tag{5.7}$$

而 $\phi_1 = \mu_0 H_1 \pi r_1^2$，由式 (5.7)，可得

$$\frac{H_1}{H_0} = \frac{r_0^2}{\mu_{\mathrm{sr}}(r_0^2 - r_1^2) + r_1^2} \tag{5.8}$$

式中，μ_{sr} 为磁屏蔽体的相对磁导率。由式 (5.8) 可见 μ_{s} 很大时，空腔内磁场很小，即腔体内区域得到了屏蔽。

5.2　高频电磁屏蔽

高频电磁屏蔽的作用是屏蔽来自干扰源的远场，即电磁波。高频电磁屏蔽的屏蔽体为高电导率的金属，屏蔽体接地与否并不影响高频电磁屏蔽的效果。

5.2.1 电磁屏蔽的基本原理

电磁波入射到金属表面产生以下几个物理过程：①由于金属与自由空间的波阻抗不相同，电磁波在界面上产生反射，大部分能量反射回自由空间；②由于金属不是绝对的理想导体，电磁波仍会有一部分进入金属体内，在金属体内转化成热能，或者说被金属体吸收；③未吸收尽的电磁波能量到达金属体的另一个界面，再次反射，并在两个界面之间产生多次反射。如图 5.5 所示。

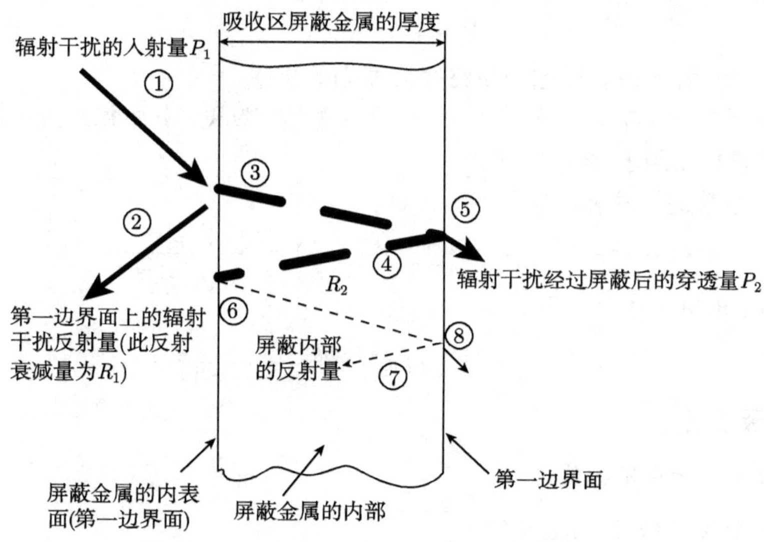

图 5.5 电磁波穿过金属板衰减示意图

平面波通过厚度为 d 的金属介质的穿透系数可由式 (5.9) 表示

$$S=(1-\rho_0)(1-\rho_{\rm t})\mathrm{e}^{-\mathrm{j}k_{\rm m}\mathrm{d}}(1+\rho_{\rm t}^2\mathrm{e}^{-2\mathrm{j}k_{\rm m}d}+\rho_{\rm t}^4\mathrm{e}^{-4\mathrm{j}k_{\rm m}d}+\cdots) \tag{5.9}$$

其中，ρ_0，$\rho_{\rm t}$ 分别为电磁波两个界面上的反射系数。

$$\rho_0=\frac{\eta_{\rm a}-\eta_{\rm m}}{\eta_{\rm m}+\eta_{\rm a}},\quad \rho_{\rm t}=\frac{\eta_{\rm m}-\eta_{\rm a}}{\eta_{\rm m}+\eta_{\rm a}} \tag{5.10}$$

其中，$\eta_{\rm a}$，$\eta_{\rm m}$ 分别为空气和金属介质的波阻抗。

注意式 (5.10) 表示的反射系数与穿透系数的对应关系是 $S_0=1-\rho_0$，如果写 $S_0=1+\rho_0$，则 $\rho_0=\dfrac{\eta_{\rm m}-\eta_{\rm a}}{\eta_{\rm m}+\eta_{\rm a}}$。不论写成哪种形式，都有 $S_0=\dfrac{2\eta_{\rm m}}{\eta_{\rm m}+\eta_{\rm a}}$。

空气的波阻抗 $\eta_{\rm a}=120\pi$，金属的波阻抗和金属的波数分别为

$$\eta_{\rm m}\approx(1+\mathrm{j})\sqrt{\frac{\pi\mu_{\rm m}f}{\sigma}} \tag{5.11}$$

$$k_{\rm m}\approx(1-\mathrm{j})\sqrt{\pi\mu_{\rm m}f\sigma} \tag{5.12}$$

其中，μ_{m} 为金属的磁导率，对非铁磁性金属，$\mu_{\mathrm{m}}=\mu_0=4\pi\times10^{-7}$；$\sigma$ 为金属的电导率，f 为频率。

电磁波穿过金属体的衰减包含三项因素：反射、吸收与多重反射。式 (5.9) 中，因子 $(1-\rho_0)(1-\rho_{\mathrm{t}})$ 代表反射损耗，可理解为电磁波通过板的两个界面反射后剩余的强度。

$\mathrm{e}^{-\mathrm{j}k_{\mathrm{m}}d}$ 代表吸收损耗，其中 d 为金属板的厚度；$k_{\mathrm{m}}=\beta-\mathrm{j}\alpha$，$\beta$ 为传播常数，α 为衰减常数。

$$\mathrm{e}^{-\mathrm{j}k_{\mathrm{m}}d}=\mathrm{e}^{-\alpha d}\mathrm{e}^{-\mathrm{j}\beta d}$$

$|\mathrm{e}^{-\mathrm{j}k_{\mathrm{m}}d}|=\mathrm{e}^{-\alpha d}$ 为电磁波通过金属路径后振幅的衰减。

$(1+\rho_{\mathrm{t}}^2\mathrm{e}^{-2\mathrm{j}k_{\mathrm{m}}d}+\rho_{\mathrm{t}}^4\mathrm{e}^{-4\mathrm{j}k_{\mathrm{m}}d}+\cdots)$ 表示多重反射效果，其中每经过一次来回反射，其复振幅乘以因子 $\rho_{\mathrm{t}}^2\mathrm{e}^{-2\mathrm{j}k_{\mathrm{m}}d}$。

如果把级数进行求和，有

$$(1+\rho_{\mathrm{t}}^2\mathrm{e}^{-2\mathrm{j}k_{\mathrm{m}}d}+\rho_{\mathrm{t}}^4\mathrm{e}^{-4\mathrm{j}k_{\mathrm{m}}\mathrm{d}}+\cdots)=\frac{1}{1-\rho_{\mathrm{t}}^2\mathrm{e}^{-2\mathrm{j}k_{\mathrm{m}}d}} \tag{5.13}$$

因此式 (5.9) 也可写成

$$S=(1-\rho_0)(1-\rho_{\mathrm{t}})\mathrm{e}^{-\mathrm{j}k_{\mathrm{m}}d}\frac{1}{1-\rho_{\mathrm{t}}^2\mathrm{e}^{-2\mathrm{j}k_{\mathrm{m}}d}} \tag{5.14}$$

5.2.2 屏蔽效能

1. 穿透系数和屏蔽效能

电磁波穿透系数 S 的定义为

$$S=\frac{E}{E_0} \tag{5.15}$$

其中，E 和 E_0 分别为有屏蔽体与无屏蔽体时在同一受干扰场点上的电场强度振幅。

屏蔽体屏蔽效能 SE 的定义为

$$\mathrm{SE}=20\log\left(\frac{1}{|S|}\right) \tag{5.16}$$

2. 反射衰减与吸收衰减

在式 (5.9) 中，对应因子 $S_{\mathrm{R}}=(1-\rho_0)(1-\rho_{\mathrm{t}})$ 的衰减称为反射衰减或反射损耗，定义为

$$R=20\log\frac{1}{|S_{\mathrm{R}}|} \tag{5.17}$$

对应因子 $S_{\mathrm{t}}=\mathrm{e}^{-\mathrm{j}kd}$ 的衰减称为吸收衰减或吸收损耗，定义为

$$A=20\log\frac{1}{|S_{\mathrm{t}}|} \tag{5.18}$$

于是金属平板屏蔽效能与反射、吸收衰减的关系为

$$\mathrm{SE}=R+A+20\log\left(|1-\rho_{\mathrm{t}}^2\mathrm{e}^{-2\mathrm{j}k_{\mathrm{m}}d}|\right) \tag{5.19}$$

3. 薄金属平板的高频屏蔽效能

本节直接从 Maxwell 方程组出发导出金属平板屏蔽效能的表达式。在图 5.6 中，设 $\mathrm{e}^{\mathrm{j}\omega t}$ 依赖的平面波沿 z 方向入射，其电场沿 x 方向，磁场沿 y 方向。金属板内的电磁场方程为

$$\begin{cases} \nabla \times \vec{H} = \mathrm{j}\omega\varepsilon_{\mathrm{m}}\vec{E} \\ \nabla \times \vec{E} = -\mathrm{j}\omega\mu_{\mathrm{m}}\vec{H} \end{cases} \tag{5.20}$$

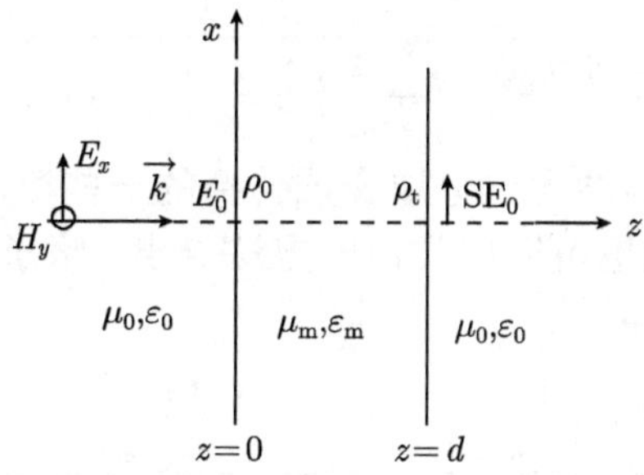

图 5.6 求解方程坐标系

分量形式为

$$\begin{cases} \dfrac{\partial E_x}{\partial z} = -\mathrm{j}\omega\mu_{\mathrm{m}}H_y \\ \dfrac{\partial H_y}{\partial z} = -\mathrm{j}\omega\varepsilon_{\mathrm{m}}E_x \end{cases} \tag{5.21}$$

联立式 (5.20) 与式 (5.21) 得

$$\frac{\partial^2 E_x}{\partial z^2} + k_{\mathrm{m}}^2 E_x = 0 \tag{5.22}$$

其中，$k_{\mathrm{m}}^2 = \omega^2\varepsilon_{\mathrm{m}}\mu_{\mathrm{m}}$。式 (5.22) 的形式解为

$$\begin{cases} E_x = A\mathrm{e}^{\mathrm{j}k_{\mathrm{m}}z} + B\mathrm{e}^{-\mathrm{j}k_{\mathrm{m}}z} \\ H_y = -\dfrac{1}{\eta_{\mathrm{m}}}(A\mathrm{e}^{\mathrm{j}k_{\mathrm{m}}z} - B\mathrm{e}^{-\mathrm{j}k_{\mathrm{m}}z}) \end{cases} \tag{5.23}$$

其中，$\eta_{\mathrm{m}} = \sqrt{\dfrac{\mu_{\mathrm{m}}}{\varepsilon_{\mathrm{m}}}}$ 为金属介质的波阻抗。A，B 为待定常数，由以下边条件确定:

$z=0$ 处

$$\begin{cases} E_0 - PE_0 = A + B \\ -\eta_{\mathrm{m}}(H_0 + PH_0) = A - B \end{cases} \tag{5.24}$$

$z=d$ 处

$$\begin{cases} \mathrm{SE}_0 = A\mathrm{e}^{\mathrm{j}k_{\mathrm{m}}d} + B\mathrm{e}^{-\mathrm{j}k_{\mathrm{m}}d} \\ \mathrm{SH}_0 = -\dfrac{1}{\eta_{\mathrm{m}}}(A\mathrm{e}^{\mathrm{j}k_{\mathrm{m}}d} - B\mathrm{e}^{-\mathrm{j}k_{\mathrm{m}}d}) \end{cases} \tag{5.25}$$

由以上 4 个方程求解 4 个未知数 A, B, P, S 最后可得

$$S = \frac{4}{\left[2-\left(N+\frac{1}{N}\right)\right]\mathrm{e}^{-\mathrm{j}k_{\mathrm{m}}d}+\left[2+\left(N+\frac{1}{N}\right)\right]\mathrm{e}^{\mathrm{j}k_{\mathrm{m}}d}} \tag{5.26}$$

其中，$N=\dfrac{Z_0}{\eta_{\mathrm{m}}}$，$\eta_{\mathrm{m}}\approx\sqrt{\dfrac{\mu_{\mathrm{m}}}{\varepsilon_{\mathrm{m}}}}$ 是金属的波阻抗，$Z_0=\dfrac{E_0}{H_0}$ 为入射波的波阻抗，对于平面波 $Z_0=120\pi$。式 (5.26) 也可写成

$$S=\frac{1}{\mathrm{ch}\gamma_{\mathrm{m}}d}\cdot\frac{1}{1+\frac{1}{2}\left(N+\frac{1}{N}\right)\mathrm{th}(\gamma_{\mathrm{m}}d)} \tag{5.27}$$

其中，$\gamma_{\mathrm{m}}=\mathrm{j}k_{\mathrm{m}}$。有关电磁波通过分层介质传播的一些概念详见附录 A。

多层屏蔽的穿透系数也可以用类似的方法导出，附录 B 列出了双层屏蔽的分析方法和公式。

4. *薄膜屏蔽*

在塑料的有机介质表面覆盖一层导电膜，则对电磁波有反射和吸收作用。一般导电膜厚度小于其中电磁波波长的 1/4。 由于薄膜很薄，屏蔽效能以反射损耗为主，吸收及损耗很小。

薄膜屏蔽分导电薄膜和导电涂层；导电薄膜如铜铝银金膜，屏蔽效能为几十到一百多 dB。导电涂层有银清漆涂料、银填充合成橡胶涂料、 导电聚乙烯涂料、石墨粉导电涂料等。导电涂层中的导电微粒不如金属膜均匀， 等价于反射膜的电导率降低，表面阻抗增大，与空气的波阻抗差距变小，导致反射系数变小，屏蔽效能有所下降。

玻璃上涂导电层则成为导电玻璃，既透光又有屏蔽功能，常用在 30MHz 以下频段。

表 5.1 列出了几种厚度的铜薄膜屏蔽效能的典型值，其中 A 为吸收衰减，R 为反射衰减，B 为多重反射衰减。 从表中可看出对同一频率反射衰减的大小与薄膜厚度的关系不大，但薄膜厚度越小，吸收损耗越小，总屏蔽效能也越小。更多数据可按式 (5.17)~ 式 (5.19) 计算。

表 5.1 几种厚度的铜薄膜的屏蔽效能

薄膜厚度/μm	频率/Hz	A	R	B	SE
0.105	1M	0.14	109	−47	62
	1G	0.44	79	−17	62
1.25	1M	0.16	109	−26	83
	1G	5.2	79	−0.6	84
2.196	1M	0.29	109	0.6	110
	1G	9.2	79	0.6	90
21.960	1M	2.9	109	−3.5	108
	1G	92	79	0	171

附录 A：电磁波在分层介质传播的有关说明

(1) 第 5.2.2 节中的 ρ, P 都是指电场反射系数，S 指电场传输系数。磁场的反射与传输系数与电场的并不相同。

(2) 式 (5.24)中电场反射系数与磁场反射系数符号相反来自于理想电导体的电磁场边界条件。在理想电导体表面，电场切向分量为 0；而由于面电流的存在，理想电导体表面的存在令边界上磁场切向分量翻倍。 也可从反射波传播方向来看，由于反射波的 $\vec{E}\times\vec{H}$ 与入射波反向，因而反射波的 $\vec{E}$ 与 $\vec{H}$ 必有一个与入射波同向而另一个与入射波反向。

(3) 电场与磁场进入金属的传输系数各为 $\dfrac{2\eta_2}{\eta_1+\eta_2}$ 和 $\dfrac{2\eta_1}{\eta_1+\eta_2}$。正因为电场与磁场传进另一介质后幅度变化不同，才导致波阻抗变成了另一介质的波阻抗。

(4) 第 5.2.2 节中 ρ 是指平面波通过一个界面的反射，不包括多重反射。P 则是包括多重反射的总反射系数。 S 则是穿过两个界面并包括多重反射的总传输系数，由于穿过了两个界面，电场与磁场的 S 是相同的。

(5) 在金属中包括正向波与反向波，每个波的电场与磁场之比等于 $\sqrt{\dfrac{\mu}{\varepsilon}}$，而不是总场之比等于 $\sqrt{\dfrac{\mu}{\varepsilon}}$。

不考虑多重反射时电场与磁场通过分层介质的概况如图 A1 所示。

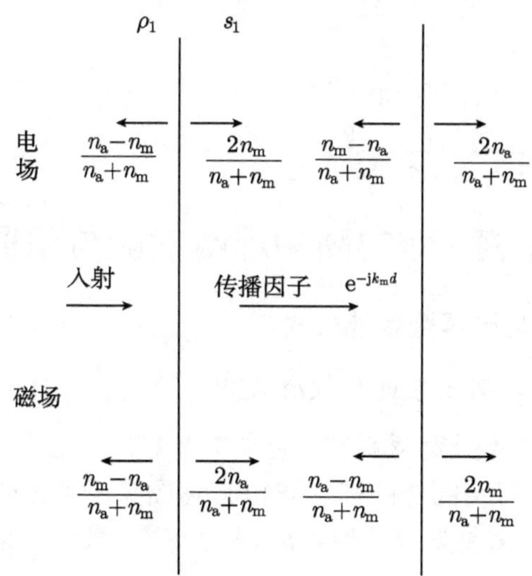

图 A1 不考虑多重反射时电场与磁场通过金属介质的反射与传播

附录 B：双层屏蔽

穿过双层屏蔽体 (图 B1) 后的总电场强度为

$$E_t = E_3 + E_7 + E_{11} + \cdots \tag{B1}$$

其中

$$E_3 = E_0 S_1 e^{-jk_0 h} S_2 \tag{B2}$$

为不考虑板间反射的透射场，S_1, S_2 分别为穿过第一屏蔽层与第二屏蔽层的穿透系数，k_0, h 分别为板间空气层的传播常数与厚度。

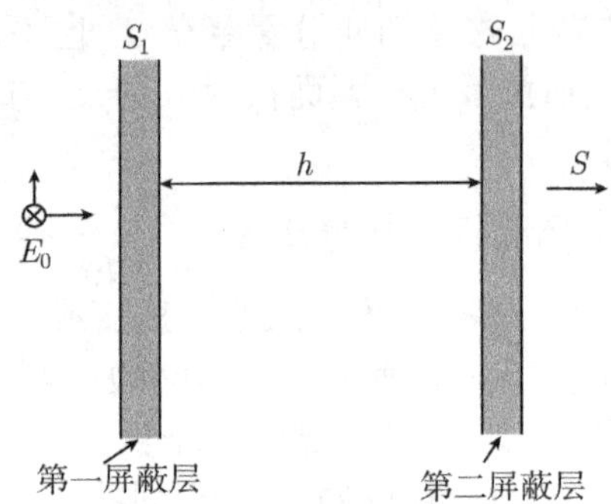

图 B1　双层屏蔽示意图

经过一次板间的来回反射后，总穿透场为

$$E_t = E_0 \cdot S_1 \cdot e^{-jkh} \rho_2 e^{-jkh} \rho_1 \cdot e^{-jkh} \cdot S_2 \tag{B3}$$

其中，ρ_1, ρ_2 为第一与第二屏蔽层对电磁波的反射系数。由此类推，考虑多次反射后总穿透场为

$$\begin{aligned} E_t &= E_0 S_1 e^{-jk_0 h}(1 + \rho_1 e^{-jkh} \rho_2 e^{-jkh} + \rho_1 e^{-jkh} \rho_2 e^{-jkh} \rho_1 e^{-jkh} \rho_2 e^{-jkh} + \cdots) S_2 \\ &= E_0 S_1 S_2 e^{-jk_0 h} \frac{1}{1 - \rho_1 \rho_2 e^{-j2kh}} \end{aligned} \tag{B4}$$

5.3　板、筒、球的高频屏蔽效能与磁屏蔽效能

5.3.1　高频屏蔽效能与磁屏蔽效能公式

1. 板、筒、球壳体的高频穿透系数公式

平板金属屏蔽体的高频穿透系数已由 5.2 节导出，见式 (5.26) 和式 (5.27)。对球形或圆柱形屏蔽体，可用同样的概念导出其高频穿透系数或屏蔽效能，只不过用的坐标系不同。本节不重复繁杂的数学过程，仅列出最后结果。

1) 平板

金属平板的穿透系数已在 5.2 节导出，为

$$S = \frac{1}{\mathrm{ch}\gamma d} \cdot \frac{1}{1 + \dfrac{1}{2}\left(N + \dfrac{1}{N}\right)\mathrm{th}(\gamma d)} \tag{5.28}$$

其中各参数的含义已在 5.2.2 节说明。

2) 圆筒

圆筒金属屏蔽体的高频穿透系数如式 (5.29) 表示

$$S \approx \frac{1}{\mathrm{ch}\gamma d} \cdot \frac{1}{1 + \frac{1}{2}\left(N + \frac{1}{N}\right)\mathrm{th}(\gamma d)} \tag{5.29}$$

其中各参数的含义已在 5.2.2 节说明，$d = b - a$ 为屏蔽体的厚度，如图 5.7 所示。

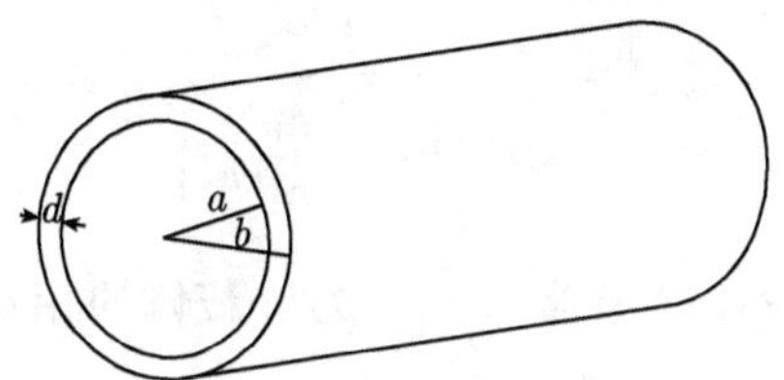

图 5.7 圆筒屏蔽体示意图

3) 球壳

球壳金属屏蔽体的高频穿透系数如式 (5.30) 表示

$$S \approx \frac{1}{\mathrm{ch}\gamma d} \cdot \frac{1}{1 + \frac{1}{3}\left(N + \frac{2}{N}\right)\mathrm{th}(\gamma d)} \tag{5.30}$$

其中各参数的含义已在 5.2.2 节说明，$d = b - a$ 为屏蔽体的厚度，如图 5.8 所示。

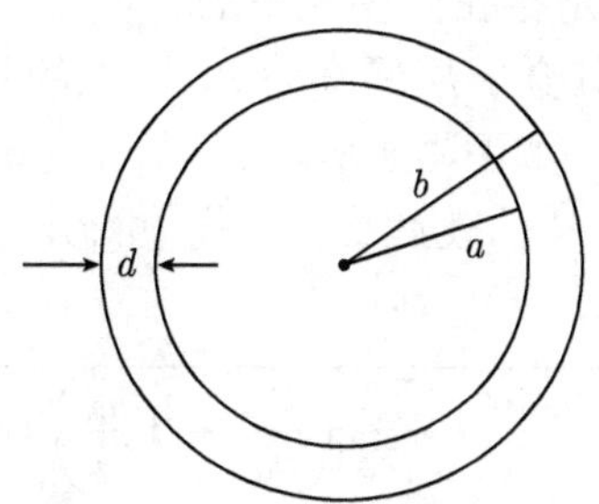

图 5.8 圆球壳金属屏蔽体示意图

2. 磁屏蔽效能

磁屏蔽效能对低频磁场定义，与高频电磁屏蔽类似，磁屏蔽效能定义为

$$\mathrm{SE} = 20\log\left(\frac{1}{|S|}\right) \tag{5.31}$$

式中，S 为磁场穿透系数。

$$S = \frac{H}{H_0} \tag{5.32}$$

其中，H 和 H_0 分别为有屏蔽体与无屏蔽体时在同一受干扰场点上的磁场强度。

两种形状屏蔽体的磁场穿透系数如下：

(1) 封闭球壳

$$S=\frac{1}{1+\frac{2}{9}\mu_{\mathrm{r}}\left(1-\frac{a^3}{b^3}\right)} \tag{5.33}$$

其中，a，b 分别为球壳的内、外半径，μ_{r} 为屏蔽体的相对磁导率。

(2) 无限长圆管

$$S=\frac{4}{\mu_{\mathrm{r}}\left[1-\left(\frac{r_1}{r_2}\right)^2\right]} \tag{5.34}$$

其中，r_1，r_2 分别为圆管的内、外半径，μ_{r} 为屏蔽体的相对磁导率。

5.3.2 高频屏蔽效能与磁屏蔽效能的关系

磁屏蔽效能本质上是由静磁学方程，即拉普拉斯方程解出来的，高频屏蔽效能本质上是由亥姆霍兹方程解出来的，而拉普拉斯方程是亥姆霍兹方程的一个特殊情况。因此，有理由认为磁屏蔽效能是高频屏蔽效能的特例。

低频磁屏蔽效能的特殊性在于：①频率很低，$\omega\to 0$；②入射场的波阻抗是近场波阻抗，而近场波阻抗比较复杂，与源的特性和场点与源点的距离都有关系。

通过高频屏蔽效能的途径导出磁屏蔽效能固然不是一个好方法，但也可以通过下面一个实例说明二者确是存在内在关系的。

假设有一个金属球壳，其金属层厚度为 d，球壳的外半径为 b，内半径为 a，设一个磁偶极源置于球壳中心，如图 5.8 所示。

球壳电磁波的穿透系数 S 的表达式，见式 (5.30)，重写如下

$$S=\frac{1}{\operatorname{ch}(\gamma_{\mathrm{m}}d)}\frac{1}{1+\frac{1}{3}\left(\frac{Z_1}{\eta_{\mathrm{m}}}+2\frac{\eta_{\mathrm{m}}}{Z_1}\right)\operatorname{th}(\gamma_{\mathrm{m}}t)} \tag{5.35}$$

其中，Z_1 为入射波的波阻抗，η_{m} 分别为金属的波阻抗。值得注意的是，由式 (5.30) 的推导过程可知 Z_1 为入射波的波阻抗 E/H 而非介质 1 波阻抗 $\sqrt{\frac{\mu}{\varepsilon}}$，尽管它们对远场而言是相等的，但对近场来说它们却并不相等。

将磁偶极子在球壳边界上的切向磁场分量与切向电场分量相比，可得球壳边界上的近场波阻抗为

$$Z_1=-\mathrm{j}\mu_0\omega a \tag{5.36}$$

将式 (5.36) 及金属的波阻抗 $\eta_{\mathrm{m}}=\sqrt{\mathrm{j}\omega\mu_{\mathrm{m}}/\sigma}$ 和 $\gamma_{\mathrm{m}}=\mathrm{j}k_{\mathrm{m}}=-\sqrt{\mathrm{j}\omega\sigma\mu_{\mathrm{m}}}$ 代入式

(5.35) 并令 $\omega \to 0$，相应 $\mathrm{ch}(\gamma t) \approx 1$，$\mathrm{th}(\gamma_{\mathrm{m}} d) \approx \gamma_{\mathrm{m}} d = -\sqrt{\mathrm{j}\omega\mu_{\mathrm{m}}\sigma} d$，$\dfrac{Z_1}{\eta_{\mathrm{m}}} \propto \sqrt{\omega} \to 0$，可得

$$S = \frac{1}{1 + \dfrac{2}{3}\dfrac{\sqrt{\mathrm{j}\omega\mu_{\mathrm{m}}/\sigma}}{(-\mathrm{j}\omega\mu_0 a)} \cdot (-\sqrt{\mathrm{j}\mu_{\mathrm{m}}\omega\sigma}) d} = \frac{1}{1 + \dfrac{2}{3}\dfrac{\mu_{\mathrm{m}}}{\mu_0}\dfrac{d}{a}} \tag{5.37}$$

相应的球壳静磁屏蔽的公式为式 (5.33)，即

$$S = \frac{1}{1 + \dfrac{2}{9}\dfrac{\mu_{\mathrm{m}}}{\mu_0}\left(1 - \dfrac{a^3}{b^3}\right)} \tag{5.38}$$

当 $d \ll a$ 时

$$\frac{1}{b^3} = \frac{1}{(a+d)^3} \approx \frac{1}{a^3}\left(1 - 3\frac{d}{a}\right) \tag{5.39}$$

可发现式 (5.38) 与式 (5.35) 在 $\omega \to 0$ 及 $Z_1 = -\mathrm{j}\mu_0\omega a$ 条件下的结果是一致的。

5.4 同轴电缆的转移阻抗

5.4.1 刚性管状电缆的转移阻抗

1. 同轴电缆转移阻抗的定义

同轴电缆转移阻抗的定义为

$$Z_{\mathrm{T}} = \frac{1}{I_0}\frac{\mathrm{d}V}{\mathrm{d}x} \tag{5.40}$$

其中，I_0 为外界在屏蔽层引起的干扰电流，$\dfrac{\mathrm{d}V}{\mathrm{d}x}$ 为 I_0 在传输线单位长度上形成的干扰电压，如图 5.9 所示。转移阻抗直接反映电缆的屏蔽性能，Z_{T} 越小说明同样大小的 I_0 引起的干扰电压越小，即屏蔽效能越高。

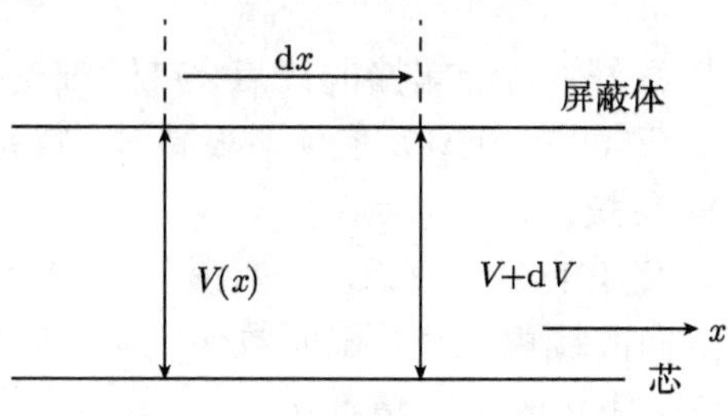

图 5.9 转移阻抗定义示意图

2. 刚性管状电缆的转移阻抗

刚性管状电缆转移阻抗公式为

$$Z_{\mathrm{T}}=\frac{1}{2\pi a\sigma T}\frac{(1+\mathrm{j})\dfrac{T}{\delta}}{\sinh(1+\mathrm{j})\dfrac{T}{\delta}} \tag{5.41}$$

其中，a 为同轴电缆的半径，T 为屏蔽体管壁的厚度，σ 为屏蔽层的电导率，δ 为屏蔽层的趋肤深度，表达式如式 (3.3) 所示。式 (5.41) 来源详见附录 A。

下面分析式 (5.41) 的物理意义。当频率很低时，δ 很大，可超过管壁厚度。假如频率低至使 $\dfrac{T}{\delta}\ll 1$，式 (5.41) 变为

$$|Z_{\mathrm{T}}|=\frac{1}{2\pi a\sigma T} \tag{5.42}$$

而 $\dfrac{1}{2\pi a\sigma T}$ 正是屏蔽层单位长度的直流电阻 R_0。由式 (5.40) 可见这时 $\dfrac{\mathrm{d}V}{\mathrm{d}x}=I_0R_0$，即干扰电压简单的就是 I_0 在屏蔽层引起电压降。

如果频率很高，使得趋肤深度远小于管壁厚度，即 $\dfrac{T}{\delta}\gg 1$，这时有

$$\sinh(1+\mathrm{j})\frac{T}{\delta}\approx 0.5\mathrm{e}^{(1+\mathrm{j})\frac{T}{\delta}} \tag{5.43}$$

式 (5.41) 变为

$$|Z_{\mathrm{T}}|=\frac{1}{2\pi a\sigma\delta}\times 2\sqrt{2}\mathrm{e}^{-\frac{T}{\delta}} \tag{5.44}$$

$|Z_{\mathrm{T}}|$ 以 $\mathrm{e}^{-\frac{T}{\delta}}$ 的形式衰减与电磁波在金属中的衰减形式相同，由于频率高时 $\mathrm{e}^{-\frac{T}{\delta}}$ 非常小，式 (5.44) 反映高频时，电磁波不能顺利越过屏蔽层，从而转移阻抗很小。系数 $\dfrac{1}{2\pi a\sigma\delta}$ 则是电流在屏蔽层外壁厚度为 δ 的薄层流动的电阻。

式 (5.41) 表明，刚性屏蔽体转移阻抗随频率增加而下降，即屏蔽效果变好。

5.4.2 编织屏蔽体的转移阻抗

1. 编织屏蔽体

编织屏蔽体具有柔韧性好，利于端接的优点，在同轴电缆中得到广泛的应用。由于编织屏蔽体的覆盖率仅 60%~98%，在频率很高时，特别在微波段之后与刚性同轴电缆相比其屏蔽效能要差。

编织屏蔽体由并排及交错的编织束组成，如图 5.10 所示。其重要物理参数有：编织数 C，为电缆宽度方向的线束数目；截面数 p，为长度方向单位长度线束数。编织角 α，为线束方向与电缆长度方向的夹角，$\alpha=\tan^{-1}\dfrac{4\pi ap}{C}$，其中 a 为电缆半径。$F=\dfrac{Nd}{W}=\dfrac{pNd}{\sin\alpha}$ 为填充系数，其中 W 为一个线束的实际宽度，N 为一个线束中的导线数目，d 为束内每根导线的直径。

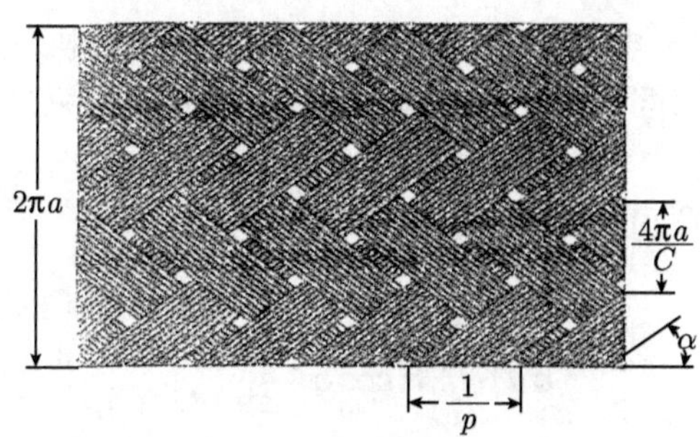

图 5.10 编织屏蔽体结构

屏蔽体单位长度直流电阻为

$$R_0 \approx \frac{R_\mathrm{c}}{NC} = \frac{4}{\pi d^2 NC\sigma\cos\alpha} = \frac{1}{\pi^2 ad\sigma F\cos^2\alpha} \tag{5.45}$$

其中，$R_\mathrm{c} = \dfrac{4}{\pi d^2\sigma\cos\alpha}$ 为电缆长度方向上单位长度的直流电阻，$\dfrac{4}{\pi d^2\sigma}$ 为每根导体单位长度的直流电阻，可认为电流沿导线方向流动，在电缆单位长度上流动路径为 $\dfrac{1}{\cos\alpha}$。

如图 5.11 所示，编织体的空隙主要为编束交错形成的菱形孔，设屏蔽体的光学覆盖率为 K，则对应图 5.11 模型的屏蔽体光学覆盖率为

$$K = \frac{W^2-(W-Nd)^2}{W^2} = F - F^2 \tag{5.46}$$

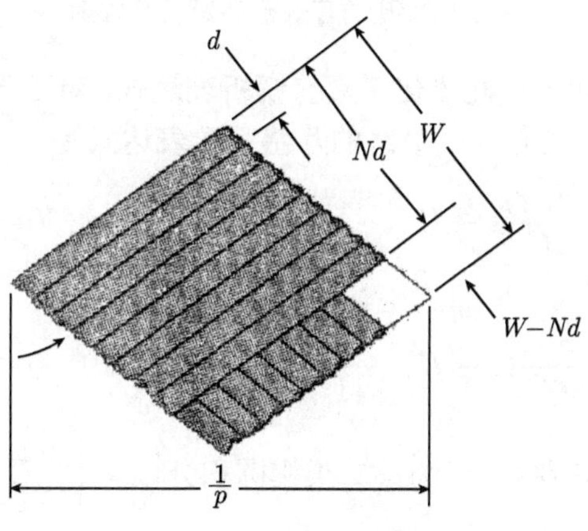

图 5.11 线束的组成

2. 编织屏蔽体的转移阻抗

编织屏蔽体的屏蔽阻抗可简单表示为

$$Z_\mathrm{T} = Z_\mathrm{d} + \mathrm{j}\omega M \tag{5.47}$$

其中，第一项 Z_d 是由于电磁场穿透金属引起的，产生的机理与频率关系均与刚性屏蔽体的转移阻抗的相同。另一项 $\mathrm{j}\omega M$ 是由于屏蔽体线束之间的菱形孔使外磁场一部分穿过缝隙，与在中心导体形成感生电动势的效果。

式 (5.47) 的第一项可表示为

$$Z_\mathrm{d}=\frac{4}{\pi d^2NC\sigma\cos\alpha}\cdot\frac{(1+\mathrm{j})\dfrac{d}{\delta}}{\sinh(1+\mathrm{j})\dfrac{d}{\delta}} \tag{5.48}$$

其中，系数 $\dfrac{4}{\pi d^2NC\sigma\cos\alpha}$ 为屏蔽体单位长度直流电阻，即式 (5.45) 中的 R_0。

式 (5.47) 的第二项是由于入射磁场的磁力线穿过屏蔽层的小孔，使中心导体产生感生电动势引起的。用巴比涅原理，先将小孔等效成一个孔平面上的磁偶极子，该磁偶极子产生二次场，二次场的磁通量与中心导体的交链，如图 5.12 所示，导致了所谓互感系数 M 的出现。孔的等效磁偶极正比于孔的磁极化率，也正比于入射磁场的切向分量或屏蔽层外壁电流 I_s。式 (5.47) 的来源将在附录 B 中简述。

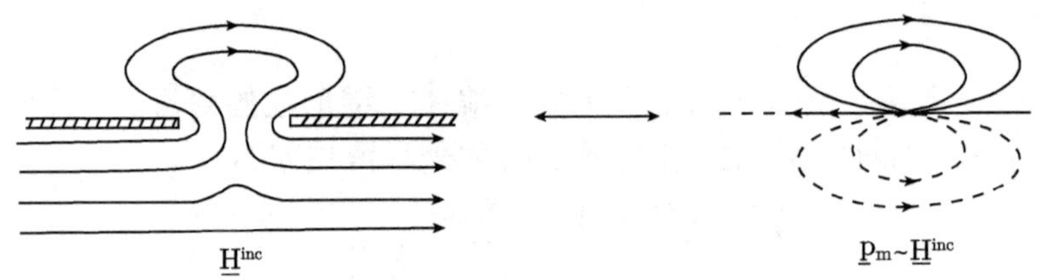

图 5.12　孔的等效磁偶矩及其辐射

几种简单规则形状的小孔磁化率具有解析表达式，对菱形孔，可用椭圆孔公式近似代替，见附录 B。式 (5.47) 最终的互感系数表达式为

$$M=\begin{cases}\dfrac{\pi\mu_0}{6C}(1-K)^{\frac{3}{2}}\dfrac{e^2}{E(e)-(1-e^2)K(e)} & (\alpha<45^\circ)\\[2ex] \dfrac{\pi\mu_0}{6C}(1-K)^{\frac{3}{2}}\dfrac{\dfrac{e^2}{\sqrt{1-e^2}}}{K(e)-E(e)} & (\alpha>45^\circ)\end{cases} \tag{5.49}$$

其中，$K(e)$ 为第一类椭圆积分，为第二类椭圆积分，$e=\begin{cases}\sqrt{1-\tan^2\alpha} & (\alpha<45^\circ)\\ \sqrt{1-\cot^2\alpha} & (\alpha>45^\circ)\end{cases}$。$K$ 为屏蔽体的光学覆盖率，C 为屏蔽体宽度方向的单位长度线束数。

图 5.13 是按照式 (5.47)～ 式 (5.49) 对几种光学覆盖率的编织屏蔽体转移阻抗的计算结果，其中 K 为光学覆盖率。由图可以看出，在低频段，转移阻抗先随频率的增大而变小，当频率大于数兆赫兹时，则随频率增大而增大，因此频率很高时，编织屏蔽效果变差。

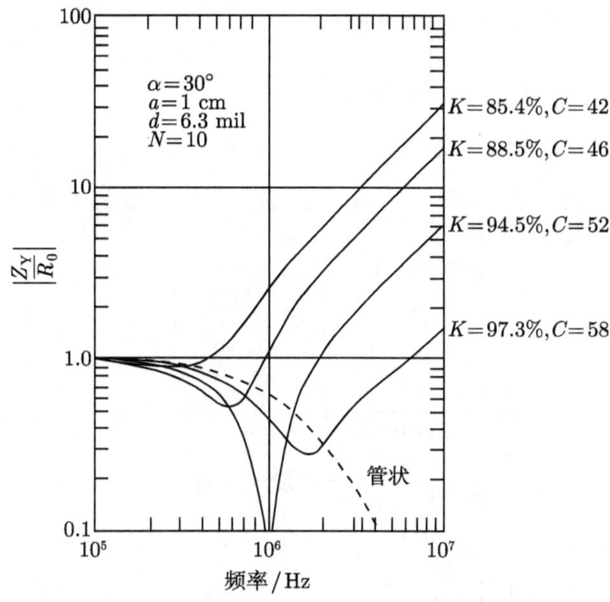

图 5.13 编织屏蔽体转移阻抗与频率的关系

图 5.13 曲线峰值的出现是式 (5.47) 两项综合的结果。其中第一项 $Z_{\rm d}$ 的转移阻抗随频率增大而变小，第二项 $\mathrm{j}\omega M$ 却是随频率增大而增大，故转移阻抗的频率曲线出现峰值。

以上分析表明编织屏蔽体的屏蔽效能与频率的关系与刚性屏蔽体的规律是不同的，后者随频率的增加而变好，而前者有一个峰值，超过峰值后，屏蔽效能反而随频率的增加而变坏，峰值的位置与编织屏蔽体的覆盖率有关。

由图 5.13 可知，当频率大于数兆赫兹时，编织屏蔽的转移阻抗增大，屏蔽效能变差；覆盖率越小，屏蔽效能越差。因此频率很高时，应选用刚性电缆或覆盖率高的双屏蔽电缆。必要时也可采取编织与铝薄膜组合的方法，提高其对高频的屏蔽效能。

附录 A：刚性同轴电缆转移阻抗公式的推导

图 A1 为公式的物理模型，流经金属屏蔽体的干扰电流 $I_{\rm e}$ 由外部引起。设同轴线轴向方向为 z，屏蔽体 (金属) 的内径和外径分别为 $r_{\rm i}$ 和 $r_{\rm e}$。屏蔽体 (金属) 内部磁场的 Maxwell 方程为

$$\nabla\times\nabla\times\vec{H}=(-\mathrm{j}\omega\mu\sigma)\vec{H} \tag{A1}$$

而 $\nabla\times\nabla\times\vec{H}=\nabla(\nabla\cdot\vec{H})-\nabla^2\vec{H}$。柱坐标下，磁场只有 H_φ 分量，方程 (A1) 化为

$$\nabla^2H_\varphi=\mathrm{j}\omega\mu\sigma H_\varphi \tag{A2}$$

令 $\gamma^2 = \mathrm{i}\omega\mu\sigma$，则 $\nabla^2 H_\varphi = \gamma^2 H_\varphi$，其解为

$$H_\varphi = \varsigma_1 \mathrm{e}^{\gamma r} + \varsigma_2 \mathrm{e}^{-\gamma r} \tag{A3}$$

$$E_z = \frac{\gamma}{\sigma}[\varsigma_1 \mathrm{e}^{\gamma r} + \varsigma_2 \mathrm{e}^{-\gamma r}] \tag{A4}$$

用边界条件 $r = r_\mathrm{i}$ 时，$H_\varphi = H_\mathrm{i}$；$r = r_\mathrm{e}$ 时，$H_\varphi = H_\mathrm{e}$，得到待定常数 ς_1 和 ς_2 的方程为

$$\begin{bmatrix} H_\mathrm{e} \\ H_\mathrm{i} \end{bmatrix} = \begin{bmatrix} \mathrm{e}^{\gamma r_\mathrm{e}} \mathrm{e}^{-\gamma r_\mathrm{e}} \\ \mathrm{e}^{\gamma r_\mathrm{i}} \mathrm{e}^{-\gamma r_\mathrm{i}} \end{bmatrix} \tag{A5}$$

由式 (A5) 解得

$$\varsigma_1 = \frac{1}{2\sinh\gamma t}(H_\mathrm{e}\mathrm{e}^{-\gamma r_\mathrm{i}} - H_\mathrm{i}\mathrm{e}^{-\gamma r_\mathrm{e}}] \tag{A6}$$

$$\varsigma_2 = \frac{1}{2\sinh\gamma t}(H_\mathrm{i}\mathrm{e}^{\gamma r_\mathrm{e}} - H_\mathrm{e}\mathrm{e}^{\gamma r_\mathrm{i}}] \tag{A7}$$

于是屏蔽体内场解为

$$H_\varphi = \frac{1}{\sinh\gamma t}\{H_\mathrm{e}\sinh[\gamma(r - r_\mathrm{i})] - H_\mathrm{i}\sinh[\gamma(r_\mathrm{e} - r)]\} \tag{A8}$$

$$E_z = \frac{\gamma}{\sigma}\sinh\gamma t\{H_\mathrm{e}\cosh[\gamma(r - r_\mathrm{i})] - H_\mathrm{i}\cosh[\gamma(r_\mathrm{e} - r)]\} \tag{A9}$$

屏蔽层内外表面电场则为

$$E_{z\mathrm{e}} = \frac{\gamma}{\sigma}\left\{H_\mathrm{e}\cosh\gamma t - H_\mathrm{i}\frac{1}{\sinh\gamma t}\right\} \tag{A10}$$

$$E_{z\mathrm{i}} = \frac{\gamma}{\sigma}\left\{H_\mathrm{e}\frac{1}{\sinh\gamma t} - H_\mathrm{i}\cosh\gamma t\right\} \tag{A11}$$

式 (A8)~ 式 (A11) 中的 H_i 和 H_e 可由安培定理给出。安培定理为

$$\oint \vec{H}\cdot \mathrm{d}\vec{l} = I \tag{A12}$$

其中，I 为外加电流。取积分环路为绕同轴线为圆心的圆环，在外面注入电流情况下，屏蔽体内径以内的区域 $I = 0$，屏蔽体外径以内的区域 $I = I_\mathrm{e}$，则有

$$H_\mathrm{i} = 0, \quad H_\mathrm{e} = \frac{I_\mathrm{e}}{2\pi r_\mathrm{e}} \tag{A13}$$

从而

$$E_\mathrm{i} = \frac{I_\mathrm{e}}{2\pi r_\mathrm{e}}\frac{\gamma}{\sigma}\frac{1}{\sinh\gamma t} \tag{A14}$$

即

$$\frac{\mathrm{d}V_\mathrm{it}}{\mathrm{d}l} = \frac{I_\mathrm{e}}{2\pi r_\mathrm{e}}\frac{\gamma}{\sigma}\frac{1}{\sinh\gamma t} \tag{A15}$$

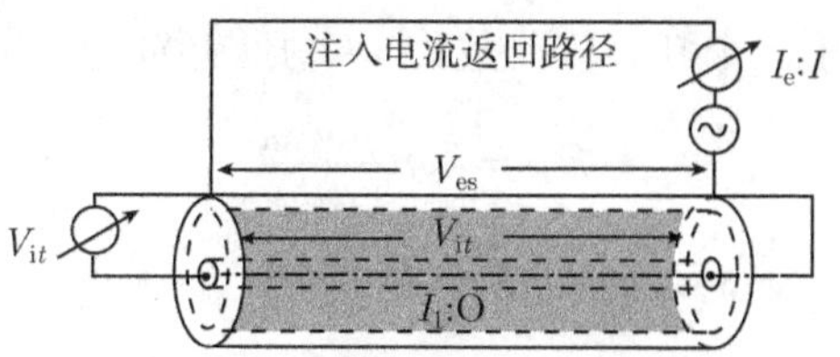

图 A1 管状同轴电缆模型

转移阻抗的定义为

$$Z_{it} = \frac{1}{I_e}\frac{dV_{it}}{dl} \tag{A16}$$

则得

$$Z_{it} = \frac{1}{I_e}\frac{dV_{it}}{dl} = \frac{\gamma}{2\pi r_e \sigma \sinh(\gamma t)} \tag{A17}$$

而 $\gamma^2 = j\omega\mu\sigma$，则

$$\gamma = \sqrt{j\omega\mu\sigma} = (1+j)\sqrt{\frac{\omega\mu\sigma}{2}} = (1+j)\sqrt{\pi\mu f\sigma} = (1+j)\frac{1}{\delta} \tag{A18}$$

最后得

$$Z_{it} = \frac{\dfrac{1+j}{\delta}}{2\pi r_e \sigma \sinh\left(\dfrac{1+j}{\delta}t\right)} \tag{A19}$$

这正是本节正文的式 (5.41)。

附录 B：编织屏蔽体互感项来源梗概

电流 I_s 在屏蔽层流动时，由导体边界条件，导体边界切向磁场 $H_0 = \dfrac{I_s}{2\pi a}$。如果屏蔽层存在小孔，按照巴比涅原理，可将小孔等效成一个磁偶极子，该磁偶极位于小孔平面上，方向与 I_s 垂直，其磁偶矩为

$$P_m = \alpha_m H_0 \tag{B1}$$

其中，α_m 为孔的磁极化率，对不同形状的孔有不同表达式。

该磁偶极子在中心导体产生感生电动势，在芯线上的总电动势为

$$V_{eq} = j\omega \frac{\mu_0 \alpha_m I_s}{4\pi^2 a^2} \tag{B2}$$

其中，a 为电缆半径。式 (B2) 的来源比较复杂，详见参考文献 *Small Holes in Cable Shields*, R W Latham, Interaction Note, Notes 118。

若电缆长度为 l，则对应一个孔的转移阻抗为

$$Z_T = \frac{1}{I_s}V_{eq}/l = -j\omega\frac{\mu_0\alpha_m}{(2\pi b)^2}\frac{1}{l} \tag{B3}$$

如果电缆单位长度上有 ν 个孔，总孔数为 νl，则转移阻抗为

$$Z_{\mathrm{T}}=\mathrm{j}\omega\nu\frac{\mu_0\alpha_{\mathrm{m}}}{(2\pi b)^2} \tag{B4}$$

将式 (B4) 的写作 $Z_{\mathrm{T}}=\mathrm{j}\omega M$，则对应

$$M_{12}=\nu\frac{\mu_0\alpha_{\mathrm{m}}}{4\pi^2a^2} \tag{B5}$$

式中，α_{m} 为孔的磁极化率，ν 为单位长度孔数。

菱形孔的磁极化率公式可近似用具有相同的长轴和短轴的椭圆公式来代替。对椭圆孔，磁场平行于长轴时的磁极化率为

$$M_l=\frac{\pi l^3}{24}\frac{e^2}{K(e)-E(e)} \tag{B6}$$

其中，l 为长轴的长。磁场平行于短轴时的磁极化率为

$$M_w=\frac{\pi l^3}{24}\frac{(1-e^2)e^2}{E(e)-(1-e^2)K(e)} \tag{B7}$$

其中，w 为短轴的长，$K(e)$ 和 $E(e)$ 分别为第一、二类椭圆积分。将式 (B6) 和式 (B7) 用于式 (B5)，最终可得 (可参阅 *Shielding Effectiveness of Braided–Wire Shieds*, EDWARD F.VANCE, IEEE Tran. EMC 17(2), 1973)

$$M_{12}=\begin{cases}\dfrac{\pi\mu_0}{6C}(1-K)^{\frac{3}{2}}\dfrac{e^2}{E(e)-(1-e^2)K(e)} & (\alpha<45^\circ)\\[2ex] \dfrac{\pi\mu_0}{6C}(1-K)^{\frac{3}{2}}\dfrac{\dfrac{e^2}{\sqrt{1-e^2}}}{K(e)-E(e)} & (\alpha>45^\circ)\end{cases} \tag{B8}$$

即正文的式 (5.49)。

5.5 缝与孔的屏蔽

完全密封的金属体屏蔽效能与实际机箱的屏蔽效能常常有很大的差距，原因主要是孔缝和窗口的泄漏。可以说，机箱和屏蔽室的屏蔽效能主要取决于孔缝。

由于孔缝均有一定厚度，简单的方法是用波导的观点分析其屏蔽效能。波导对电磁波具有高通的特性，当入射场频率低于波导截止频率时，场以迅衰波的形式穿越波导。本节的分析都基于干扰场频率低于截止频率的情况。

5.5.1 孔缝屏蔽效能

1. 矩形缝的屏蔽效能

矩形缝对电磁波的屏蔽效能可简单表示为

$$\mathrm{SE_s} = 27.3\frac{t}{W} + 20\log\frac{(1+N)^2}{4N} \tag{5.50}$$

其中，W 和 t 分别为矩形缝隙的长和深，N 为缝隙波阻抗与自由空间波阻抗之比。式 (5.50) 包括反射与吸收。其来源如下：

(1) $R = 20\log\left[\frac{(1+N)^2}{4N}\right]$ 这项为反射衰减，来源于波导特性阻抗与自由空间不相同。

设 ρ_0 和 ρ_t 分别为空气–波导和波导–空气两个界面的反射系数，对应穿透系数 $(1-\rho_0)$，$(1-\rho_0)$ 和 $(1-\rho_\mathrm{t})$，其中

$$\rho_0 = \frac{\eta_0 - \eta_\mathrm{k}}{\eta_\mathrm{k} + \eta_\mathrm{a}} = \frac{1-N}{N+1}, \quad \rho_\mathrm{t} = \frac{\eta_\mathrm{k} - \eta_0}{\eta_\mathrm{k} + \eta_\mathrm{k}} = \frac{N-1}{1+N} \tag{5.51}$$

$$(1-\rho_0)(1-\rho_\mathrm{t}) = \frac{4N}{(N+1)^2} \tag{5.52}$$

其中，η_0 为自由空间的波阻抗，η_k 为波导的特性阻抗，$N = \frac{\eta_\mathrm{k}}{\eta_0}$。式 (5.52) 包括了入射和出射两个面的反射，它对应式 (5.50) 的第二项。

对于矩形缝, 主模为 TE_{10}，当 $f \ll f_\mathrm{c}$ 时

$$\eta_\mathrm{k} = \mathrm{j}\frac{2W}{\lambda}\eta_0 \tag{5.53}$$

其中，W 为波导口的宽，即缝隙的长，λ 为自由空间的波长。

(2) $A = 27.3\frac{t}{l}$，这项为吸收衰减，由波在波导内以 $\mathrm{e}^{-\alpha z}$ 形式的传播衰减所引起。

矩形波导主模 TE_{10} 的截止波长为 $\lambda_\mathrm{c} = 2l$，截止频率为 $f_\mathrm{c} = \frac{C}{2l}$，$C$ 为真空中光速。

$f < f_\mathrm{c}$ 时，迅衰波的衰减常数为 $\alpha = \frac{\pi}{W}$。经过厚度 t 后，波的衰减为 $\mathrm{e}^{-\frac{\pi}{W}t}$，对应屏蔽效能则为

$$20\log\left(1/\mathrm{e}^{-\frac{\pi}{W}t}\right) = 27.3\frac{\pi}{W}t \tag{5.54}$$

2. 圆形孔的屏蔽效能

圆形孔屏蔽效能的机理与矩形缝相同。圆柱波导的主模为 TE_{11}，截止波长为 $\lambda_\mathrm{c} = 1.7D$，$D$ 为圆孔直径。当 $f \ll f_\mathrm{c}$ 时的特性阻抗为

$$\eta_\mathrm{k} = \mathrm{j}\frac{1.7D}{\lambda}\eta_0 \tag{5.55}$$

圆形孔对电磁波的屏蔽效能为

$$\mathrm{SE} = 32\frac{t}{D} + 20\log\frac{(1+N)^2}{4N} \tag{5.56}$$

其中，第一项为吸收衰减，第二项为反射衰减，$N=\eta_k/\eta_0$ 用式 (5.55) 计算。

5.5.2 孔缝屏蔽措施要点

根据上述结论，可得孔缝屏蔽的要点如下：

(1) 孔缝的长度是关键的参量，要尽量短。缝的长度比缝的宽度更重要，因为矩形缝的截止频率主要决定于缝的长度，当缝的截止频率大于干扰场的频率，这时通过缝隙的波才为迅衰波。在缝的截止频率大于干扰场的频率的条件下，由式 (5.55) 和式 (5.53)，可得缝的长度越小反射衰减越大。

(2) 增加缝隙的深度 t，以增加缝隙的吸收衰减。必要时，机箱内外加金属块增加接缝处的重叠尺寸。

(3) 为防止机箱结合面成为缝隙，可使用提高结合面加工精度，加装屏蔽衬垫及涂敷导电材料等方法。对结合面形成的缝隙，可用加密紧固螺丝的方法，以减小缝隙的长度。一般可按每个波长设 20 个螺丝设计。

(4) 如果需做通风，最好不用缝而用通风孔。通风孔一般线度比缝的线度小，截止频率高，有利于提高反射与吸收衰减；另外，由于来波的极化方向不好判断，孔比缝对来波的屏蔽更可靠，其理由如下。

导体对外来干扰场的屏蔽也可以用散射场的观点来解释。外来干扰场到达导体，在导体表面激起感应电流，此感应电流产生的二次场 (散射场) 与来波的场产生了抵消的作用，使屏蔽体内部的总场几乎为零，如图 5.14(a) 所示。

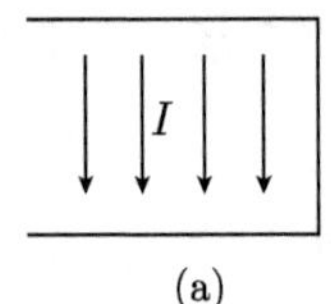

(a)

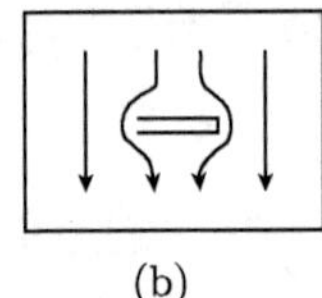
(b)

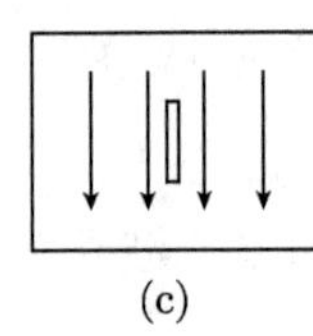
(c)

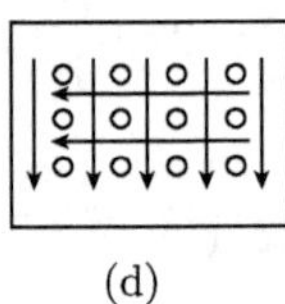
(d)

图 5.14 导体上的感应电流分布

如果导体上出现了缝，如图 5.14(b) 所示，缝切断了电流通道，这时感应电流的分布对比起没有缝时的分布发生了改变，图 5.14(a) 中感应电流的场抵消了入射场，而图 5.14(b) 情况下则不能抵消，屏蔽体内总场不再为零，即产生了电磁泄漏。

图 5.14(b) 与图 5.14(c) 都是有缝隙的情况，但图 5.14(b) 缝的方向垂直于感应电流，而图 5.14(c) 缝的方向平行于感应电流，显然图 5.14(b) 情况的感应电流的形状与图 5.14(a) 相比改变更多，从而比图 5.14(c) 产生的电磁泄漏更大。而在实践中人们往往很难估计来波产生的感应电流方向，从而很难设定缝的方向；从这点出发，设计成通风孔可以避免这个问题，如图 5.14(d) 所示，无论感应电流产生在哪个方向，孔对流线的影响都比较小，因此比设计成孔状有更可靠的屏蔽效果。

5.6 通风窗的屏蔽效能

通风窗一般由多个方形或圆形小孔组成，如图 5.15 所示。孔的线度一般都设计成比波长小得多，可粗略用截止波导的理论来分析孔的泄漏问题。与 5.5 节不同，本节不只考虑单个孔，而主要考虑多个孔或孔阵的穿透问题，因此，要考虑到孔隙率和孔间耦合等因素，这样用场方程解会得到更合理的结果。

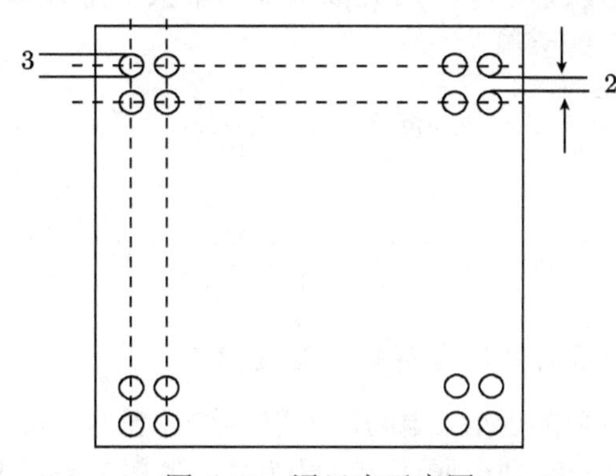

图 5.15 通风窗示意图

5.6.1 波导观点

1. *单个孔的反射与吸收*

低于截止频率时单孔的屏蔽效能可统一写为

$$\mathrm{SE} = R + A + B \tag{5.57}$$

其中，R 为反射损耗，A 为吸收损耗，B 为考虑波导口两个截面之间的多重反射修正项。单个方孔或圆孔的反射损耗与吸收损耗公式已由 5.5 节得出，可统一写为

$$R = 20\log\frac{(1+N)^2}{4N} \tag{5.58}$$

其中，$N = \dfrac{\eta_{\mathrm{k}}}{\eta_0}$，$\eta_{\mathrm{k}} = \mathrm{j}\dfrac{1.7D}{\lambda}\eta_0$(对圆形孔) 和 $\eta_{\mathrm{k}} = \mathrm{j}\dfrac{2W}{\lambda}\eta_0$ (对方形孔)。

值得注意的是 $N = \dfrac{\eta_{\mathrm{k}}}{\eta_0}$ 仅对入射场为平面波时成立，对平面波 $\eta_0 = 120\pi$。如果入射场不是平面波而是某一干扰源的近场，这时应写为 $N = \dfrac{\eta_{\mathrm{k}}}{Z_{\mathrm{a}}}$，其中 Z_{a} 为近场波阻抗，与干扰源的特性和源的距离都有关系。为方便起见列举如下

$$\text{磁场源 (近场)}\quad Z_{\mathrm{a}} = -\mathrm{j}\omega\mu_0 r \tag{5.59}$$

$$\text{电场源 (近场)}\quad Z_{\mathrm{a}} = -\mathrm{j}\frac{1}{\omega\varepsilon_0 r} \tag{5.60}$$

其中，r 为场源至孔的距离。

孔的吸收衰减第 5.5 节已求得，为

$$A=\begin{cases}32\dfrac{t}{D} & (\text{单位：dB，对圆孔})\\ 27.3\dfrac{t}{W} & (\text{单位：dB，对方孔})\end{cases}\tag{5.61}$$

其中，t 为孔深，D 为圆孔直径，W 为方孔边长。

如果考虑孔的多重反射影响，用类似于金属平板屏蔽体多重反射的分析方法，可证孔的多重反射引起的衰减为

$$B=20\log\left|1-\frac{(1-N)^2}{(1+N)^2}\mathrm{e}^{-2\alpha t}\right|\tag{5.62}$$

或

$$B=20\log\left|1-\frac{(1-N)^2}{(1+N)^2}10^{-\frac{A}{10}}\right|\tag{5.63}$$

2. *考虑孔隙率因素后的通风窗屏蔽效能近似式*

下面考虑整个通风窗的透射。电磁波入射到通风窗时，只有一部分能量入射到孔的面积上，另一部分入射到金属面上，显然总的透射率跟孔隙率 (孔的总面积与窗面积之比) 有关。如果粗略地假设入射到金属面上的波能量完全没有穿透，则由孔隙率引起的屏蔽效能可近似地由式 (5.64) 表示

$$K_1=-10\log\upsilon\tag{5.64}$$

其中，υ 为通风窗的孔隙率。如果忽略孔间耦合等复杂情况，则通风窗的屏蔽效能近似表示为

$$\mathrm{SE}=R+A+B+K_1\tag{5.65}$$

式中，右边各项分别由式 (5.58)、式 (5.61)、式 (5.62) 和式 (5.65) 给出。

5.6.2　场方程解

式 (5.65) 是未考虑孔间耦合等因素的粗略屏蔽效能计算公式，它在物理上便于理解，但严格公式仍要借助于场方程的解。以下介绍一个由解场方程得到的解析解。此公式对低于所有波导模截止波长的小孔及垂直入射的平面波成立。公式包括圆孔/方格、圆孔/三角形格、方孔/方格、方孔/三角形格四种情况 (Chen C C. *Transmission of Microwave Through Perforated Flat Plate of Finite Thickness.* IEEE-MTT, 1973, 21(1))。为简明起见在正文中只列出圆孔/方格公式，其他三种情况的公式见附录 A。斜入射时公式的修正见附录 B。

图 5.16 为多个圆孔的模型图，设具有以下条件：①孔的截止波长小于来波波长；②只考虑主模，圆波导为 TE_{11}，矩形波导为 TE_{10}；③平面波垂直入射。

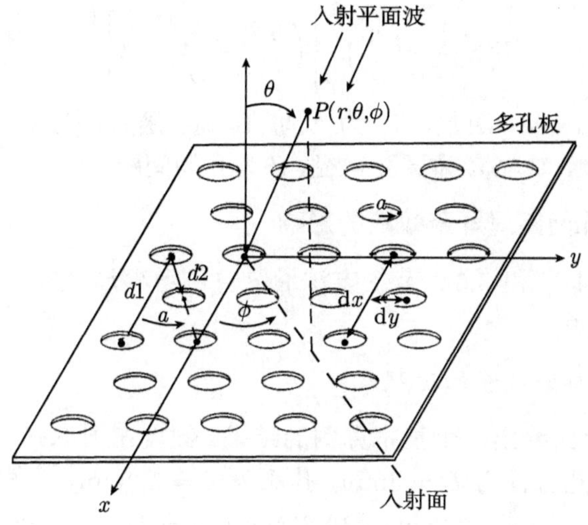

图 5.16 多个圆孔模型

在以上条件下，整个通风窗的传输系数为

$$T=\frac{1}{1-\mathrm{j}[A+B\tanh(\beta l)]}-\frac{1}{1-\mathrm{j}[A+B\coth(\beta l)]} \tag{5.66}$$

其中，A 与 B 决定于通风窗的几何结构，l 为波导的深度，β 为波导的传播常数。

对圆孔

$$\beta=\frac{2\pi}{\lambda}\left[\left(\frac{0.293\lambda}{a}\right)^{2}-1\right]^{\frac{1}{2}} \tag{5.67}$$

对方孔

$$\beta=\frac{2\pi}{\lambda}\left[\left(\frac{\lambda}{2a}\right)^{2}-1\right]^{\frac{1}{2}} \tag{5.68}$$

当圆孔按方格形状排列时，A 与 B 表达式为

$$\begin{aligned}A=&8\left[\left(\frac{\lambda}{d}\right)^{2}-1\right]^{\frac{1}{2}}\left[\frac{\mathrm{J}_1'\dfrac{2\pi}{d}a}{1-\left(\dfrac{2\pi a}{1.841d}\right)^{2}}\right]^{2}+8\left[2\left(\frac{\lambda}{d}\right)^{2}-1\right]^{\frac{1}{2}}\left[\frac{\mathrm{J}_1'\dfrac{2\pi}{d}\sqrt{2}a}{1-\left(\dfrac{2\pi\sqrt{2}a}{1.841d}\right)^{2}}\right]^{2}\\&-\frac{8}{\left[\left(\dfrac{\lambda}{d}\right)^{2}-1\right]^{\frac{1}{2}}}\left[\frac{\mathrm{J}_1\dfrac{2\pi}{d}a}{\dfrac{2\pi a}{d}}\right]^{2}-\frac{8}{\left[2\left(\dfrac{\lambda}{d}\right)^{2}-1\right]^{\frac{1}{2}}}\left[\frac{\mathrm{J}_1\dfrac{2\pi}{d}\sqrt{2}a}{\dfrac{2\pi\sqrt{2}a}{d}}\right]^{2}\end{aligned} \tag{5.69}$$

$$B = \frac{1.2}{\pi}\left(\frac{d}{a}\right)^2\left[\left(\frac{0.293\lambda}{a}\right)^2 - 1\right]^{\frac{1}{2}} \tag{5.70}$$

其中，J_1 为 1 阶 Bessel 函数，J_1' 为 1 阶 Bessel 函数的导数。上式适用条件为 $a > 0.28d$，$d < 0.5\lambda$，其中 a 为圆孔半径，d 为孔间间距。

5.6.3　孔大小与孔间距对屏蔽效能的影响

本节利用 5.6.1 节和 5.6.2 节的方法通过算例考察通风窗屏蔽效能与孔大小、孔间距等因素的关系。

1. 大孔与小孔屏蔽效能的对照

例 1　以下首先给出一个基本算例的结果。假设在图 5.15 中所示为镀锌钢板的圆孔通风窗，圆孔直径为 $D = 3\text{mm}$，孔深为 $L = 1.2\text{mm}$，孔间间距为 $d = 2\text{mm}$，通风窗总面积 $A = 3.2\text{cm}\times 3.2\text{cm} = 10.24\text{cm}^2$，总孔数 $N = 36$，每个孔面积 $S = 0.07\text{cm}^2$，孔隙率 $\upsilon = NS/A = 0.248$，试求对 $f = 100\text{MHz}$ 平面波的屏蔽效能。

此算例符合式 (5.70) 使用条件，$a > 0.28d$，$d < 0.5\lambda$。

(1) 首先使用粗略公式 (5.65) 计算屏蔽性能。

$f = 100\text{MHz}$，$L = 1.2\text{mm}$，$D = 3\text{mm}$，$d = 2\text{mm}$，$\upsilon = 0.248$，可算得

吸收损耗：$A = \dfrac{32L}{D} = 12.8\text{dB}$

反射损耗：$R = 20\log\left|\dfrac{(\lambda + 1.7\text{j}D)^2}{6.82\text{j}D\lambda}\right| = 43.32\text{dB}$(圆形孔，平面波源)

多次反射损耗：$B = 20\log\left|1 - \dfrac{(\eta - Z)^2}{(\eta + Z)^2}10^{-\frac{A}{10}}\right| = -0.46\text{dB}$(其中 $\eta = \text{j}\dfrac{1.7D}{\lambda}\eta_0$，$Z = \eta_0$)

孔数目修正系数：$K_1 = -10\log\upsilon = 6.05$

最后得屏蔽效能为

$$\text{SE} = A + B + R + K_1 = 62.2\text{dB} \tag{5.71}$$

(2) 使用 chao 精确公式的结果。

解：$f = 100\text{MHz}$，$L = 1.2\text{mm}$，$a = 1.5\text{mm}$，$d = 2\text{mm}$

利用圆孔，方格公式可得

$$A = 26.78,\quad B = 397.9,\quad \beta = 1.23\times 10^3\text{m}^{-1}$$

$$T = \frac{1}{1 - \text{j}[A + B\tanh(\beta l)]} - \frac{1}{1 - \text{j}[A + B\coth(\beta l)]} = 2.20\times 10^{-6} + 4.65\times 10^{-4}\text{j}$$

最后得屏蔽效能为

$$\text{SE} = 20\log(|1/T|) = 66.75\text{dB} \tag{5.72}$$

对例 1 情况粗略公式 (5.65) 与 chao 精确公式差别并不大。

例 2 利用上述方法再计算孔变大以后的结果。

设窗的总面积仍为 10.24cm^2 不变，孔的大小改变为直径 $D=8\text{mm}$ 的大圆孔，孔间距仍为 $d=2\text{mm}$，这时窗的总孔数将为 $N=9$，孔隙率 $\upsilon=\pi\cdot 0.4^2\times 9/10.24=0.442$，即 $f=100\text{MHz}$，$L=1.2\text{mm}$，$D=8\text{mm}$，$\upsilon=0.442$，$d=2\text{mm}$。

这时公式 (5.65) 的结果与精确公式差距较大，我们只列出 chao 公式的结算结果

$A=0.171$，$B=20.98$，$\beta=460.2$，传输系数 $T=0.0081+0.0687\text{j}$。

最后得屏蔽效能为

$$\text{SE}=20\log(|1/T|)=23.2\text{dB} \tag{5.73}$$

当窗面积不变时对照 36 个小孔与 9 个大孔的结果，即式 (5.72) 与式 (5.73)，可看出大孔情况的屏蔽性能比小孔情况下的小得多。所以作通风窗设计时，尽量分成多个小孔是很有好处的。

大孔变成小孔后，孔的吸收损耗与反射损耗都大大增大，这可以从式 (5.58) 与式 (5.61) 得出，这是小孔比大孔屏蔽效能好的主要原因。

2. 孔间距的影响

为研究孔间距对屏蔽效能的影响可再观察一个算例，在例 1 的基本结构下保持通风窗面积不变和孔直径不变，改变孔数及相应孔间距，比较 SE。

例 3 与例 1 相同的孔 $D=3\text{mm}$, 厚度仍为 1.2mm，通风窗总面积仍为 $A=3.2\times 3.2=10.24(\text{cm}^2)$，但孔间间距改变为 $d=1\text{mm}$，总孔数相应变为 $N=8\times 8=64$，孔隙率相应变为 $\upsilon=0.437$，试求对 $f=100\text{MHz}$ 平面波的屏蔽效能。

(1) 式 (5.65) 的结果：

$f=100\text{MHz},\ L=1.2\text{mm},\ D=3\text{mm},\ \delta=1.046\times 10^{-6},\ d=1\text{mm},\ F=0.437$

吸收损耗：$A=\dfrac{32L}{D}=12.8\text{dB}$

反射损耗：$R=20\log\left|\dfrac{(\lambda+1.7\text{j}D)^2}{6.82\text{j}D\lambda}\right|=43.32\text{dB}$

多次反射损耗：$B=20\log\left|1-\dfrac{(\eta-Z)^2}{(\eta+Z)^2}10^{-\frac{A}{10}}\right|=-0.46\text{dB}$

由于孔大小和深度不变，这几项与例 1 相同。

孔数目修正系数：$K_1=-10\log\upsilon=3.60$，最后得屏蔽效能为

$$\text{SE}=A+B+R+K_1=59.26\text{dB} \tag{5.74}$$

与例 1 结果式 (5.71) 对照表明，如果不考虑孔间耦合因数，单纯由于孔隙率改变的原因，屏蔽效能变差，但是相差不大。

(2) chao 公式结果：

考虑孔间耦合因素，用 chao 公式计算结果如下。

解：$f=100\text{MHz}$，$L=1.2\text{mm}$，$a=1.5\text{mm}$，$d=1\text{mm}$ 可得 $A=21.2$，$B=99.5$，$\beta=1.23\times10^3$

传输系数

$$T=\frac{1}{1-\text{j}[A+B\tanh(\beta l)]}-\frac{1}{1-\text{j}[A+B\coth(\beta l)]}\approx 0+0.002\text{j}$$

最后得屏蔽效能为

$$\text{SE}=20\log(|1/T|)=53.94\text{dB} \tag{5.75}$$

结果说明孔间距变小后，由于孔间耦合的原因，屏蔽效能进一步变差。

5.6.4　金属丝网的屏蔽效能与反射衰减

金属丝网的屏蔽效能原则上也可用上述两种公式计算。但由于与通风孔相比，金属丝网的深度很小，因而金属丝网的屏蔽效能主要依赖于反射衰减。

可以通过计算将金属丝网的反射衰减与金属平板的反射衰减作一比较。

例 4　$\sigma=1\times10^{-7}\Omega^{-1}\cdot\text{m}^{-1}$ 的实心金属平板的反射损耗可由 $\text{SE}=20\log\left(\left|\frac{(\eta_0+\eta_\text{m})^2}{4\eta_\text{m}\eta_0}\right|\right)$ 计算，其中 $\eta_\text{m}\approx(1+\text{j})\sqrt{\frac{\pi\mu f}{\sigma}}$，$\eta_0=120\pi$，对 $f=100\text{MHz}$，结果为

$$R_\text{m}=20\log\left|\frac{(\eta_0+\eta_\text{m})^2}{4\eta_\text{m}\eta_0}\right|=90.5\text{dB} \tag{5.76}$$

用 chao 公式计算得对 $f=100\text{MHz}$ 以下几种金属丝网的通风窗屏蔽效能见表 5.2。

表 5.2　金属丝网的屏蔽效能

金属丝线径/mm	金属丝孔直径/mm	相应屏蔽效能/dB
$L=d=0.5$	$D=3$	$\text{SE}=25.86$
$L=d=0.5$	$D=1$	$\text{SE}=77.19$
$L=d=0.5$	$D=0.8$	$\text{SE}=90.84$
$L=d=0.3$	$D=1$	$\text{SE}=55.03$
$L=d=0.3$	$D=0.8$	$\text{SE}=65.40$

从表 5.2 中可看出：①金属丝越粗，屏蔽性能越好；②孔的口径越小（网孔越密），屏蔽性能越好；③设计得当时，金属丝网屏蔽效能可与金属板的反射衰减相近。

附录 A：其他三种窗结构的 A 与 B 表达式

1. 圆孔、等边三角格 (等边三角格是指孔的中心连线成等边三角形)

$$A=12\left[\frac{4}{3}\left(\frac{\lambda}{d}\right)^2-1\right]^{\frac{1}{2}}\left[\frac{\mathrm{J}_1'\left(\dfrac{4\pi a}{\sqrt{3}d}\right)}{1-\left(\dfrac{4\pi a}{1.841\sqrt{3}d}\right)^2}\right]^2-\frac{12}{\left[\dfrac{4}{3}\left(\dfrac{\lambda}{d}\right)^2-1\right]^{\frac{1}{2}}}\left[\frac{\mathrm{J}_1\left(\dfrac{4\pi a}{\sqrt{3}d}\right)}{\dfrac{4\pi a}{\sqrt{3}d}}\right]^2$$

$$B=0.33\left(\frac{d}{a}\right)^2\left[\left(\frac{0.293\lambda}{a}\right)^2-1\right]^{\frac{1}{2}}$$

$$\beta=\frac{2\pi}{\lambda}\left[\left(\frac{0.293\lambda}{a}\right)^2-1\right]^{\frac{1}{2}}$$

适用条件：$a>0.28d$，$d<0.57\lambda$，a 为圆孔半径，d 为两孔的间距。

2. 方孔、方格

$$A=2\left[\left(\frac{\lambda}{d}\right)^2-1\right]^{\frac{1}{2}}\left[\frac{\cos\left(\dfrac{\pi a}{d}\right)}{1-\left(\dfrac{2a}{d}\right)^2}\right]^2-\frac{2}{\left[\left(\dfrac{\lambda}{d}\right)^2-1\right]^{\frac{1}{2}}}\cdot\left[\frac{\sin\left(\dfrac{\pi a}{d}\right)}{\left(\dfrac{\pi a}{d}\right)}\right]^2$$

$$+\left\{2\left[2\left(\frac{\lambda}{d}\right)^2-1\right]^{\frac{1}{2}}-\frac{2}{\left[2\left(\dfrac{\lambda}{d}\right)^2-1\right]^{\frac{1}{2}}}\right\}\cdot\left[\frac{\cos\left(\dfrac{\pi a}{d}\right)}{1-\left(\dfrac{2a}{d}\right)^2}\right]^2\left[\frac{\sin\left(\dfrac{\pi a}{d}\right)}{\left(\dfrac{\pi a}{d}\right)}\right]^2$$

$$B=\frac{\pi^2}{8}\left(\frac{d}{a}\right)^2\left[\left(\frac{\lambda}{2a}\right)^2-1\right]^{\frac{1}{2}}$$

$$\beta=\frac{2\pi}{\lambda}\left[\left(\frac{\lambda}{2a}\right)^2-1\right]^{\frac{1}{2}}$$

适用条件：$a>0.5d$，$d<0.5\lambda$，a 为方孔的宽，d 为孔间间隔。

3. 方孔、等边三角格

$$A=\left\{3\left[\frac{4}{3}\left(\frac{\lambda}{d}\right)^2-1\right]^{\frac{1}{2}}-\frac{1}{\left[\dfrac{4}{3}\left(\dfrac{\lambda}{d}\right)^2-1\right]^{\frac{1}{2}}}\right]^2\right\}\cdot\left[\frac{\cos\left(\dfrac{\pi a}{d}\right)}{1-\left(\dfrac{2a}{d}\right)^2}\right]^2\left[\frac{\sin\left(\dfrac{\pi a}{\sqrt{3}d}\right)}{\dfrac{\pi a}{\sqrt{3}d}}\right]^2$$

$$-\frac{1}{\left[\frac{4}{3}\left(\frac{\lambda}{d}\right)^2-1\right]^{\frac{1}{2}}}\cdot\left[\frac{\sin\left(\frac{2\pi a}{\sqrt{3}d}\right)}{\frac{2\pi a}{\sqrt{3}d}}\right]^2$$

$$B=\frac{\sqrt{3}\pi^2}{16}\left[\left(\frac{\lambda}{2a}\right)^2-1\right]^{\frac{1}{2}}$$

$$\beta=\frac{2\pi}{\lambda}\left[\left(\frac{\lambda}{2a}\right)^2-1\right]^{\frac{1}{2}}$$

条件：$a>0.5d$，$d<0.57\lambda$，a 为方孔的宽，d 为孔间间隔。

附录 B：斜入射时的泄漏公式

对垂直极化波：$\text{leakage}=-20\log|T(\cos\theta)^{2(1-\upsilon)}|$

对水平极化波：$\text{leakage}=-20\log|T(\cos\theta)^{-1.5(1-\upsilon)}|$

其中，υ 为孔隙率，即开口面积与总面积之比。

5.6.5 通风窗屏蔽措施

常用通风窗的屏蔽措施如下。

1. 加金属网罩

金属丝网屏蔽主要靠反射损耗。第 5.6.4 节表 5.2 所示的计算结果表明网孔越密，网丝越粗，网丝导电性越好。图 5.17 为通风窗金属丝网结构图。

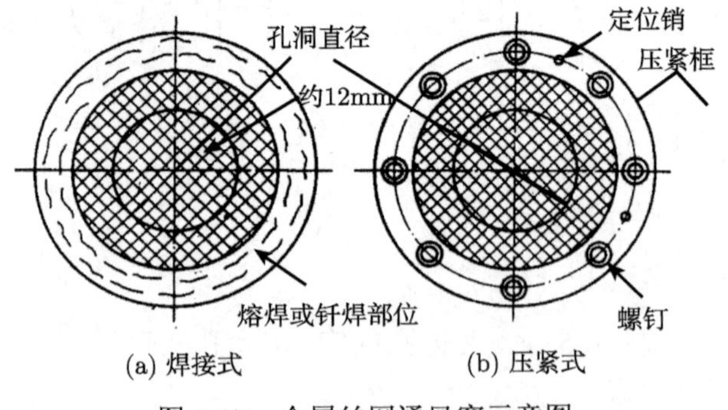

图 5.17 金属丝网通风窗示意图

2. 采用截止波导通风孔作通风窗

截止波导通风孔能有效抑制低于截止频率以下的电磁波泄漏 (图 5.18)。截止波导通风孔设计成孔深较大，因而吸收衰减很大，对应的屏蔽效能如下

$$\mathrm{SE} = 20\log|\mathrm{e}^{\alpha l}| = 1.82 \times 10^{-9} \cdot l \cdot f_\mathrm{c} \cdot \sqrt{1 - \left(\frac{f}{f_\mathrm{c}}\right)^2} \tag{5.77}$$

其中，l 为孔深，f_c 为截止频率，对矩形波导 TE_{10} 截止频率为

$$f_\mathrm{c} = \frac{15}{a(\mathrm{cm})} \times 10^9(\mathrm{Hz}) \tag{5.78}$$

其中，a 为宽边，α 为波导衰减常数。

圆形波导 TE_{11} 截止频率为

$$f_\mathrm{c} = \frac{17.6}{D(\mathrm{cm})} \times 10^9(\mathrm{Hz}) \tag{5.79}$$

其中，D 为直径。

显然，截止波导通风孔长度越长，屏蔽效能越好。波导口径越小，f_c 越高，屏蔽效能越好。

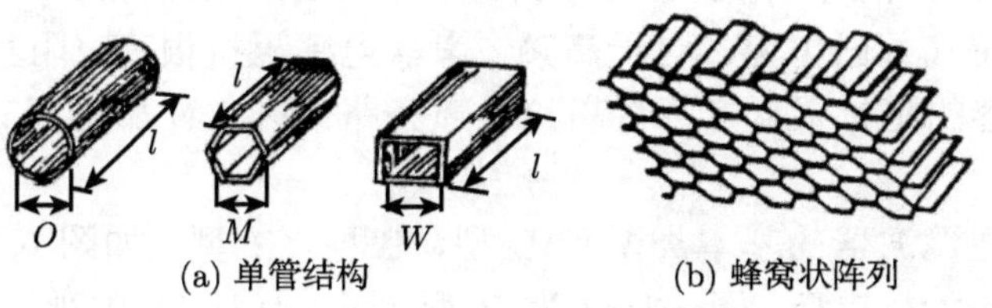

图 5.18 截止波导通风孔

第 6 章　滤　　波

电磁屏蔽是抑制干扰通过空间耦合的措施，与其对应，滤波则是抑制干扰通过电路耦合的措施。由于一般需要滤去的是高频噪声，因此电磁干扰滤波器一般为低通滤波器。

6.1　反射式电磁干扰滤波器

6.1.1　反射式低通滤波器基本类型与原理

电磁干扰滤波器主要分为反射式与吸收式。反射式滤波器由 LC 网络组成，其中包括串联电感和并联电容。对于高频，串联电感阻抗很高，阻止了高频信号的通过；并联电容的阻抗很低，可将高频噪声旁路；这二者都起到滤去高频信号的作用。

反射性低通滤波器的基本类型有 L 型，T 型，Π 型，如图 6.1 所示，其中图 6.1(a) 和图 6.1(c) 为 L 型，图 6.1(b) 为 Π 型，图 6.1(d) 为 T 型。

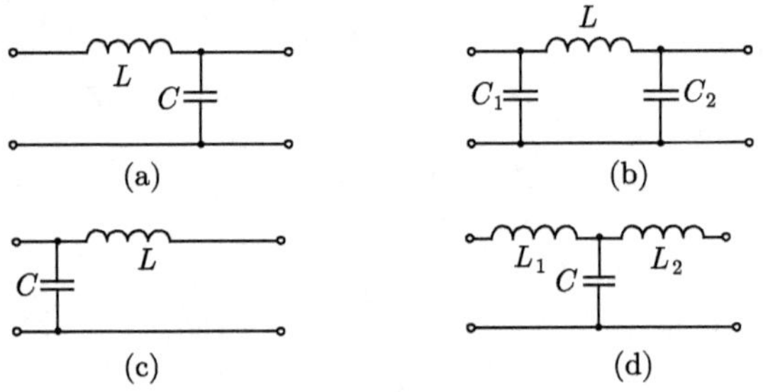

图 6.1　各种类型反射式滤波器

6.1.2　反射系数与阻抗失配

滤波器类型的选用与电路两端的阻抗有关，为分析方便起见将滤波器看成一个 2 端口网络，在输入和输出端的功率波反射系数为

$$\Gamma_{\rm in} = \frac{Z_{\rm in} - Z_{\rm s}^*}{Z_{\rm s} + Z_{\rm in}}, \quad \Gamma_{\rm out} = \frac{Z_{\rm out} - Z_{\rm L}^*}{Z_{\rm out} + Z_{\rm L}} \tag{6.1}$$

其中，$Z_{\rm s}$ 为源阻抗，$Z_{\rm L}$ 为负载阻抗，$Z_{\rm in}$ 和 $Z_{\rm out}$ 分别为滤波器的输入、输出阻抗。由于反射系数越大滤波效果越好，由式 (6.1) 出发，要做到无论在输入端或输出端

都达到最大的失配，则需要滤波器的阻抗与面临的电路阻抗有较大的差距。

由于串联电感面对端口时滤波器端口显示高阻抗，要做到最大失配则需面临的电路端口具有低阻抗；而并联电容面对端口时滤波器端口显示低阻抗，要做到最大失配则需面临的电路端口具有高阻抗；图 6.2 的几个例子显示了几个阻抗失配的配置。

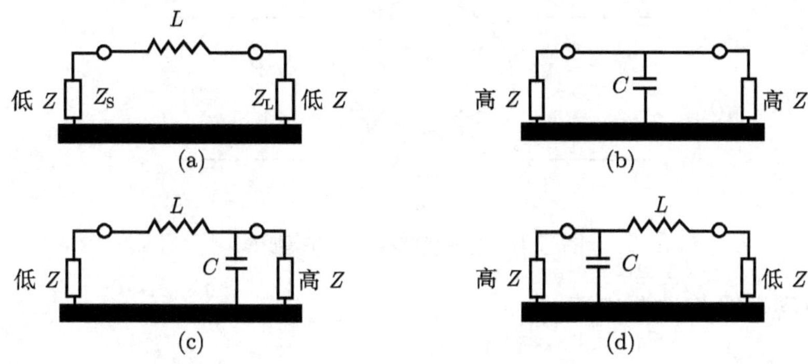

图 6.2 阻抗失配的配置例子

6.2 电源 EMI 滤波器

6.2.1 电源 EMI 滤波器的结构

电源滤波器由共模线圈与滤波电容组成，如图 6.3 所示，其中 L_1 和 L_2 组成共模滤波器，C_X 为差模滤波电容，C_{Y1} 和 C_{Y2} 为共模滤波电容。

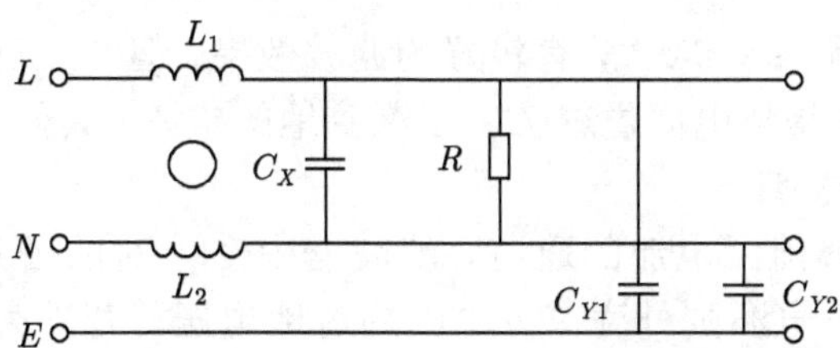

图 6.3 电源 EMI 滤波器的基本结构

共模线圈由两个绕在同一磁环上、匝数相等、绕向相反的线圈组成，对差模电流，两线圈的磁通量互相抵消 (如图 6.4 所示的情况)，相当于自感量相减。而对共模电流，其自感量不被抵消，而且相加，使阻抗较大能很好起到抑制共模电流的作用。

图 6.3 中，L_1 与 C_{Y1}，L_2 与 C_{Y2} 各自构成共模滤波器，而差模电感 $(L_1 - L_2)$ 与 C_X 构成差模滤波器。

两线圈安在同一磁环上是为使电流产生的磁通在环内互相抵消，以免达到磁饱和状态，从而保持 L 的稳定值。

常用的线圈电感值为 0.3~38mH，常用电容的电容为 $C_X = 0.015 \sim 10\mu\text{F}$，$C_Y = 1000 \sim 6800\text{pF}$。一般滤波频率范围为 150kHz~300MHz。

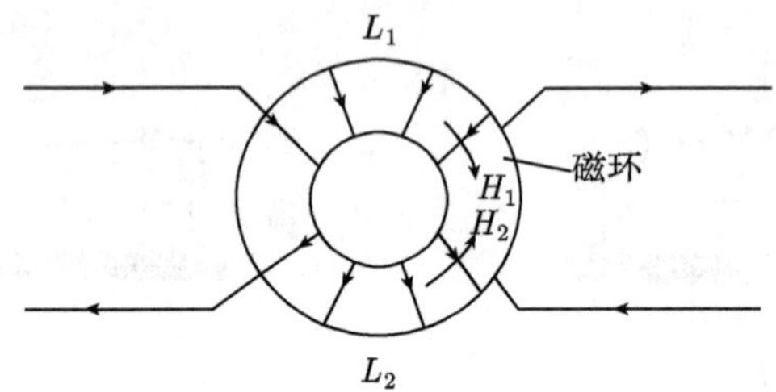

图 6.4　电源滤波器的共模线圈

6.2.2　电容等级与泄漏电流

1. 电容等级

电源滤波器中的滤波电容有两个等级，其中 C_X 为 X 等级的电容器，它用于这样的场合：当电容器击穿后，不会导致电击，不危及人身安全。

C_Y 为 Y 等级的电容器，它用于这样的场合：当电容器击穿后，会导致电击和危及人身安全，因此它的电气和机械性能要有足够的安全余量。

由于滤波器的 E 端是接外壳的，C_Y 被击穿相当于将电网电压加至外壳，若机壳接地不良，将直接影响人身安全。

2. 泄漏电流

从滤波角度来看，C_Y 较大，有较好的滤波效果。但 C_Y 过大会导致漏电流过大的问题。泄漏电流是指电源通过 C_Y 泄漏到地的电流，其值为 $220\text{V}/Z_{C_Y}$，其中 Z_{C_Y} 为 C_Y 的阻抗模值。

可从图 6.5 解释泄漏电流的通道。滤波器中 C_Y 对的公共端 E 接外壳，从分压角度，用 220V 电源则外壳有 110V 的对地电压，若外壳接地不良，人体接

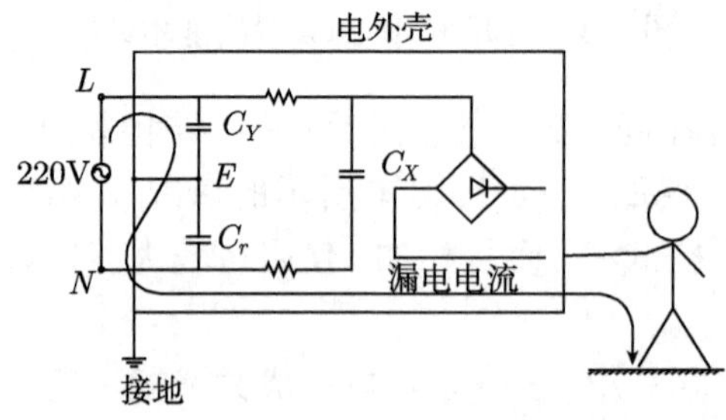

图 6.5　泄漏电流的通道

触外壳，则电流通过 C_Y 及人体到地，但流过人体的最大电流不会大于泄漏电流 $220\text{V}/Z_{C_Y}$。C_Y 过大会导致泄漏电流过大，若超过人体安全电流，则易出现人身安全问题，所以此泄漏电流不能超过规定。

例如 $C_Y = 0.33\mu\text{F}$，$f = 50\text{Hz}$ 则 $Z_C = 9.6\text{k}\Omega$，$220\text{V}/Z_{C_Y} = 23\text{mA}$，而人体交流安全电流为 $15 \sim 20\text{mA}$，这就存在安全的隐患。表 6.1 列出了各国关于泄漏电流的一些规定。

表 6.1 各国关于泄漏电流的规定

国家	安规名称	对于一级绝缘的设备，泄漏电流的极限值
美国	UL478	5mA, 120V, 60Hz
	UL1283	0.5~3.5mA, 120V, 60Hz
加拿大	C22.2No.1	5mA, 120V, 60Hz
瑞士	SEV1054-1 IEC335-1	0.75mA, 250V, 50Hz
德国	VDE0804	3.5mA, 250V, 50Hz

泄漏电流的测量方法如图 6.6 所示，测量时滤波器外壳不能接地。图 6.7 为图 6.6 的等效电路。

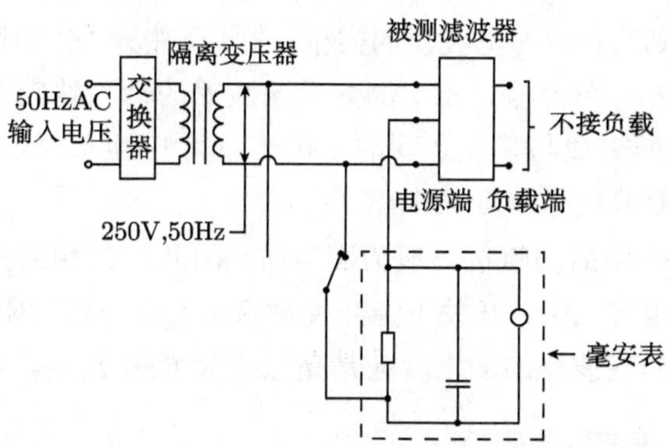

图 6.6 泄漏电流的测量方法

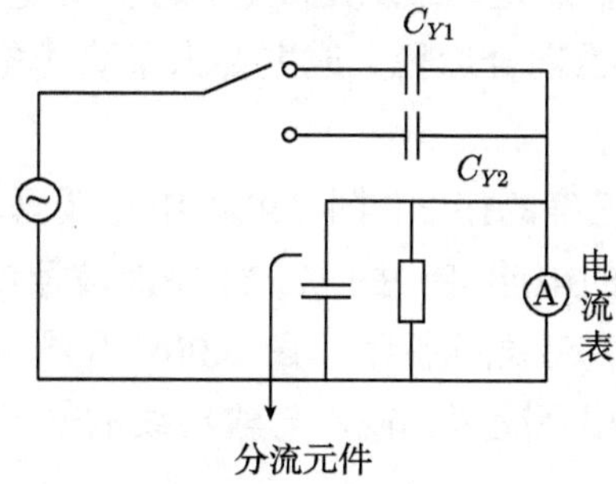

图 6.7 泄漏电流的测量等效电路

6.2.3　电源滤波器的网络结构与阻抗搭配

电源 EMI 滤波器是一种反射式滤波器，为达到较好的滤波效果，在输入端或输出端应做到最大的失配。但由于电源 EMI 滤波器包含差模滤波和共模滤波两部分，阻抗搭配也要分两部分分析。

以图 6.8 所示的滤波器为例。图 6.8 的共模滤波器为 L 型，输出端呈现低阻抗，输入端呈现高阻抗，要做到最大的失配，则应搭配低阻抗的源阻抗和高阻抗的负载阻抗。而其差模滤波器为 Π 型，输入输出端均呈现低阻抗，要做到最大的失配，则应搭配高阻抗的源和高阻抗的负载。

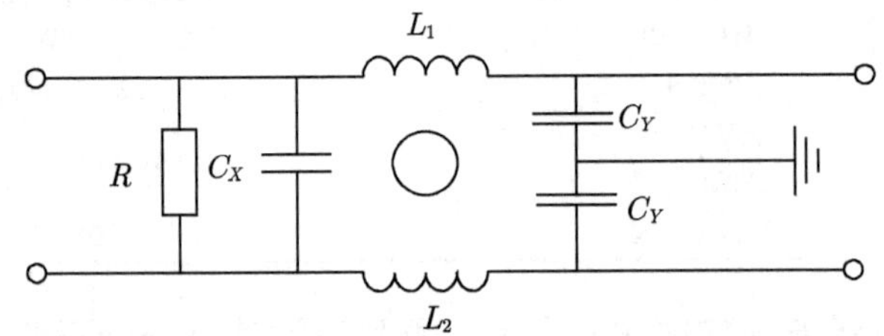

图 6.8　共模 L 型，差模 Π 型的电源滤波器

可按照以上原则选择电源滤波器的类型。在实际中，AC 电网火线或零线对地端阻抗一般为低阻抗，因此与之相配的共模滤波器的输入端应是高阻抗串联大电感 L_{CM}。而 AC 电网火线与零线之间的阻抗一般为低阻抗，因此与之相配的差模滤波器的输入端应是高阻抗串联大电感 L_{DM}。

开关电源共模噪声的源阻抗一般为高阻抗，因此与之相配的共模滤波器的输入端应是低阻抗的电容 C_Y。开关电源开关频率谐波噪声的源阻抗一般为低阻抗，因此与之相配差模的滤波器的输出端应是高阻抗大电感 L_{DM}。

6.2.4　电源 EMI 滤波器的安装

电源滤波器总的安装要点是：①外壳接地。这主要基于安全的考虑；②输入与输出引线不存在明显的电磁耦合途径。这主要为了防止电磁干扰绕过滤波器进入电路中。

图 6.9 列举了一些不正确的接法。图 6.9(a) 中滤波器安装在塑料印制板上，滤波器外壳与机壳没有良好的电连接。图 6.9(b) 中滤波器的输入线与输出线都在同一屏蔽体内，相互间容易引起线间耦合。图 6.9(c) 和图 6.9(d) 中输入线与输出线或位于滤波器同一侧，或相互交叉，输入与输出线的耦合将更加严重。图 6.10 所示为一些推荐的安装方法。

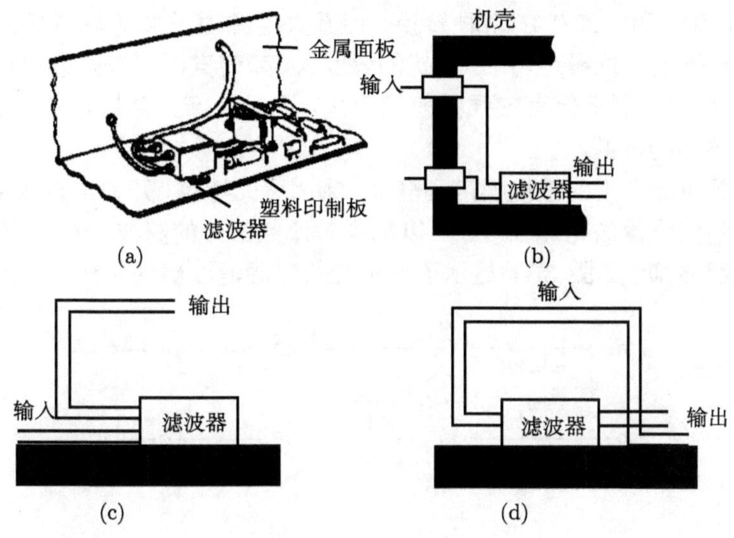

图 6.9 不正确的安装方法

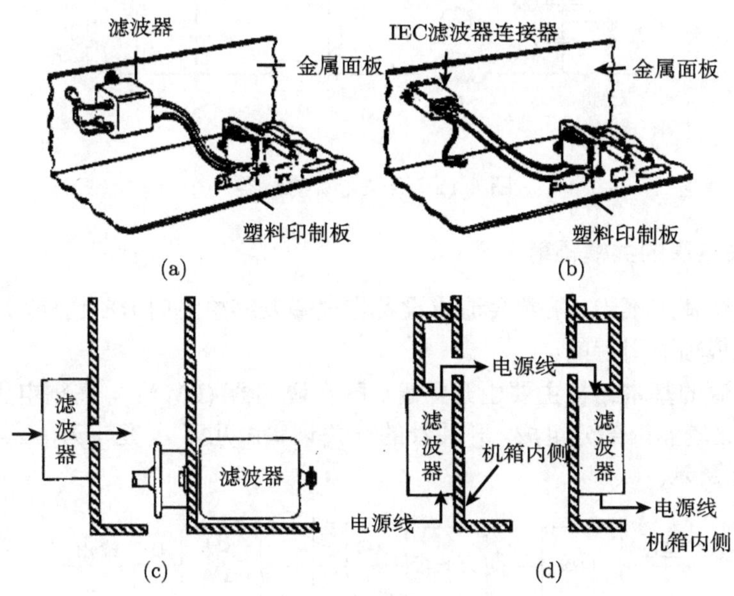

图 6.10 正确的安装方法

6.3 开关电源滤波器与共模辐射

6.3.1 开关电源及其噪声干扰特点

开关电源在近代电子领域中得到越来越广泛的应用，其优点为体积小、重量轻，可作 DC/DC 和 AC/DC 多种转换。但开关电源由于大功率的开关管在工作，往往产生比较强的干扰噪声，产生干扰的幅度大、频谱宽，干扰频谱常常在 10kHz～几百 MHz。开关电源不但有较强的差模干扰，而且易产生共模辐射，它常常是设备电磁兼容超标的根源。

针对开关电源产生的差模噪声幅度大、频谱宽的特点，开关电源滤波器常常增加两个独立的差模滤波电感 L_1, L_2，以加强对低频部分的滤波，使 30kHz～400kHz 的干扰得到明显抑制。图 6.11 显示了两种开关电源滤波器的结构。

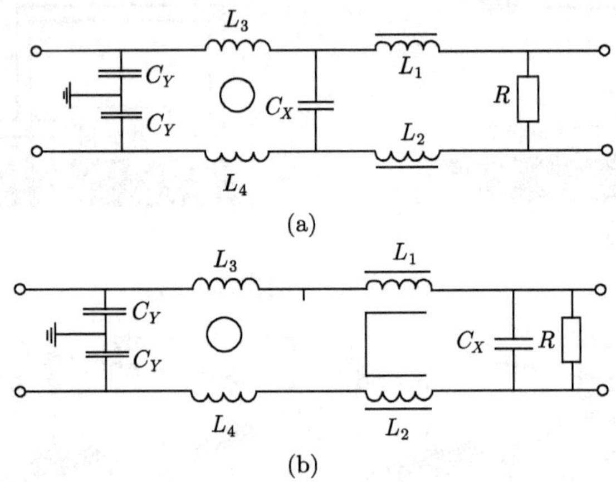

图 6.11　开关电源滤波器

6.3.2　开关电源的共模辐射

开关电源使用不当，常常会造成设备作电磁兼容检测时 RE 超标，这种超标现象往往是共模辐射引起的。

开关电源的基本结构主要由开关管、脉宽调制器 (PWM)、高频电压器及全波整流电路、比较器等部分组成，开关管的开关频率由几万 ～ 几十万 Hz 不等，其框图如图 6.12 所示。

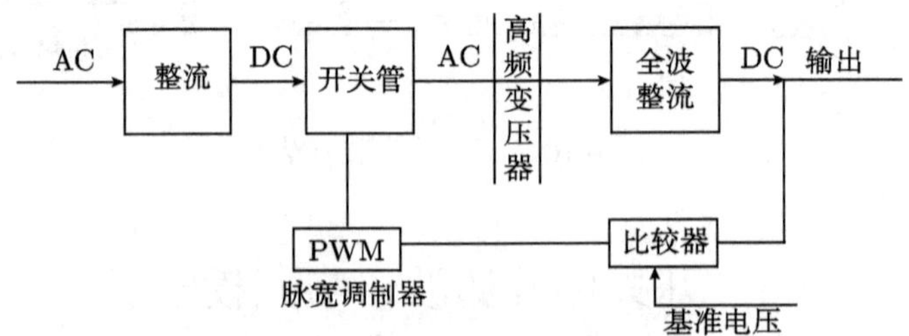

图 6.12　开关电源基本结构

开关电源高频变压器的极间电容往往是共模辐射电流的通道，图 6.13 给出一个例子。在图 6.13 中，开关管的漏极与高频变压器的初级相连而次级线圈又是接机壳的，如果高频变压器的初、次级之间存在极间电容，开关管的漏–源电压则通过极间电容加到了机壳与电源进线负极之间，而电源线的负极没有接机壳，电缆又较长，于是，在机壳与电缆负极之间的空间产生了弥漫的电场，此共模辐射场幅度强、范围广，常常造成 RE 检测的超标。

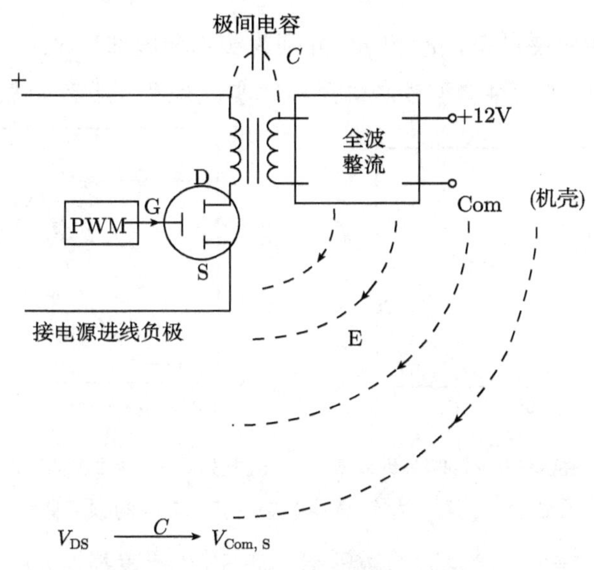

图 6.13 开关电源共模辐射产生的例子

通过对图 6.13 设置的测试可发现 RE 测得的噪声频谱与开关管的开关信号的频谱是相同的，由以上分析，此共模辐射场的干扰源为开关管的漏–源极电压，干扰的耦合渠道为高频变压器的极间电容，而机壳与进线电缆则成为了辐射天线的两极。

针对以上机理，可采取的相应防护措施有：①在变压器内作电屏蔽。可在初、次级之间附一层铜箔或铝箔，在箔上引线到地，切断极间电容的通道。②将电源输入电缆与机壳之间短接，或接合适电容。

接在源极上的散热片也容易由于其对机壳的高电位而引起另一种形式的共模辐射，其辐射电场弥漫在散热片周围的区域中，可根据具体情况采取屏蔽等措施。

6.4 吸收式滤波器

吸收式滤波器大部分由铁氧体元件组成。与反射式滤波器相比它具有下列优点：①使用方便，直接套在电缆上则可；②不像其他滤波方式那样需要接地，对结构设计方便；③其特性更像一个随频率增加而增大的电阻，不像如去耦电容那样容易引起高频谐振。铁氧体滤波器常用于电源线或信号线的入口、计算机键盘与驱动电路间电缆等处。

6.4.1 铁氧体的复磁导率

铁氧体的磁导率可表示为

$$\mu = \mu' - \mathrm{j}\mu'' \tag{6.2}$$

式 (6.2) 表示为相对磁导率，μ' 和 μ'' 分别为实部和虚部，$\tan\delta = \dfrac{\mu''}{\mu'}$ 称为损耗角正切。图 6.14 画出了两种典型铁氧体磁导率实、虚部的频率曲线。

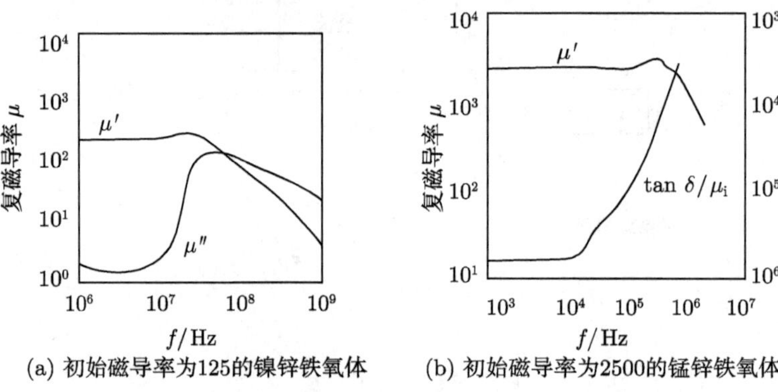

(a) 初始磁导率为125的镍锌铁氧体 (b) 初始磁导率为2500的锰锌铁氧体

图 6.14 两种典型铁氧体磁导率实、虚部的频率曲线

复磁导率的实部 μ' 代表无功磁导率，虚部 μ'' 代表损耗。从图 6.14 所示的频率曲线可看出下列规律：

(1) 在一定频率范围内，μ' 保持不变，频率再增加，μ' 迅速下降。其转折点称为临界频率。在临界频率以下 μ' 的值称为初始磁导率。

(2) μ'' 先随频率的增加而上升，达到临界频率后，与 μ' 一起下降。

(3) 一般铁氧体的磁导率越高，临界频率则越低。锰锌材料的磁导率较高，可应用的频率则较低。锰镍锌材料的磁导率较低，可应用的频率则较高。

6.4.2 铁氧体芯的阻抗

一段导线被铁氧体环套上后所显示的阻抗称为铁氧体芯的阻抗，如图 6.15 的虚线所示。

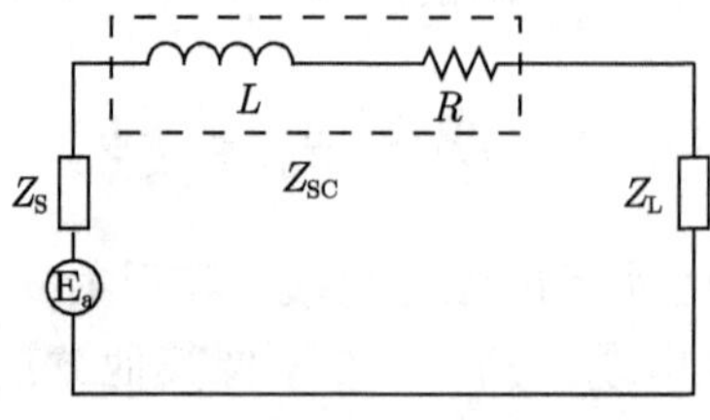

图 6.15 铁氧体芯的等效电路

铁氧体芯的阻抗可表示为

$$Z = \mathrm{j}\omega(\mu' - \mathrm{j}\mu'')L_0 = R_s + \mathrm{j}\omega L_s \tag{6.3}$$

式中，L_0 是将铁氧体环套看成同轴线，而填充物为空气时的电感。

$$L_0 = \frac{\mu_0}{2\pi} \cdot h \cdot \ln\frac{OD}{ID} \tag{6.4}$$

其中，ID 和 OD 分别为铁氧体环的内外半径。式 (6.3) 可简单地假设导线电流产生的磁通量完全集中在铁氧体内导出。

图 6.16 为导体的横截面，设流经导线的电流为 I，外环为铁氧体。由安培环路定理可求得铁氧体环内磁场强度为

$$H(r) = \frac{I}{2\pi r} \tag{6.5}$$

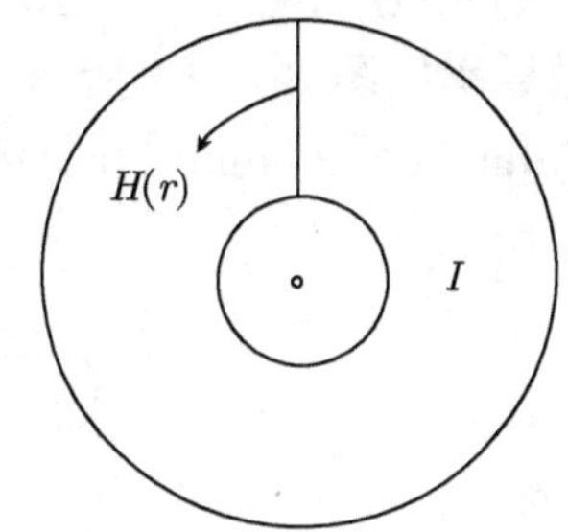

图 6.16 铁氧体芯示意图

其中，r 为中心到场点的距离。由于铁氧体的磁导率比空气的大得多，可假设 I 产生的磁通量全部集中在铁氧体环内，穿过长为 h 的铁氧体环的磁通量为

$$\psi = \int_{ID}^{OD} \mu H(r)h\mathrm{d}r = \int_{ID}^{OD} \mu\frac{I}{2\pi r}h\mathrm{d}r = \frac{\mu I h}{2\pi r}\ln\frac{OD}{ID} \tag{6.6}$$

由 $L = \dfrac{\phi}{I}$，可得

$$L = \frac{\mu_r\mu_0}{2\pi} \cdot h \cdot \ln\frac{b}{a} \tag{6.7}$$

将 L 表示为 $L = \mu_r L_0$，则 L_0 如式 (6.4) 所示，亦可写为

$$L_0 = 0.046 \times 10^{-8} h(\mathrm{mm}) \cdot \ln\frac{OD}{ID} \tag{6.8}$$

铁氧体芯的阻抗为 $Z = \mathrm{j}\omega L$，将式 (6.7) 及 $\mu_r = \mu' - \mathrm{j}\mu''$ 代入，则铁氧体芯的阻抗如式 (6.3) 所示。

式 (6.3) 中，$L_s = \mu' L_0$，$\mathrm{j}\omega L_s$ 称为感抗；$R = \omega\mu'' L_0$，称为损耗电阻。电流通过铁氧体芯产生压降和损耗，R 使高频功率消耗在铁芯上，此为吸收式滤波器名称的来由。

6.4.3 吸收式滤波器的应用

铁氧体滤波器最通常的用法是做成磁环或磁珠直接套在导线或电缆上使用，常用于电源线的出口和 PCB 的入口，主机与配件之间的信号线上，目的常常是抑制来自数字电路的高频噪声。抑制频率主要在 10~500MHz，此为铁氧体最高阻抗出现的频段。

铁氧体滤波器使用还要注意下列问题：

(1) 适当选择铁氧体材料，铁氧体磁导率越高滤波效果越强，但抑制频率越低。镍锌材料磁导率比锰锌的低，但滤波频率比锰锌的高。

(2) 铁氧体体积越大，抑制效果越好。体积一定时，长而细的元件比粗而短的阻抗大，抑制效果更好。截面积越大，越不易饱和。铁氧体内径越小，抑制效果越好。

(3) 可用一个例子说明上述问题。设图 6.17 中所用导线线径为 0.8mm，若选长 $h = 5\text{mm}$，外径 $OD = 10\text{mm}$，初始磁导率为 2500 的锰锌铁氧体紧套在导线上，其磁导率如图 6.14(b) 所示，试求频率为 $f = 100\text{kHz}$ 时铁氧体芯的阻抗。若改用长 20mm，外径 5mm 的同种铁氧体，结果又如何？

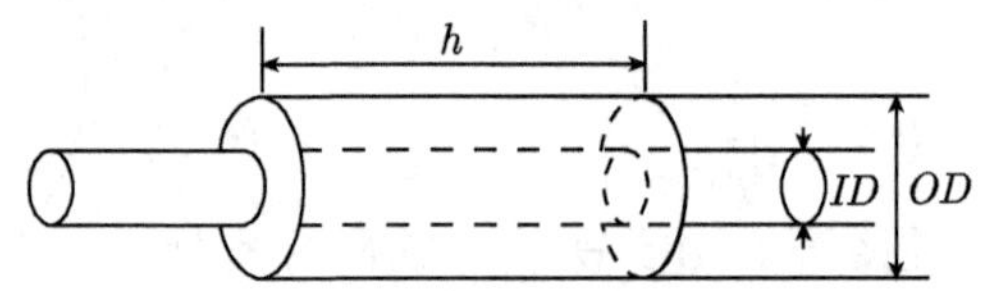

图 6.17　铁氧体环和铁氧体芯

解：查得 $f = 100\text{kHz}$ 时，$\mu = \mu' = \mu_\text{i} = 2500$，$\mu'' = 0.0174\mu'$。

(1) $L_0 = \dfrac{\mu_0}{2\pi} \cdot h \cdot \ln \dfrac{OD}{ID} = 2.525 \times 10^{-9}\text{H}$

$$X_\text{s} = \mu'\omega L_0 = 3.97\Omega, \quad R_\text{s} = \mu''\omega L_0 = 0.069\Omega$$

(2) 若改为 $OD = 5\text{mm}$，$h = 10\text{mm}$，则为

$$L_0 = \frac{\mu_0}{2\pi} \cdot h \cdot \ln \frac{OD}{ID} = 7.32 \times 10^{-9}\text{H}$$

$$X_\text{s} = \mu'\omega L_0 = 11.5\Omega, \quad R_\text{s} = \mu''\omega L_0 = 0.20\Omega$$

比较 (1) 和 (2) 两种铁氧体，其体积是相等的，但相对之下 (1) 粗而短，(2) 细而长。计算结果表明体积一定时，长而细的铁氧体元件比粗而短的阻抗大，从而滤波效果更好。

铁氧体还有一些其他应用场合，例如：

(1) 电缆滤波器。如图 6.18 所示，在同轴线内部用铁氧体代替绝缘材料，起到吸收高频的作用。

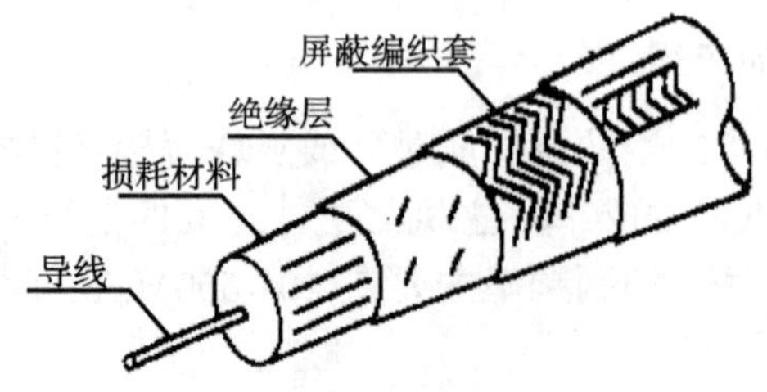

图 6.18　电缆滤波器

(2) 铁氧体夹具。可用在电磁兼容测试等场合，如图 6.19 所示。

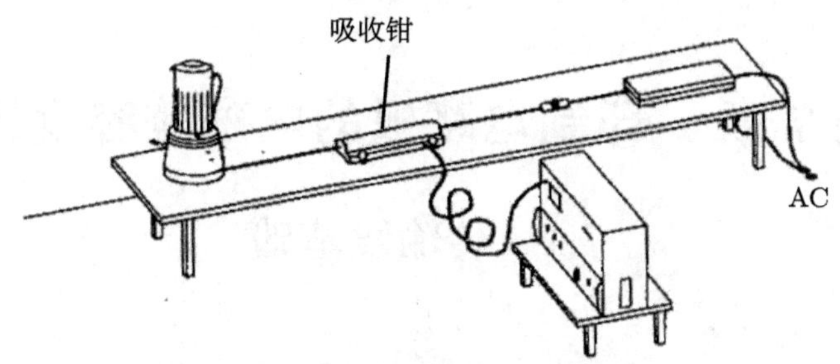

图 6.19 电磁兼容测试中的铁氧体夹具

实际应用中还有以下两种滤波器，如图 6.20 和图 6.21 所示，需要说明的是它们并不属于吸收式滤波器而属于反射式滤波器。图 6.20(a) 是常用的两端滤波电容器，由于引线电感的存在，电容器滤波频率上限受到了限制。而改成图 6.20(b) 所示的三端电容器后，整个结构就变成了 T 型滤波器，引线电感反而起到了滤波的作用。三端电容器极大改善了滤波器的高频特性，能将小磁片电容频率范围由 50MHz 扩展到 200MHz，这是一种非常巧妙的用法。

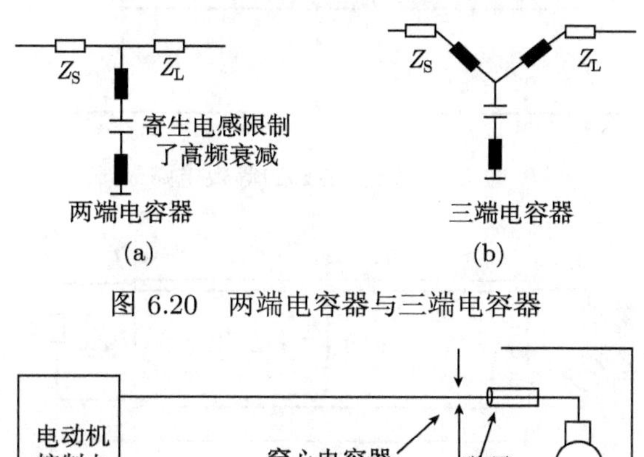

图 6.20 两端电容器与三端电容器

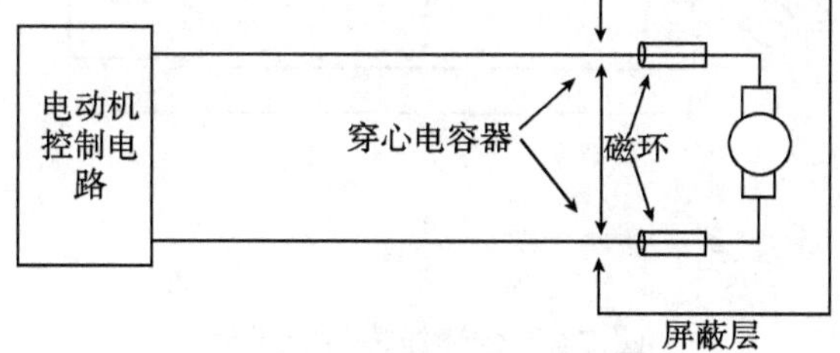

图 6.21 穿心电容器与磁环的联合使用

图 6.21 所示为一种穿心电容器，它由两层金属薄膜卷绕而成，形成电容器的两个电极，导线从绕卷中心穿过并与内电极相连，绕卷的外电极则与设备的金属外壳直接相连，可用于共模滤波，这种结构可避免引线电感的影响，滤波频率可高达 1GHz。

第 7 章　印制电路板的电磁兼容设计

7.1　传输线基础

7.1.1　传输线一般理论

传输线由两根导线 (或者 1 根导线和 1 个地平面) 组成，每一小段导线看成具有一定的电感和电阻，两导线之间具有一定的相对电容和电漏，如图 7.1、图 7.2 所示。

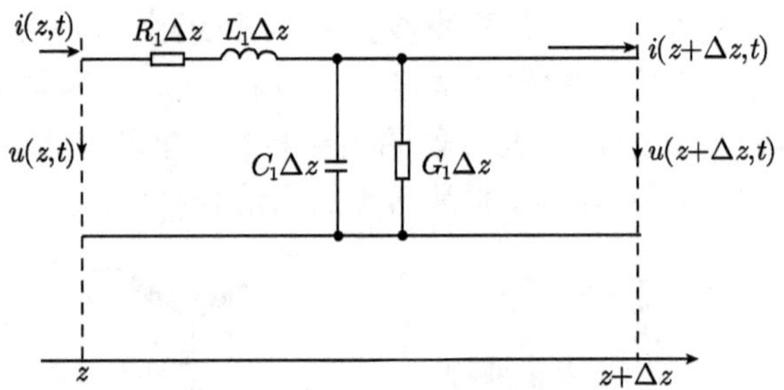

图 7.1　线元 Δz 的等效电路

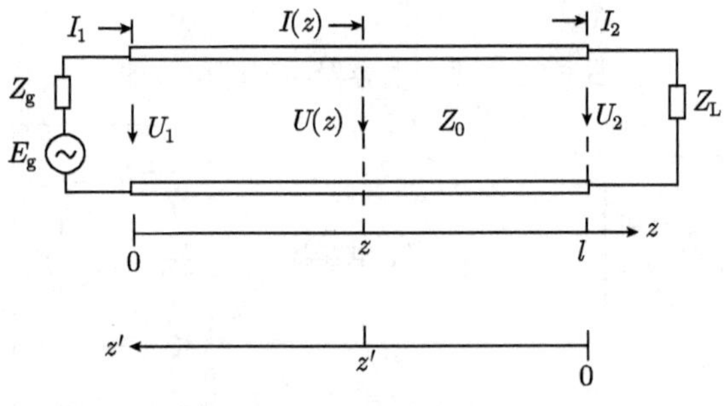

图 7.2　传输线模型及坐标

以 L,R 表示传输线单位长度的串联电感和电阻，C,G 表示单位长度的并联电容和电漏。对 $\mathrm{e}^{\mathrm{j}\omega t}$ 依赖的单频信号，传输线方程为

$$\begin{cases} \dfrac{\mathrm{d}V}{\mathrm{d}z} = -(R+\mathrm{j}\omega L)I \\ \dfrac{\mathrm{d}I}{\mathrm{d}z} = -(G+\mathrm{j}\omega C)V \end{cases} \tag{7.1}$$

其中，$V = V(z)$ 为传输线某一断面上两导线间的电压，$I = I(z)$ 为传输线在某一断面上流过上面导线的电流。微分方程组 (7.1) 具有下列解的形式：

$$\begin{cases} V(z) = A\mathrm{e}^{-\gamma z} + B\mathrm{e}^{\gamma z} \\ I(z) = \dfrac{1}{Z_0}(A\mathrm{e}^{-\gamma z} - B\mathrm{e}^{\gamma z}) \end{cases} \tag{7.2}$$

其中，$Z_0 = \sqrt{\dfrac{R + \mathrm{j}\omega L}{G + \mathrm{j}\omega C}}$ 称为特性阻抗，$\gamma = \sqrt{(R + \mathrm{j}\omega L)(G + \mathrm{j}\omega C)}$ 称为传播常数。

式 (7.2) 中的常数 A, B 依赖于一些已知条件。这些已知条件可以为：①已知终端电压和电流；②已知始端电压和电流；③已知电源电动势、内阻和负载阻抗，等等。

例如，已知始端电压和电流时，式 (7.2) 可定解为

$$\begin{cases} V(z) = V_1\mathrm{ch}(\gamma z) - I_1 Z_0\mathrm{sh}(\gamma z) \\ I(z) = I_1\mathrm{ch}(\gamma z) - \dfrac{V_1}{Z_0}\mathrm{sh}(\gamma z) \end{cases} \tag{7.3}$$

其中，V_1 为传输线始端电压，I_1 为始端电流。

R 和 G 非常小以致可以忽略的传输线可认为是无耗传输线。对无耗传输线，其特性阻抗为

$$Z_0 = \sqrt{\frac{L}{C}} \tag{7.4}$$

传播常数为

$$\gamma = \mathrm{j}\omega\sqrt{LC} \tag{7.5}$$

在传输线传播的波的相速度和波长为

$$v_{\mathrm{p}} = \frac{c}{\sqrt{\varepsilon_{\mathrm{r}}}}, \quad \lambda = \frac{v_{\mathrm{p}}}{f} = \frac{2\pi}{\beta} \tag{7.6}$$

其中，$\beta = \omega\sqrt{LC}$ 为相移常数，c 为真空中的光速。

在某端面向源的方向看进去的输入阻抗为

$$Z_{\mathrm{in}} = Z_0\frac{Z_{\mathrm{L}} + \mathrm{j}Z_0\tan\beta z'}{Z_0 + \mathrm{j}Z_{\mathrm{L}}\tan\beta z'} \tag{7.7}$$

其中，z' 为该端面离终端的距离，Z_{L} 为终端的负载阻抗。

式 (7.2) 表示的电压波包含正向波 V^+ 和反向波 V^- 两部分，某端面上的反射系数定义为

$$\Gamma(z') = \frac{V^-(z')}{V^+(z')} \tag{7.8}$$

$\varGamma(z')$ 与终端反射系数 $\varGamma_{\rm L}$ 的关系为

$$\varGamma(z') = \varGamma_{\rm L}{\rm e}^{-2\gamma z'} \tag{7.9}$$

而终端反射系数为

$$\varGamma_{\rm L} = \frac{Z_{\rm L} - Z_0}{Z_{\rm L} + Z_0} \tag{7.10}$$

7.1.2 微带传输线

微带传输线由导体条带、介质基片、接地板组成，在 PCB 中非常常见。

微带传输线传播的基波为 TEM 波，其传播速度为

$$v_{\rm p} = \frac{c}{\sqrt{\varepsilon_{\rm e}}} \tag{7.11}$$

其中，$\varepsilon_{\rm e} = \varepsilon_{\rm r,eff}$ 称为等效相对介电常数。注意 $\varepsilon_{\rm e}$ 与无限大介质中同等材料的相对介电常数并不相同。在微带线内传播的波长是

$$\lambda_{\rm g} = \frac{\lambda_0}{\sqrt{\varepsilon_{\rm e}}} \tag{7.12}$$

微带传输线的单位长度电容可通过保角变换的方法求出，它与相同结构而介质换成空气中时的单位长度电容 C_0 的关系为 $C_1 = C_0\varepsilon_{\rm e}$。

微带传输线的特性阻抗为

$$Z_0 = \sqrt{\frac{L}{C_1}} = \frac{1}{v_{\rm p}C_1} = \frac{\sqrt{\varepsilon_{\rm e}}}{cC_1} \tag{7.13}$$

波的传播速度为

$$v_{\rm p} = \sqrt{\frac{1}{LC_1}} \tag{7.14}$$

由式 (7.14) 与式 (7.13) 可得下列关系：

$$C_1 = \frac{1}{Z_0 v_{\rm p}} \tag{7.15}$$

微带传输线特性阻抗的一般公式比较复杂，本节仅列出两个简化的近似公式。

图 7.3 所示的两种微带传输线模型的特性阻抗的简化公式为：

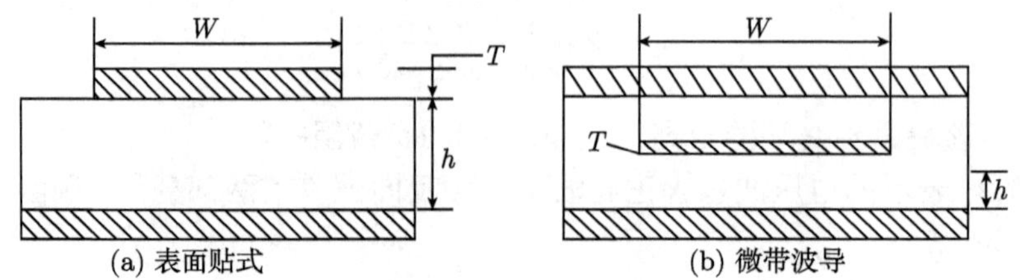

图 7.3 微带传输线模型

表面贴式

$$Z_0 = \frac{87}{\sqrt{\varepsilon_r + 1.414}} \ln \frac{5.98h}{0.8W + T} \tag{7.16}$$

微带波导

$$Z_0 = \frac{60}{\sqrt{\varepsilon_r}} \ln \frac{4h}{0.67\pi W(0.8 + \frac{T}{W})} \tag{7.17}$$

上两式中 ε_r 为基片材料的相对介电常数，W 为线条宽度，h 为线条到参考平面的距离，T 为导体条带厚度。对后面 7.4.2 节例子的微带传输线用简化公式 (7.16) 的计算结果为 $Z_0 = 69.3\Omega$，而用窄微带 $\left(\frac{W}{2h} < 1\right)$ 的严格公式计算结果为 $Z_0 = 75.3\Omega$，简化公式的结果一般还能达到可接受的程度。

微带线的损耗包括导体损耗和介质损耗，其衰减常数为

$$\alpha = \alpha_e + \alpha_d \tag{7.18}$$

其中，α_e 是由于导体条带和接地板的高频趋肤效应产生的热引起的；α_d 来自漏电电导，由于一般使用低损耗介质，α 一般以 α_e 为主。

导体损耗决定于条带的电导率、厚度和表面光洁度。厚度一般应为趋肤深度 δ 的 3~5 倍；表面光洁度不好时，增加了电流的有效路径，使损耗增大。

此外还有辐射损耗。当 $h \ll \lambda$ 时，辐射损耗较小，在不均匀处和终端较为严重。

附录 A： 传输线与外场的耦合

外电场 $\vec{E}$ 遇到传输线，将在导线表面激起电压 $\mathrm{d}U$，引起传输线上形成干扰电压和电流，如图 A1 所示。

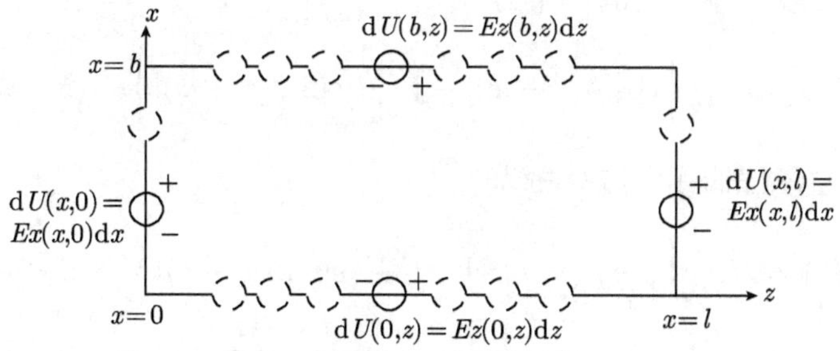

图 A1 外电场与传输线的耦合

分析和计算干扰电流在传输线上的分布可按以下步骤进行。

(1) 先计算线元被激发的电流。

在 $z=w$ 处取一线元，外场激发的电压为 $\mathrm{d}U=\int \vec{E}\cdot\mathrm{d}\vec{l}$，用图 A2 的模型，可得线元的干扰电流 $I(w)$。

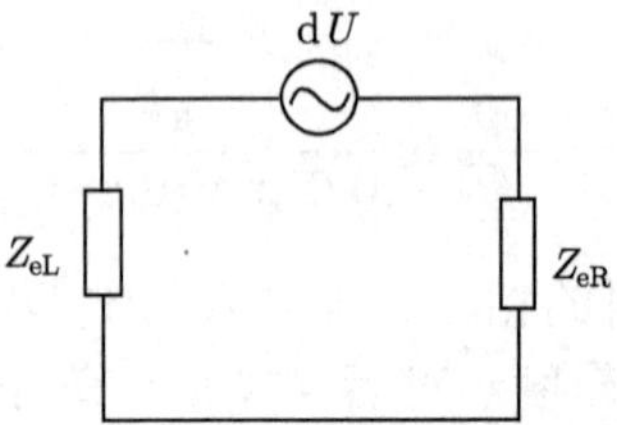

图 A2 线元的电压与电流

设 Z_{c} 为传输线的特征阻抗，在 $z=w$ 处，由式 (7.6)，线元往左边看及往右边看的阻抗分别为 (图 A2)

$$Z_{\mathrm{eL}}=Z_{\mathrm{c}}\frac{Z_0+\mathrm{j}Z_{\mathrm{c}}\tan(\beta w)}{Z_{\mathrm{c}}+\mathrm{j}Z_0\tan(\beta w)} \tag{A1}$$

$$Z_{\mathrm{eR}}=Z_{\mathrm{c}}\frac{Z_s+\mathrm{j}Z_{\mathrm{c}}\tan[\beta(s-w)]}{Z_{\mathrm{c}}+\mathrm{j}Z_s\tan[\beta(s-w)]} \tag{A2}$$

其中，Z_0 和 Z_s 是传输线始端 $(z=0)$ 和末端 $(z=s)$ 处的阻抗。则 $z=w$ 的线元被激发的电流为

$$I(w)=\frac{\mathrm{d}U}{Z_{\mathrm{eL}}+Z_{\mathrm{eR}}} \tag{A3}$$

(2) 线元 $\mathrm{d}z$ 的激发电动势和电流将在传输线引起电流分布。

对 $\mathrm{d}z$ 左边的传输线，始端电压为 $I(w)Z_{\mathrm{eL}}$，始端电流为 $I(w)$；对 $\mathrm{d}z$ 右边传输线，始端电压为 $I(w)Z_{\mathrm{eR}}$，始端电流为 $I(w)$；利用已知始端电压和始端电流的传输线分布解式 (7.3)，可得:

由 $\mathrm{d}U$ 引起的右段传输线电流分布为

$$I_{\mathrm{R}}(z)=I(w)\left\{\cos[\beta(z-w)]-\mathrm{j}\frac{Z_{\mathrm{eR}}}{Z_{\mathrm{c}}}\sin[\beta(z-w)]\right\}\quad(z>w) \tag{A4}$$

由 $\mathrm{d}U$ 引起的左段传输线电流分布为

$$I_{\mathrm{L}}(z)=I(w)\left\{\cos[\beta(w-z)]-\mathrm{j}\frac{Z_{\mathrm{eL}}}{Z_{\mathrm{c}}}\sin[\beta(w-z)]\right\}\quad(z<w) \tag{A5}$$

(3) 式 (A4) 和式 (A5) 为一段线元受外场干扰引起的电流分布，以下还需积分各个线元的贡献。

$$I(z)=\int_0^z I_{\mathrm{R}}\mathrm{d}w+\int_z^s I_{\mathrm{L}}\mathrm{d}w \tag{A6}$$

积分时 z 是定点，w 是变量。

经过繁杂的计算可得下列结果

$$\begin{aligned}&Z_{\mathrm{eL}}+Z_{\mathrm{eR}}\\=&Z_{\mathrm{c}}\frac{\left[\mathrm{j}\sin(\beta s)(Z_0Z_s+Z_{\mathrm{c}}^2)+(Z_{\mathrm{c}}Z_s+Z_{\mathrm{c}}Z_0)\cos(\beta s)\right]}{[Z_{\mathrm{c}}\cos(\beta w)+\mathrm{j}Z_0\sin(\beta w)]\cdot[Z_{\mathrm{c}}\cos(\beta(s-w))+\mathrm{j}Z_s\sin(\beta(s-w))]}\end{aligned} \tag{A7}$$

$$I(w)=\frac{\mathrm{d}U_z}{Z_{\mathrm{eL}}+Z_{\mathrm{eR}}}=\frac{\mathrm{d}U_z}{Z_{\mathrm{c}}G}A(w) \tag{A8}$$

其中

$$\begin{aligned}G=&\left[\mathrm{j}\sin(\beta s)(Z_0Z_s+Z_{\mathrm{c}}^2)+(Z_{\mathrm{c}}Z_s+Z_{\mathrm{c}}Z_0)\cos(\beta s)\right]\\A(w)=&[Z_{\mathrm{c}}\cos(\beta w)+\mathrm{j}Z_0\sin(\beta w)]\cdot[Z_{\mathrm{c}}\cos(\beta(s-w))+\mathrm{j}Z_s\sin(\beta(s-w))]\end{aligned} \tag{A9}$$

$$\begin{aligned}I(z)=&\int_0^z I_{\mathrm{R}}\mathrm{d}w+\int_z^s I_{\mathrm{L}}\mathrm{d}w\\=&\frac{[Z_{\mathrm{c}}\cos(\beta(s-z))+\mathrm{j}Z_s\sin(\beta(s-z))]}{Z_{\mathrm{c}}G}\int_0^z E_{\mathrm{i}}[Z_{\mathrm{c}}\cos(\beta w)+\mathrm{j}Z_0\sin(\beta w)]\mathrm{d}w\\&+\frac{[Z_{\mathrm{c}}\cos(\beta z)+\mathrm{j}Z_0\sin(\beta z)]}{Z_{\mathrm{c}}G}\int_z^s E_{\mathrm{i}}(w)[Z_{\mathrm{c}}\cos(\beta(s-w))\\&+\mathrm{j}Z_s\sin(\beta(s-w))]\mathrm{d}w\end{aligned} \tag{A10}$$

其中，$\mathrm{d}U=E_z(w)\mathrm{d}w$，如果上下导线均受感应，则 $E_{\mathrm{i}}(w)$ 改为 $E_z(b,w)-E_z(0,w)$。

式 (A10) 所示为入射电场沿传输线导线方向的激励结果，对垂直于传输线方向的导线 [图 A1 中的 $(z=0,x=0\sim b)$ 和 $(z=s,x=0\sim b)$ 段] 的激发一般不太重要，此处不予列出。对不同入射方向，不同极化的平面波，可将相应的入射电场分解到 z 方向代入式 (A10) 计算。

7.2 PCB 的基本结构

7.2.1 单层板和多层板

单层板 (包括单面板和双面板)，仅在低频时使用。一个 5/5 原则为：在脉冲重复频率超过 5 MH ，或上升时间小于 5 ns 时，建议使用多层板。多层板的层数一般不小于 4 层。

1. 多层板的基本结构

以图 7.4 所示的 4 层板说明多层板的基本结构。其中第 1 层和第 4 层为信号层，用于焊接和安装电路元件；第 2 层和第 3 层由金属平面构成，其中第 2 层为地平面，第 3 层为电源层。由于金属平面具有镜像的功能，有时也称为镜像平面。

第 1 层的迹线与第 2 层地平面构成微带传输线。板间通过导孔，包括通孔、盲孔、埋孔进行电连接。

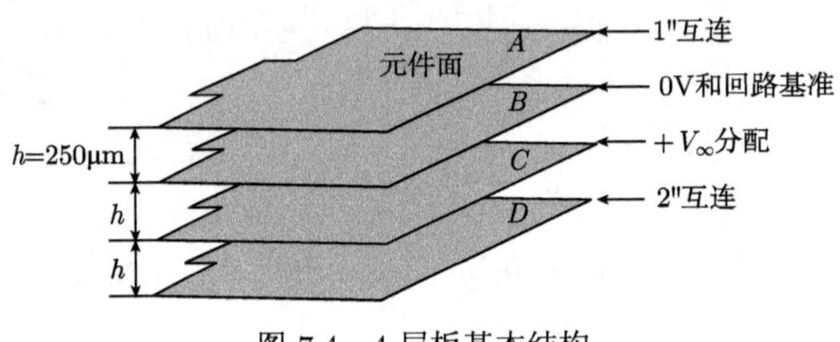

图 7.4 4 层板基本结构

2. 多层板的优点

多层板具有很多优点，例如：

(1) 方便走线；

(2) 具有较低的源阻抗和地阻抗，有利于避免公共阻抗耦合；

(3) 有利于减小环路面积，减少差模辐射和差模干扰；

(4) 金属平面起镜像作用，有利于抑制电磁辐射；

(5) 有利于维持全程走线特性阻抗的一致性；

(6) 电源层和地层间形成的电容器, 可以改善电源的瞬态特性；

(7) 金属平面对电磁波有屏蔽作用；

(8) 有利于降低迹线间的互感与互容；

(9) 有利于降低接地噪声电压，减小共模辐射，等等。

总的说，多层板除了使用方便外，还大大有利于改善辐射特性，增强抗干扰能力。具体的细节将在下面的章节中阐述。

3. 基板的材质

印制电路板 (PCB) 层间的基板由低损耗的介质构成，最常用的材质是环氧树脂玻璃布，简称 FR4。其相对介电常数在 $4.2 \sim 4.7$，适用频率范围在 1GHz 以下，更高频率需特殊的高频材质。

基板的材质一般要求具有下列特性：

(1) 介质损耗小；

(2) 膨胀性能好，膨胀系数尽量接近铜箔，不易造成铜板分离；

(3) 吸水性能低，否则受潮会影响介电常数与损耗系数；

(4) 耐热性、抗化学性、抗冲击强度等良好。

高频材质还特殊需要 ε_r 小。ε_r 过大会造成传输速度降低，易造成传输延迟。

7.2.2 层布局原则

信号层、地层、电源层常用代号 S, G 和 P 表示，一般的布局原则为：

(1) S 层 (特别是高频、高速，时钟等布线层) 要有一个 GND 或 power 层与之相邻，其目的是形成微带传输线，有利于阻抗控制，同时使环路面积最小。

一般情况下，S 层数＝ (GND ＋ power) 层数。

(2) GND 层和 power 层最好成对设计，至少有一对是"背靠背"结构。其目的是使板间电容起到去耦电容的作用。

表 7.1 列举了 4 层板若干布局方案的分析。其中方案 1 是优选的。方案 2 中电源层和地层距离过远, 且信号层在中间，电源和地平面由于元件焊盘影响, 极不完整。方案 3 与方案 1 类似, 但关键信号线布在底层, 不如方案 1 常用。

表 7.1 4 层板布局方案分析

方案＼层数	1	2	3	4
1(优选)	S	G	P	S
2	G	S	S	P
3(次选)	S	P	G	S

表 7.2 列举了 6 层板若干布局方案的分析。其中方案 3 是优选的，内中优选布线层为 S2。方案 1 中信号层较多, 在成本要求较高时用。方案 2 中，只有 S2 有好的参考面。方案 4 能提供最好的布线层 S2, 适用于少量信号要求高的场合。

表 7.2 6 层板布局方案分析

方案＼层数	1	2	3	4	5	6
1(次选)	S1	G	S2	S3	P	S4
2	S1	S2	G	P	S3	S4
3(优选)	S1	G1	S2	P	G2	S3
4	S1	G1	S2	G2	P	S3

几种多层板的优选方案为：

4 层板 S1 , G, P, S2;

6 层板 S1 , G1 S2, P, G2, S3;

8 层板 S1 , G1, S2, G2, P, S3 , G3, S4。

7.2.3　镜像原理与环路面积

1. 镜像平面对辐射的对消作用

大的金属平面具有镜像作用，在 PCB 使用中，某些导线上电流的辐射由于镜像原理被抵消。

1) 平行迹线

一根载流导线的性质是电偶极子，由于水平电偶极子的镜像电流与原电流方向相反，当导线靠近镜像平面时，对远处的辐射几乎可以抵消，如图 7.5 所示。

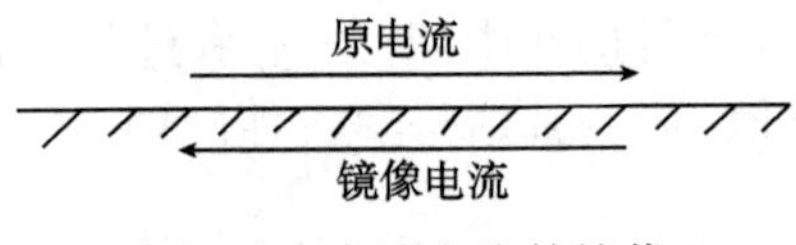

图 7.5　水平电流的镜像

2) 水平环路

一个水平载流环路的性质是垂直磁偶极子，由于垂直磁偶极子的镜像磁矩与原回路磁矩的方向相反，当回路靠近镜像平面时，对远处的辐射几乎可以抵消，如图 7.6 所示。

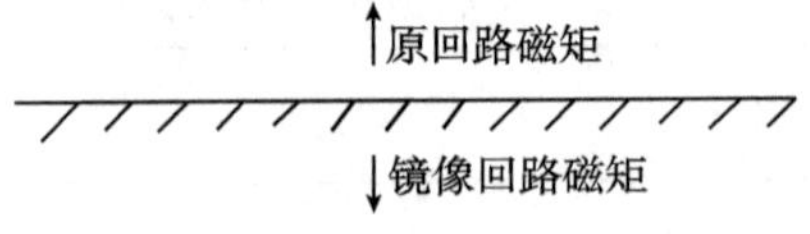

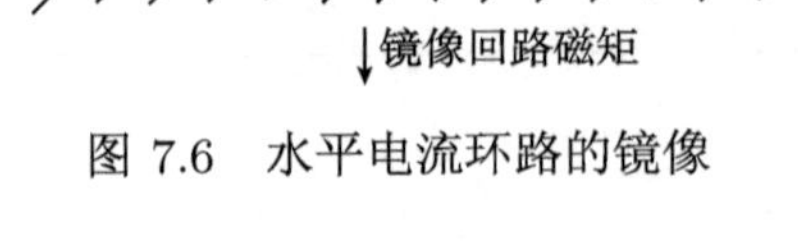

图 7.6　水平电流环路的镜像

2. 环路面积

环路面积是产生辐射发射的重要因数，环面积越大，差模辐射越大。图 7.7 和图 7.8 分别给出电源电流与信号电流环路面积的概念。

图 7.7 显示了几种设置电源电流的环路面积，图 7.7(a) 中环路面积最大，图

7.7(b) 的环路面积比图 7.7(a) 的要小。如果改成多层板，如图 7.7(c) 的情况，环路面积是最小的。

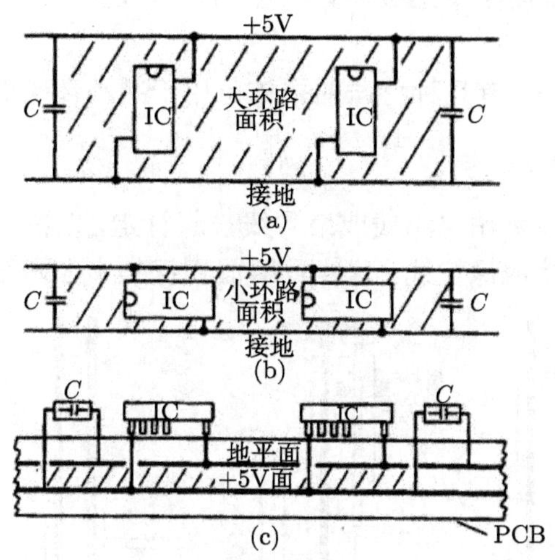

图 7.7 电源电流环路面积

图 7.8 显示了几种设置信号电流的环路面积，图 7.8(a) 中环路面积最大，图 7.8(b) 的信号线旁有接地保护线，环路面积比图 7.8(a) 的要小。如果改成多层板，如图 7.8(c) 的情况，环路面积是最小的。分析回路面积时，可将一个 IC 信号端和地端看成源，下一个 IC 作为负载。

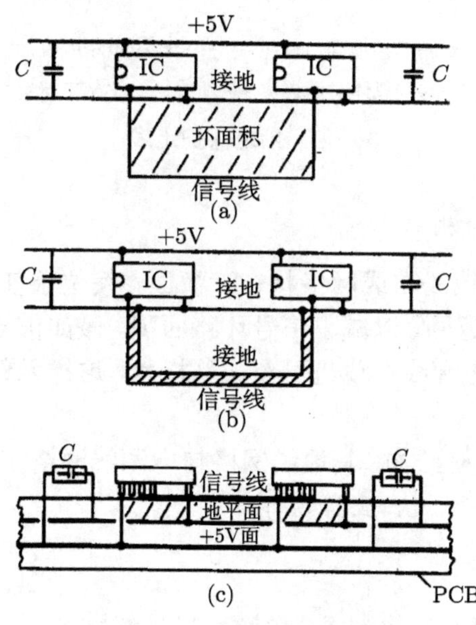

图 7.8 信号电流环路面积

7.2.4　单面板和双面板走线要点

单面板和双面板都属于单层板，没有地平面。其走线要点是减小电源回路与信号回路的回路面积。

除元件合理布局外，有几种特殊的措施可用于减小环路面积。

1. 使用接地保护走线

其措施是拉出地线紧贴电源线或信号线一起行走，以减小环路面积。图 7.9 的电源线及信号线均有接地保护线，这样环路面积仅集中在两线之间的狭窄范围。

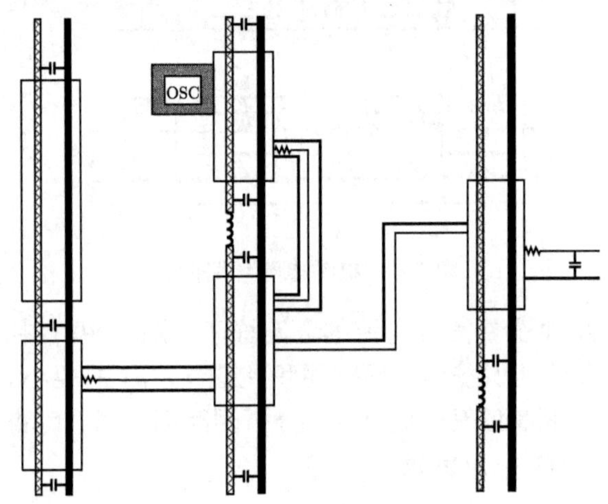

电源线　局部接地面　地线　去耦/旁路电容　信号线

隔离电源的铁氧体过滤器　地线　串行终端匹配器

图 7.9　接地保护走线

2. 双面板使用网格结构

接地网格系统是将地线布成网格状布满板面，使位于任何一处的元件信号电流均可选择最近的路径返回，以减小信号环路面积。假如信号线被地线阻断，可通过过孔到另一面绕回。电源线布线也可布成网格状，这样元件可就近取得电源，减小电源环路面积。

图 7.10 表示一种网格结构，其地线网格与电源线网格布在不同层，互相垂直，网格的尺寸在 0.5in 左右 (1 in=2.54 cm)。

3. 以辐射方式布置走线

图 7.11 表示一种辐射走线方式，电源和接地线彼此平行靠近，不从另一路迂回，以减小电流的路径和环路面积。

需要说明的是以上第 2、3 种措施仅适于低频，如小于 30 kHz 时使用。

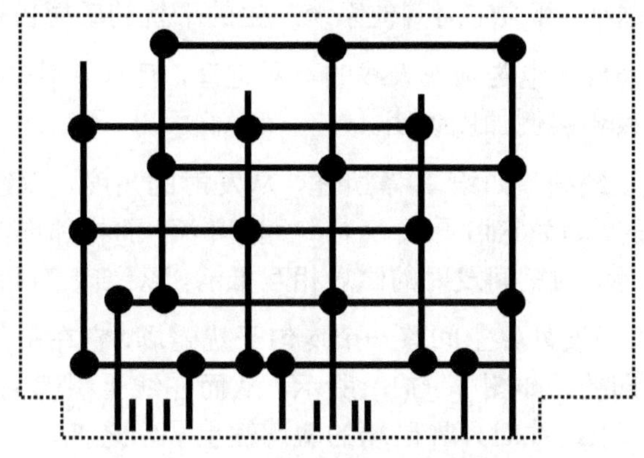

图 7.10 地线与电源线的网格结构

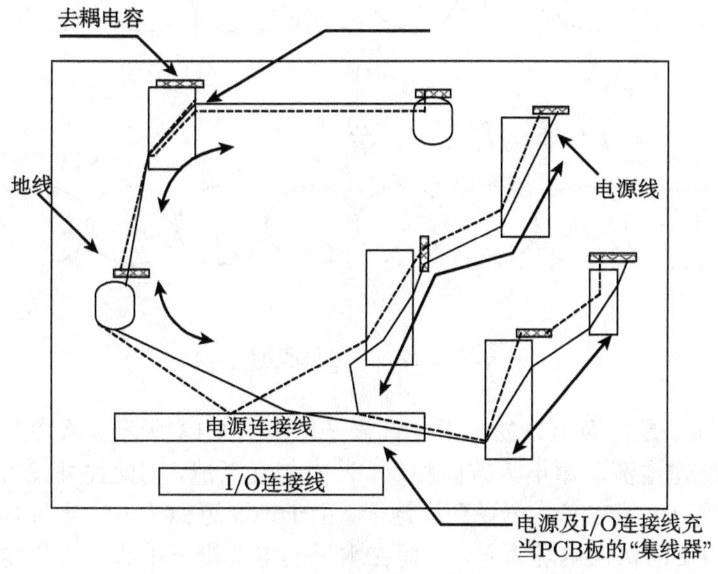

图 7.11 辐射状走线

7.3 PCB 的共模辐射与差模辐射

7.3.1 辐射和敏感度的互易性

研究一个系统的辐射不仅仅关系到对环境的干扰问题，实际上与该系统的抗干扰性能也是紧密联系的，因为系统发射与敏感性之间存在互易性。该互易性可表述为：

“系统的发射与对于来自其他系统发射的敏感性之间存在互易性，如果设计系统使它的电磁发射越小，那么它对其他系统产生的干扰的敏感性也小，反之亦然。”

该特性本质上来自于电磁场或天线的互易定理，但本节不去推导它的来源，仅举两个常见的电磁兼容实例加以说明。

第一个例子是双绞线。如第 3 章所述，从发射的角度，双绞线的电流向空间发射的磁场是很小的，因为它可看成一个一个的环流，而相邻环的电流环向是相反的，如图 7.12(a) 所示，向空间发射的磁场相互抵消，以致向空间总的发射非常小。

从接收的角度，假设外界空间有一个均匀干扰磁场，它在每一个环中引起的感生电流的环向是相同的，如图 7.12(b) 所示，从而在线上引起的总电流几乎为零，因此从敏感度角度，双绞线对外界磁场的敏感性也非常之低。

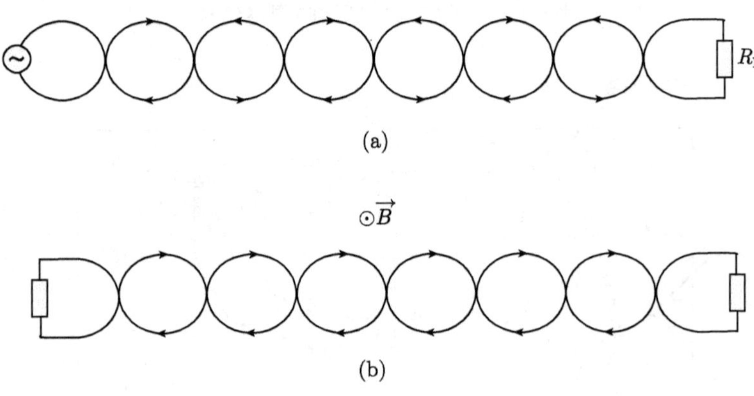

图 7.12　双绞线模型

第二个例子是地面上方的水平电偶极子，如图 7.13 所示。从发射的角度，水平电偶极子镜像电流与原电流方向相反，发射相互抵消，因此往外发射很小。从接收的角度，当一个外来干扰电场到达地面，由于地面近似于一个电导体，由电磁场边界条件，地面的切向电场为零，从而在水平的电偶极子中激发不出电动势，即地面上方的水平电偶极子对干扰电场的敏感度很低，这个例子与上述互易性定理也是相符的。

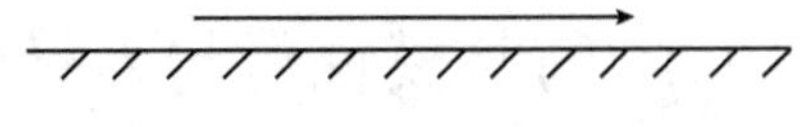

图 7.13　地面上方的水平电偶极子

上述的互易性进一步说明了研究系统辐射问题的重要性。降低系统的辐射也相当于提高系统的抗干扰能力，但如同研究天线问题一样，研究辐射比研究接收一般要容易一些。

7.3.2 共模电流与差模电流

1. 回路共模电流与差模电流的定义

同一根导线上可同时流有差模电流和共模电流。粗略地说，差模电流是信号源引起的，是通过负载成环的电流，它在信号线与回线中量值相等，方向相反。而共模电流是由于地噪声源或分布参数引起的，它在信号线与回线中流向相同。

图 7.14 中，设信号线与回线的电流分别为 I_1 和 I_2，I_1 定义向右为正，I_2 定义向左为正，则差模电流 I_{D} 与共模电流 I_{C} 的定义分别为

$$I_{\mathrm{D}} = \frac{I_1 + I_2}{2}, \quad I_{\mathrm{C}} = \frac{I_1 - I_2}{2} \tag{7.19}$$

严格地说，回路有共模电流时的差模电流并不等于没有共模电流时的信号电流，但由于共模电流一般比差模电流小得多，因此两者差别并不大。

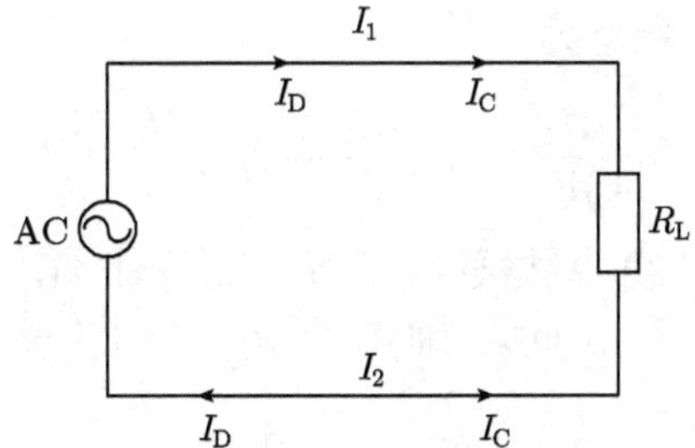

图 7.14 回路的共模电流与差模电流

2. 共模电流的产生

共模电流常常由下列两种机理产生：

(1) 由外部地噪声引起，这点在图 4.30 中已有过阐述。

(2) 由于不对称性引起的差模与共模电流的转换。这种情况出现在当电路存在分布电容, 且信号线与回线对地不平衡的场合。

图 7.15 是差模与共模电流转换的一个例子。设回路 AB 中, Z_{L} 为负载，C_{f} 为导线 A 对地的分布电容，而导线 B 对地无分布电容，即电路是不对称的。从 A 出发到 B 的电流一路流经 R_{L}，另一路流经 C_{f} ，显然 $I_A \neq I_B$，按照式 (7.19)，回路中共模电流就产生了，而且此共模电流的强弱正比于信号源的电压。

7.3.3 局部电感与接地噪声电压

1. 局部电感与净电感

现在研究如图 7.14 所示的方形回路，回路中某根导线的自感，称为局部自感，例如导线 1，则记作 L_{11}。导线的自感为内电感与外电感之和，高频时以外电感

为主。

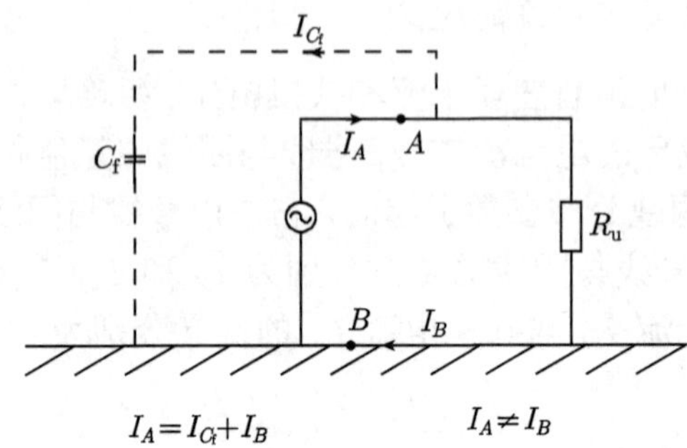

图 7.15　共模与差模电流的转换例子

回路中其他导线对这根导线的互感，记作 L_{12}，L_{13} 等，称为导线 1 的局部互感。导线 1 两端电压一般表示为

$$V_1 = L_{11}\frac{\mathrm{d}I_1}{\mathrm{d}t} + L_{12}\frac{\mathrm{d}I_2}{\mathrm{d}t} + L_{13}\frac{\mathrm{d}I_3}{\mathrm{d}t} + L_{14}\frac{\mathrm{d}I_4}{\mathrm{d}t} \tag{7.20}$$

对于方形回路，设导线 2 与导线平行，而导线 3，4 均与导线 1 垂直，则 $L_{13} = L_{14} = 0$，另外由于 $I_1 = -I_2$，则式 (7.20) 可简化为

$$V_1 = L_{\mathrm{p1}}\frac{\mathrm{d}I}{\mathrm{d}t} \tag{7.21}$$

$L_{\mathrm{p1}} = L_{11} - L_{12}$ 称为导线 1 的净电感。

2. 接地噪声电压

方形回路中，假设导线 2 为地线，则类似式 (7.21)，其两端电压为

$$V_2 = L_{\mathrm{p2}}\frac{\mathrm{d}I}{\mathrm{d}t} \tag{7.22}$$

其中，$L_{\mathrm{p2}} = L_{22} - L_{21}$。$V_2$ 通常称为接地噪声电压，它常常是 PCB 共模辐射的根源。

导线 1 和 2 之间的距离越小，互感越大，将自感抵消越多，有利于减小接地噪声电压。

3. 扁平导线的自感与互感

设 l, w, t 分别为扁平导线的长、宽和厚度，当 $l \gg w \gg t$ 时，其高频自感公式为

$$L_{11} = \frac{\mu_0 l}{2\pi}\left(\ln\frac{8l}{w} - 1\right) \tag{7.23}$$

高频时由于电流流在表面，内电感可忽略，式 (7.23) 所示的电感实际上是外电感。

设两扁平导线线间间距为 d ，当 $d \ll l, d \gg w$ 时，两线的互感为

$$L_{12} = \frac{\mu_0 l}{2\pi}\left(\ln\frac{2l}{d} - 1 + \frac{d}{l}\right) \tag{7.24}$$

由式 (7.23) 和式 (7.24) 可得高频时扁平导线的净电感为

$$L_{\mathrm{p1}} = \frac{\mu_0 l}{2\pi}\ln\frac{4\mathrm{d}}{w} \tag{7.25}$$

30MHz 以上时，导线的电阻与电感相比很小，基本可以忽略。

7.3.4 PCB 的共模辐射与差模辐射

1. 共模辐射与差模辐射大小的比较

PCB 的差模辐射是由成环路的差模电流引起的辐射，由于两相对迹线的电流方向相反，量值相同，它们的辐射是相互削弱的。因此差模电流本身尽管量值较大，但引起的辐射却较小。共模辐射是共模电流产生的辐射，共模电流通常在大小上比差模电流小几个量级，但由于两迹线共模电流方向相同，两迹线的共模电流引起的辐射场是相互加强的，实际上比差模电流产生更大的辐射。

图 7.16 是一种典型的接地噪声电压和外延电缆引起的共模辐射模型。源 V_{S} 在方形环路中引起差模电流，方环电流引起的辐射为差模辐射。另外，由于地线两端有外延电缆，成为电偶极子的两极，接地噪声电压成为该电偶极子的源，此电偶极子产生的辐射为共模辐射。

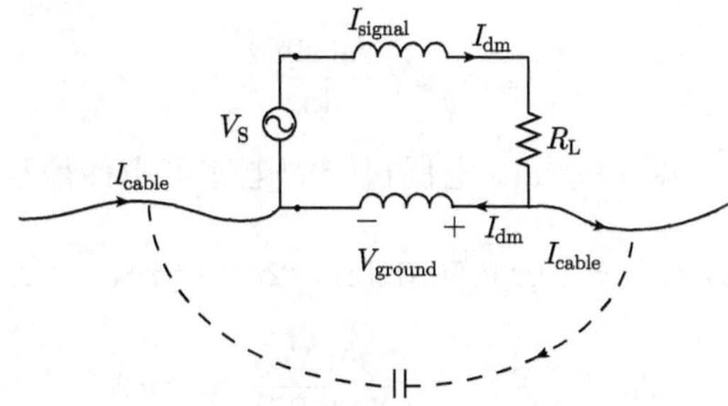

图 7.16 接地噪声电压和外延电缆引起的共模辐射模型

接地噪声电压引起的辐射称为共模辐射，可通过图 7.17 理解。在方形回路中，由于上端导体的电流 I_1 有一部分由电缆流出到空间中，故 $I_1 \neq I_2$，回路即有共模电流存在。由于 $I_{\mathrm{c}} = \dfrac{I_1 - I_2}{2}$，设由电缆流出的电流为 I，$I = I_1 - I_2$，它正是回路的共模电流 $2I_{\mathrm{c}}$，可见外延电缆的辐射是共模电流的辐射。

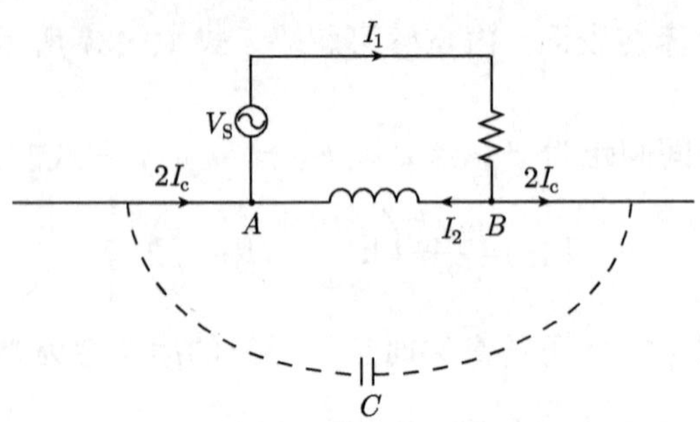

图 7.17　图 7.16 模型的共模电流

以下为一个数值例子。设矩形回路地线的净电感为 $L_{p2}=72\text{nH}$，环面积为 $S=10\text{cm}^2$，回路的差模电流为 $I_d=10\text{mA}$。地线两端外延电缆长各为 $l=1\text{m}$，形成的电偶极阻抗为 $Z_a=22-\text{j}472\Omega$，试比较频率 $f=50\text{MHz}$ 时 3m 远处差模辐射与共模辐射场的大小。设场点在纸平面内，为简单起见只计算远场项。

解：(1) 差模辐射由磁偶极辐射电场公式计算

$$|E_\phi|=\frac{\omega\mu kSI_d\sin\theta}{4\pi r} \tag{7.26}$$

其中，$I_d=1\text{mA}$，$r=3\text{m}$，$f=50\text{MHz}$，$S=10\text{cm}^2$，设纸面平面为 xy 平面，对应 $\theta=90°$，代入可得

$$|E_\phi|=11\mu\text{V/m}\quad\text{或}\quad|E_\varphi|\approx 21\text{dB}\mu\text{V/m} \tag{7.27}$$

(2) 共模辐射电场由电偶极辐射远场公式计算

$$E=\text{j}\omega\mu\frac{I_0 l\sin\theta}{4\pi r} \tag{7.28}$$

式中，l 为电偶极全长，即 $l=2\text{m}$。电偶极子的电流可由接地噪声电压与阻抗求得

$$V_g=\omega L_{p2}I_d=(2\pi\times 50\text{MHz})\cdot 72\text{nH}\cdot 1\text{mA}=22.6\text{mV} \tag{7.29}$$

$$I_0=\frac{V_g}{|Z|}=\frac{22.6\text{mV}}{|22-\text{j}472|\Omega}\approx 48\mu\text{A} \tag{7.30}$$

在 $r=3\text{m}$，$\theta=90°$ 处，由式 (7.28) 算得

$$|E_\theta|=1005\mu\text{V/m}\quad\text{或}\quad|E_\theta|\approx 60\text{dB}\mu\text{V/m} \tag{7.31}$$

计算结果表明，尽管共模电流比差模电流小 26dB，但辐射场却比差模辐射场的大 39dB。因此防范共模辐射往往比防范差模辐射还要重要。

2. 共模辐射的对策

要得到减小共模辐射的对策首先要清楚它的成因。图 7.16 所示由接地噪声电压与外延电缆引起的共模辐射是一种常见的种类。针对这种机理，采取的措施有以下几方面:

(1) 降低接地噪声。这可通过降低地线的净电感达到，例如使地线尽量粗、短;信号线与地线靠近，可减低自感，增大互感，达到减小净电感的目的。使用镜像平面也可以降低接地噪声电压，如附录 B 所示。

(2) 电缆的处理。由于外延电缆是共模辐射的辐射体，长度应尽量减短。外延电缆安排在 PCB 的一侧有好处，它不会形成两臂张开的电偶极形状，即使有电流，辐射场也较小。将外延电缆的出口处与机盒或镜像平面短接，可消除电缆上的共模电流，从而不会在空间产生辐射。这个方法往往更有效。

(3) 如果共模辐射是由另外一些不对称性的原因引起，尽量采取平衡接法。

附录 A: 局部电感的数学表达

设 L_i 为回路导体 i 的局部电感，可表示为

$$L_i = \sum_{j=1}^{4} \frac{\int_{C_i} \vec{A}_{ij} \cdot \mathrm{d}\vec{l}}{I_j} \tag{A1}$$

其中，$\vec{A}_{ij}$ 为第 j 段导体的电流 I_j 在 i 导体上引起的矢势，当 $j=i$ 时为自感。如果用磁通来表达局部互感，则为

$$L_{ij} = \frac{\iint_{S_i} \vec{B}_{ij} \cdot \mathrm{d}\vec{S}}{I_j} \tag{A2}$$

其中，S_i 为导线 l_i 与无穷远导线围成的面积，该导线的两端位于 l_j 的两个终端，且导线与 l_j 垂直，与 l_i 平行，见图 A1(a)。

l_j 与 l_i 垂直时 $L_{ij}=0$。l_j 与 l_i 平行时见图 A1(b)

$L_i = \sum_{j=1}^{4} \frac{\int_{S_i} \vec{B}_{ij} \cdot \mathrm{d}\vec{S}}{I_j}$ 共 2 项，环路共有 4 个 L_i 共 8 项，可证明 I_i 引起的 2 项正是 I_i 引起的环面积的磁通，8 项之和正是 4 根导线引起的环面积的总磁通。

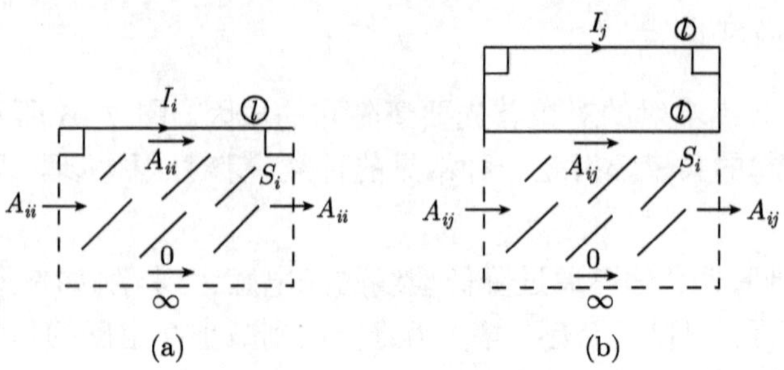

图 A1 局部电感的定义

附录 B: 镜像平面对接地噪声电压的影响

图 B1 所示为一个平行回路下方置入一金属平面 (镜像平面)，回路离平面的高度为 h 。考虑镜像后的模型如图 B2 所示。

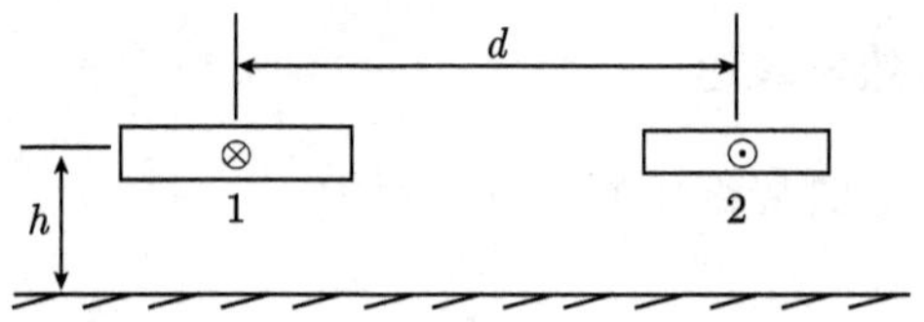

图 B1 金属平面上方的平行回路

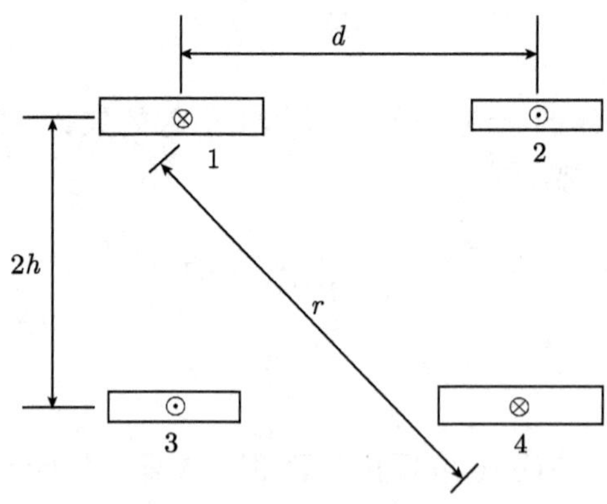

图 B2 考虑镜像后的模型

考虑镜像后，如图 B2 所示，有 4 根平行的导体，其电流分别为 I_1, I_2, I_3, I_4，方向如图所示。设导体 2 为地线，则接地噪声电压为

$$V_2 = L_{22}\frac{\mathrm{d}I_2}{\mathrm{d}t} - L_{21}\frac{\mathrm{d}I_1}{\mathrm{d}t} + L_{23}\frac{\mathrm{d}I_3}{\mathrm{d}t} - L_{24}\frac{\mathrm{d}I_4}{\mathrm{d}t} \tag{B1}$$

其中

$$L_{11} = \frac{\mu_0 l}{2\pi}\left(\ln\frac{8l}{w} - 1\right) \tag{B2}$$

$$L_{12} = \frac{\mu_0 l}{2\pi}\left(\ln\frac{2l}{d} - 1 + \frac{d}{l}\right) \tag{B3}$$

$$L_{13} = L_{24} = \frac{\mu_0 l}{2\pi}\left(\ln\frac{l}{h} - 1 + \frac{2h}{l}\right) \tag{B4}$$

$$L_{14} = L_{23} = \frac{\mu_0 l}{2\pi}\left(\ln\frac{2l}{r} - 1 + \frac{r}{l}\right) \quad (r = \sqrt{d^2 + 4h^2}) \tag{B5}$$

由于 $I_1 = I_2 = I_3 = I_4 = I$，代入可得

$$V_2 = L_{\mathrm{p2}}\frac{\mathrm{d}I}{\mathrm{d}t} \tag{B6}$$

其中

$$L_{\mathrm{p2}} = L_{22} - L_{21} + L_{23} + L_{24} = \frac{\mu_0 l}{2\pi}\left(\ln\frac{4d}{w} - \ln\frac{r}{2h} + \frac{r-d-2h}{l}\right) \tag{B7}$$

若 $h \ll d$，则式 (B7) 近似为

$$L_{\mathrm{p2}} \approx \frac{\mu_0 l}{2\pi}\ln\frac{8h}{w} \tag{B8}$$

而无镜像平面时

$$L_{\mathrm{p2}} = \frac{\mu_0 l}{2\pi}\ln\frac{4d}{w} \tag{B9}$$

比较式 (B8) 和式 (B9)，可见在 $h \ll d$ 情况下，有镜像平面时地线的净电感与接地噪声都大大减小了。

7.4 数字电路的电磁兼容设计

7.4.1 电磁兼容设计的带宽

1. 等腰梯形的频谱

脉冲信号波形大多可用等腰梯形作近似，如图 7.18 所示。其中，T 为重复周期，t_0 为脉冲宽度，t_{r} 为上升或下降时间，$\tau = t_0 + t_{\mathrm{r}}$，波形的傅里叶级数展开式为

$$V(t) = V_0\frac{\tau}{T} + \sum_{n=1}^{\infty} C_n \cos(2\pi n\frac{t}{T} + \phi_n) \tag{7.32}$$

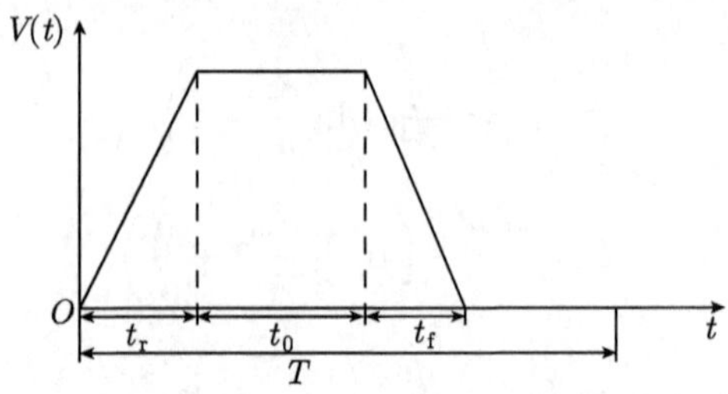

图 7.18 等腰梯形重复脉冲

其中

$$C_n = 2V_0\frac{\tau}{T}\frac{\sin\left(\dfrac{n\pi\tau}{T}\right)}{\dfrac{n\pi\tau}{T}}\frac{\sin\left(n\pi\dfrac{t_r}{T}\right)}{n\pi\dfrac{t_r}{T}}, \quad \phi_n = -n\pi\frac{\tau+t_f}{T} \tag{7.33}$$

谱线的包络线为

$$2V_0\frac{\tau}{T}\frac{\sin(\pi\tau f)}{\pi\tau f}\frac{\sin(\pi t_r f)}{\pi t_r f} \quad \left(f = \frac{n}{T}\right) \tag{7.34}$$

图 7.19 为等腰梯形重复脉冲谱线的包络线。由曲线可以看出其频谱特性有 3 个区间：

(1) $f < \dfrac{1}{\pi\tau}$，频谱幅值 $C_n = 2V_0\left(\dfrac{\tau}{T}\right)$；

(2) $\dfrac{1}{\pi\tau} < f < \dfrac{1}{\pi t_r}$，频谱幅值 $C_n = \dfrac{2V_0}{\pi T f}$；

(3) $f > \dfrac{1}{\pi t_r}$，频谱幅值 $C_n = \dfrac{2V_0}{\pi^2 T t_r f^2}$。

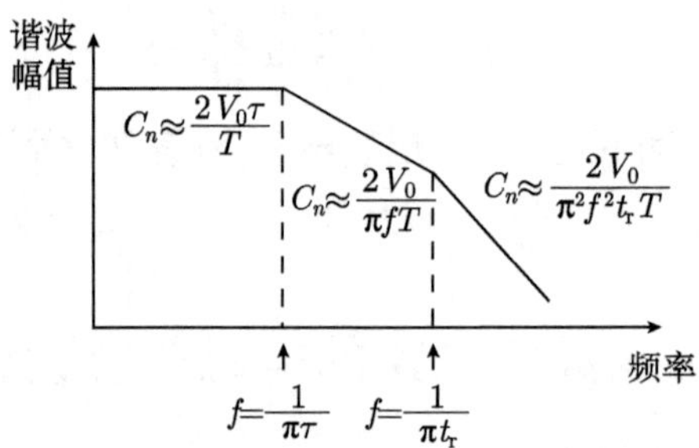

图 7.19 等腰梯形重复脉冲谱线的包络线

在区间 (1)，谱线高度不随频率变化，在区间 (2)，(3) 中，谱线高度各与 $\dfrac{1}{f}$ 和 $\dfrac{1}{f^2}$ 成正比，其 10 倍频程的衰减各为 20dB 和 40dB，如图 7.20 所示。但印刷条的辐射与串扰的特性基本与频率成正比，即 10 倍频程增长 20dB。于是，综合考虑，印刷条的发射随频率的关系在各区间可估计为 +20dB，0dB 和 −20dB，如图 7.21 所示。

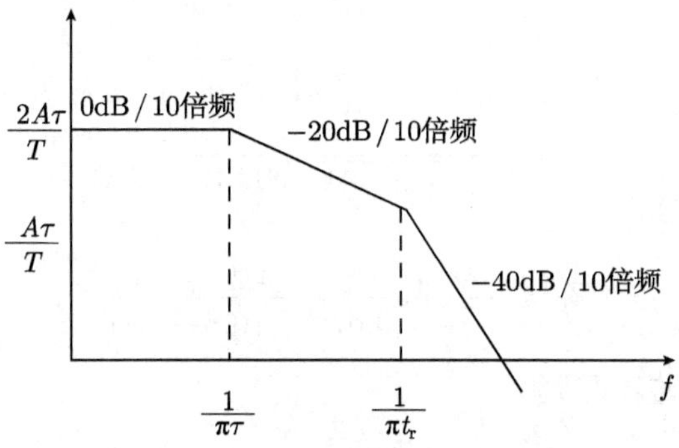

图 7.20 脉冲频谱的 3 个区间

由图 7.21 可知，对数字电路的电磁兼容设计的频率范围可取到 $\frac{1}{\pi t_r}$ 的 10 倍左右，最重要的一点是主要考虑上升时间，而不是信号的重复频率。例如，典型时钟驱动器上升沿为 2ns，则要考虑到 1.6GHz 的设计带宽。

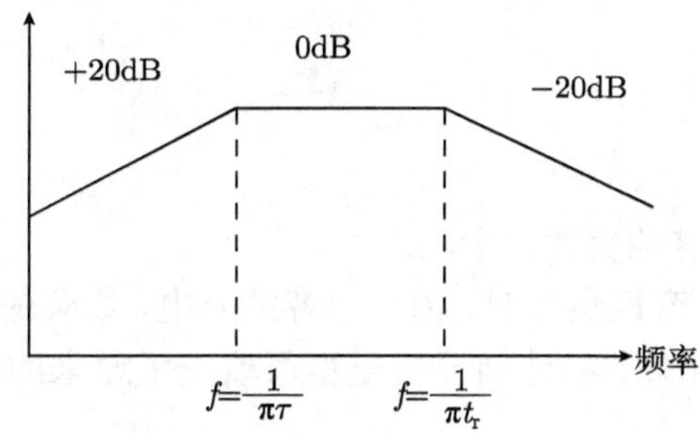

图 7.21 发射信号的频谱特性

7.4.2 传输延迟与信号完整性

数字信号传输的重要问题是信号完整性。当信号沿传输线传输时，如果碰到终端不匹配，将在终端产生反射，反射的信号反射回源端再次反射回来与原信号叠加，两个信号之间如果时间上差距较大，波形将不重合而导致失真，甚至误码。要避免这个问题，一是要做到阻抗匹配，使反射不发生；另一个是使传输延迟尽量地短。当传输延迟低于一定值，即使反射仍然存在，也不会导致误码的发生。

如果脉冲往返时间比时钟的前沿长，则必须进行匹配阻抗处理。允许不进行阻抗匹配处理的最大长度为

$$l_m \leqslant \frac{t_r}{2t'_d} \tag{7.35}$$

其中，t_r 为脉冲前沿时间，t'_d 为脉冲在传输线的单程时间。

为进行式 (7.35) 所示准则的计算，将微带传输线有关公式重列如下。

(1) 特性阻抗。

微带线

$$Z_0 = \frac{87}{\sqrt{\varepsilon_r + 1.41}} \ln \frac{5.98H}{0.8W + T} \tag{7.36}$$

带线波导

$$Z_0 = \frac{60}{\sqrt{\varepsilon_r}} \ln \frac{4H}{0.67\pi W \left(0.8 + \frac{T}{W}\right)} \tag{7.37}$$

(2) 单位线长的传输时延。

微带线

$$t_d = 1.017\sqrt{0.475\varepsilon_r + 0.67}(\text{ns/ft}) \tag{7.38}$$

带状波导

$$t_d = 1.0117\sqrt{\varepsilon_r}(\text{ns/ft}) \tag{7.39}$$

(3) 设 C_1 为线条单位长度分布电容，t_d 与 Z_0 的关系为

$$t_d = C_1 Z_0 \tag{7.40}$$

此式来源参见式 (7.14) 和式 (7.15)。

(4) 印刷条上接入容性负载的影响。

当线条上接有很多容性负载时，由于电容的充电，线条的时延增大，电容性负载等效为在传输线上附加了额外的分布电容而改变了原来的传输参数。这时的时延改变为

$$t'_d = \sqrt{L(C_1 + C_d)} \tag{7.41}$$

其中，C_d 为单位长度上负载电容总和。改变后的时延与原时延的关系为

$$t'_d = t_d\sqrt{1 + \frac{C_d}{C_1}} \tag{7.42}$$

公、英制有关长度单位的换算关系为 1in = 2.54cm，1ft = 12in 和 1mil = 0.001in。

例 设时钟电路边沿时间为 5ns，时钟线条为微带线，线长 $l = 5$in，线条上有 6 个逻辑元件负载，每个有 6pF 的输入电容，分布接在时钟线条上。印刷线条线宽为 $W = 0.01$in，距离地平面高 $H = 0.012$in，线条厚度 $T = 0.002$in，基板介电常数 $\varepsilon_r = 4.7$。

(1) 计算特性阻抗及传输时延；

(2) 计算容性负载产生的等效电容分布和时钟印刷条的特性电容；

(3) 计算时钟源向负载传播的单向传输延迟时间；

(4) 是否需要阻抗匹配?

解:

$$(1) Z_0=\frac{87}{\sqrt{\varepsilon_r+1.41}}\ln\frac{5.98H}{0.8W+T}=\frac{87}{\sqrt{4.7+1.41}}\ln\frac{5.98\times 12}{0.8\times 10+2}=69.4(\Omega)$$

$$t_{pd}=1.017\sqrt{0.475\varepsilon_r+0.67}=1.73\text{ns/ft或}\quad 0.144\text{ns/in}$$

$$(2)\ C_d=\frac{6C_d}{l}=\frac{6\times 6\text{pF}}{5\text{in}}=7.2\text{pF/in}$$

$$C_1=\frac{t_{pd}}{Z_0}=\frac{0.144\times 10^{-9}}{69.4}=2.08(\text{pF/in})$$

$$(3)\ t'_d=t_{pd}\sqrt{1+\frac{C_d}{C_1}}=0.144\sqrt{1+\frac{7.2}{2.08}}=0.304(\text{ns/in})$$

$$(4)\ 2\times t'_d\times l=2\times 0.304\text{ns/in}\times 5\text{in}=3.0\text{ns}<t_r=5\text{ns}$$

结果表明时延小于式 (7.35) 所示准则，所以不需要进行阻抗匹配处理。

7.4.3 阻抗匹配方法与布线要点

1. 阻抗匹配方法

如果线条长度不符合式 (7.35) 所示准则，要保持信号完整性必须减小线条在两端的反射，为此在两端需要作阻抗匹配处理。常用的阻抗匹配方法有:

(1) 并联电阻。

当接收端负载是高阻抗元件时，可使用图 7.22 所示的并联电阻方法。使用并联电阻终端时，并联电阻取 $R=Z_0$，一般量值为 $50\sim150\Omega$。这种方法处理简单，但能量要消耗在 R 上。

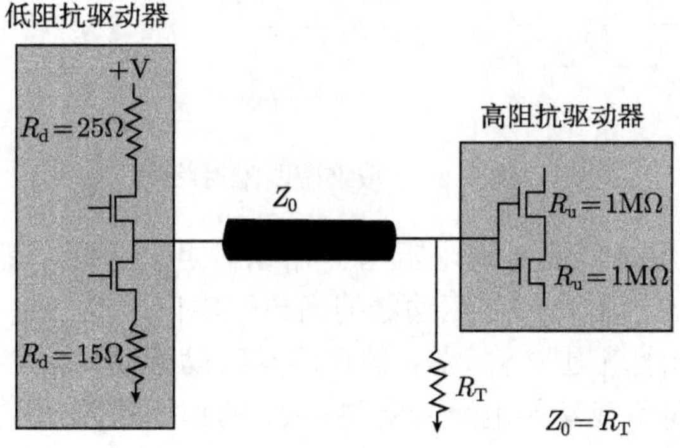

图 7.22 并联电阻方法

(2) RC 网络。

为减小并联电阻方法的能耗问题，可采取如图 7.23 所示的 RC 网络方法，其

中 $R = Z_0$ 匹配线条阻抗，电容值的选取要保持来回反射时间内元件的直流电压水平。C 的值简单可按放电时间常数 $RC > 2t_{\text{pd}}$ 确定，t_{pd} 为从源到负载的时间延迟。

RC 网络的优势是直流功耗小，因为只有高频部分的电流才能通过电容。它在 TTL 和 CMOS 系统中都是好的终端方法。

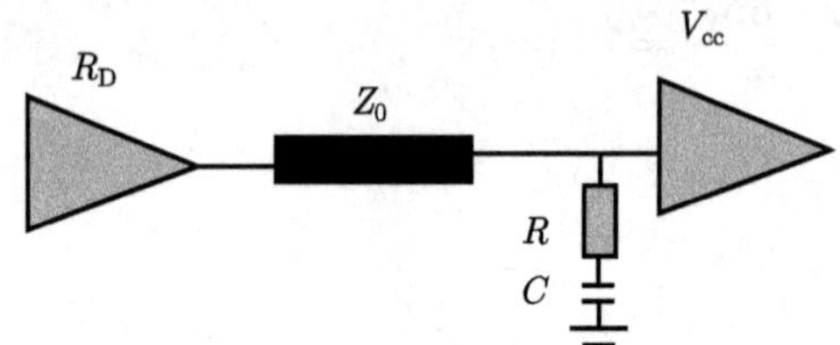

图 7.23 RC 网络方法

(3) 戴维南网络。

图 7.24 所示为戴维南网络匹配方法，其中 R_1 与 R_2 的选取按以下两式共同决定：

$$\frac{R_1R_2}{R_1+R_2} = Z_0 \tag{7.43}$$

$$\frac{R_2}{R_1+R_2}V_{\text{cc}} = V_{\text{TH}} \tag{7.44}$$

其中，$V_{\text{TH}} = V_{\text{OH(min)}} - I_{\text{OH(max)}} \cdot (Z_{\text{S}} + Z_0)$，$I_{\text{OH(max)}}$ 为输出高电平、输出电压最小时驱动器的最大电流。

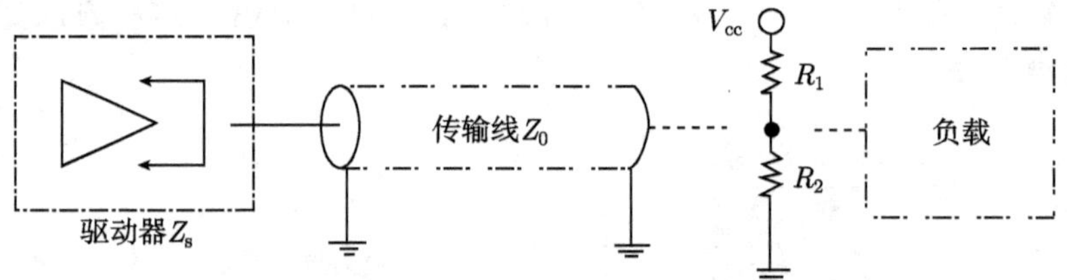

图 7.24 戴维南匹配网络

式 (7.43) 的作用是保证对地电阻与传输线的阻抗匹配，其作用与并联电阻是相同的。式 (7.44) 的作用是保证驱动器的高电平输出电流 I_{OH} 和低电平输出电流 I_{OL} 在驱动器性能指标范围之内，R_1 的作用是帮助驱动器更容易达到逻辑高的状态，这需要从 V_{cc} 向负载输入电流来实现，R_2 的作用是帮助驱动器更容易达到逻辑低的状态，这需要通过 R_2 向地释放电流来实现。

由式 (7.43) 与式 (7.44) 得到的 R_1 与 R_2 值为

$$R_1 = \frac{Z_0V_{\text{cc}}}{V_{\text{TH}}}, \quad R_2 = \frac{Z_0V_{\text{cc}}}{V_{\text{cc}} - V_{\text{TH}}} \tag{7.45}$$

对于 TTL 驱动源，使用并行戴维南端接技术较好。

(4) 串联电阻。

串联电阻匹配方法如图 7.25 所示，当驱动设备的输出阻抗 R_d 小于传输线特性阻抗 Z_0 时，可通过串联电阻 R 达到匹配，其中 $R = Z_0 - R_d$。

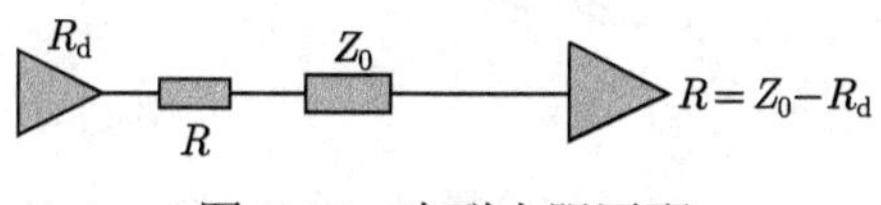

图 7.25 串联电阻匹配

2. 时钟电路和 I/O 电路布线要点

(1) 由于时钟电路是电路的主要干扰源，要尽量控制线条阻抗使之与时钟源输出阻抗相匹配，尽量减短线条长度。

(2) 时钟布线层紧靠接地层。镜像平面有利于降低和抵消板的向外辐射。

(3) 选用微带和带线波导传输线的优缺点。微带线的线条和平面间分布电容比较小，适用于边缘速度较快的情况。但印刷条放在最外层的负面影响是印刷条的电磁辐射较大。带线波导分布电容较大，增大了时钟信号的传播时间，但上下两层镜像平面有利于对消电磁辐射。

(4) 在单层和两层板使用保护线，保护线置于被保护线两侧，沿整个路布满。

7.5 多层板及系统设计

7.5.1 20*H* 原则与 3*W* 原则

PCB 设计中有两个可参考的原则为：

(1) 20*H* 原则

所有具有一定电压的印刷电路板都会向空间辐射电磁能量，为了减少这个效应，电路板的物理尺寸至少比最靠近的接地板的物理尺寸小 20H，H 为两层印刷板的间距。

图 7.26(a) 表示电路板与地板等大小时的板间辐射，其电力线张开较远，辐射较大。若如图 7.26(b) 所示，地板增大后，则向远处的辐射减弱。粗略估计的说法是：若地板比电路板大 10H，则辐射开始下降，大 20H 则下降 70%，大 100H 则下降 98%。20H 是一个性能与成本折中的选择。

(2) 3*W* 原则

为避免电磁串扰，印刷线条之间的距离 (中心距) 应不小于 3 倍线条宽度。

设 W 为线条宽度，则线条的净间距实际上是 2W。

$3W$ 原则主要针对关键信号线、高速线，如时钟脉冲线等使用，目的主要是减小不同频率，不同波形信号之间的串扰。

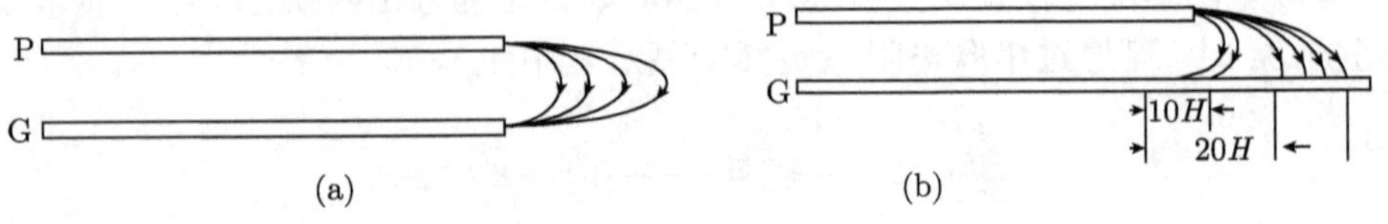

图 7.26 $20H$ 原则示意图

但信号线对 (差分对) 的线间间距并不要求符合 $3W$ 原则。相反，差分对由于总电感为 $L = L_1 + L_2 - 2M$，两线靠近反而减少总电感。对双线传输线来讲，为保持一定的特性阻抗，两线净间距取 W 左右为较合适的距离。若距离过小，两线间电容变大，传输速度变小，将有较大的传输延迟。

7.5.2 分区与连接

1. 分区

分区是在物理上将不同的功能子系统分隔开来，这种分隔是将印制电路板平面上的部分铜片去掉来实现，称之为 “护沟”，其宽度一般为 50 mil。

一般建议：①将数字电路和模拟电路分开；②将 I/O 电路和其他电路分开；③将高频电路与低频电路分开；④ 将高电平电路与低电平电路分开；⑤将敏感电路与一般电路分开。

分区即将每一个功能子系统都当成处于独立的印制电路板来设计，元件有单独的区域，有自己的地。各功能子系统的元件之间要实现理想的连接。

2. 隔离区之间的连接

不同区之间元件的连接主要有两种方法：

(1) 采用隔离式器件。例如：①用隔离变压器或光耦器件；②用具有滤波功能 (如共模环) 的数据线；③带铁氧体环元件的导线，等等。图 7.27 显示了一些这样的连接。

(2) 搭桥。“桥” 是印制电路板镜像平面两块区域 (图 7.28 中的 A 区与 B 区) 之间的一块铜面通道，跨越护沟。所有的信号线，电源线和接地线都在单一的 “桥” 的上方跨越护沟，如图 7.28 所示。

信号线在桥的上方跨越隔离区，其镜像电流在桥上产生，既利用镜像平面降低辐射，也利于保持特性阻抗的一致性。另外，搭桥还有利于减少电流的回流面积。

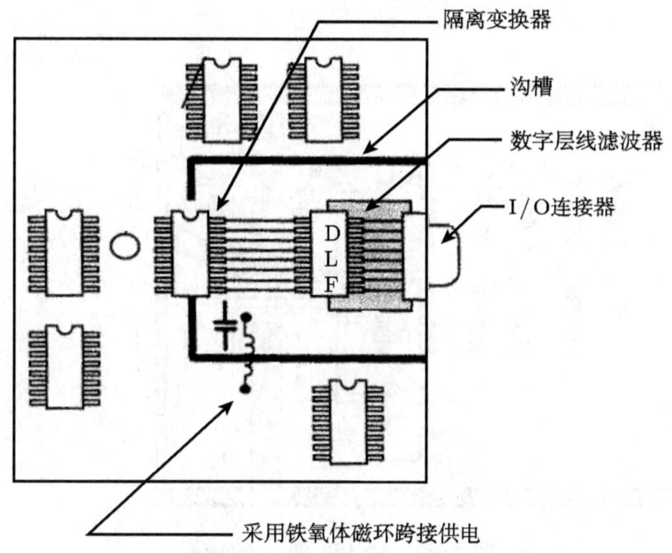

图 7.27 滤波器件进行不同区域之间的连接

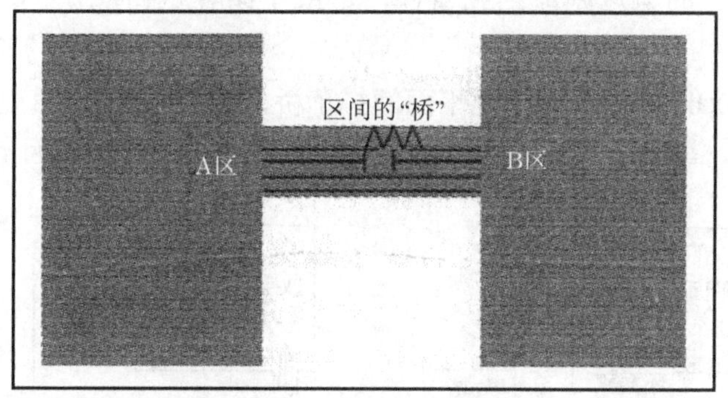

图 7.28 区间中的桥

图 7.29 显示的是“搭桥”的一个实例。

3. 开槽问题的讨论

由于通常担心数字、高噪声部分影响低电平部分，为此设计者想到分割地平面，以防相互干扰。但从物理上分割地平面，即在地平面间设置缝隙，易产生两个问题：

(1) 易造成大的回流面积。

图 7.30 表示了开槽引起的回流面积问题。图 7.30(a) 中，数字地平面与模拟地平面之间开有槽，而两个地平面以单点接地的方式接到电源处的地。在图左方的上层，有一根信号迹线从槽的上方跨越，迹线上的信号电流不能从迹线的下方回流，

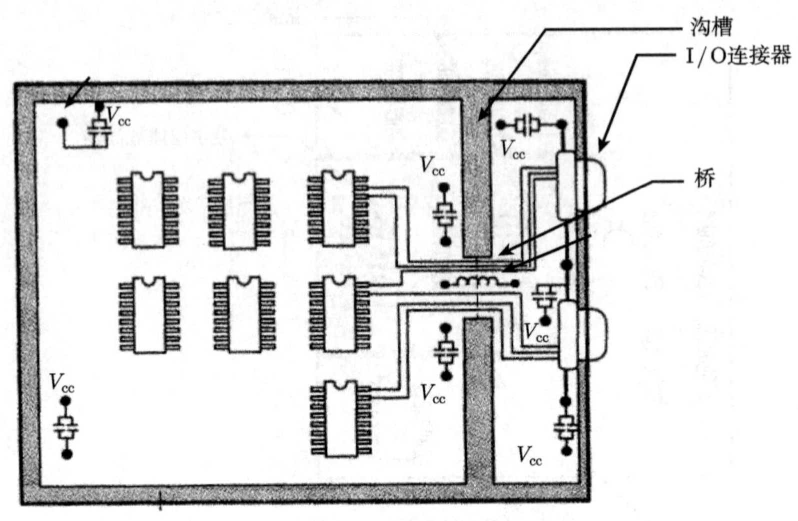

图 7.29　“搭桥” 的一个实例

而只能沿图中 I 的轨迹回流回到器件，形成了图 7.30(a) 所示的一个大的环流面积。

而在图 7.30(b) 中由于两个地平面间搭了桥，迹线从桥的正上方通过，下方有了桥这个回流通道，则不会产生如图 7.30(a) 所示的大回流面积问题。

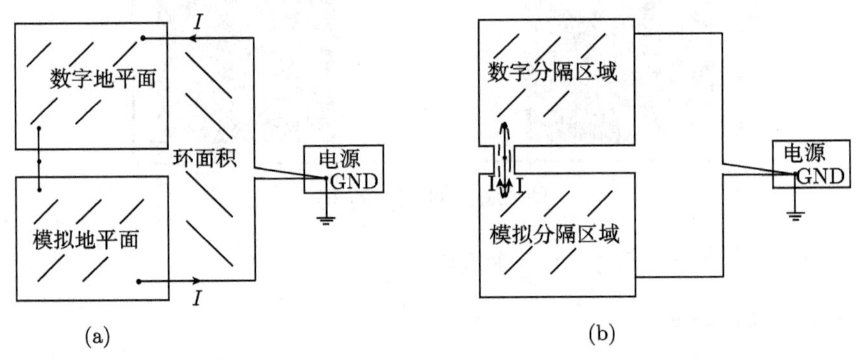

图 7.30　开槽与回流面积

(2) 如果开槽后又没有搭桥，两个地之间电位又不一样，则两地板之间形成电偶极，会导致大的辐射发射。

以上两点均说明开槽后搭桥是必要的。此外也有另一种看法，如图 7.31 所示，不开槽分割地平面，而将两个区域的元件均安排离区域分界线稍远，这样环状的地电流也不会相互干扰，因为电流将在发射路径下方地层的一个小区域返回。

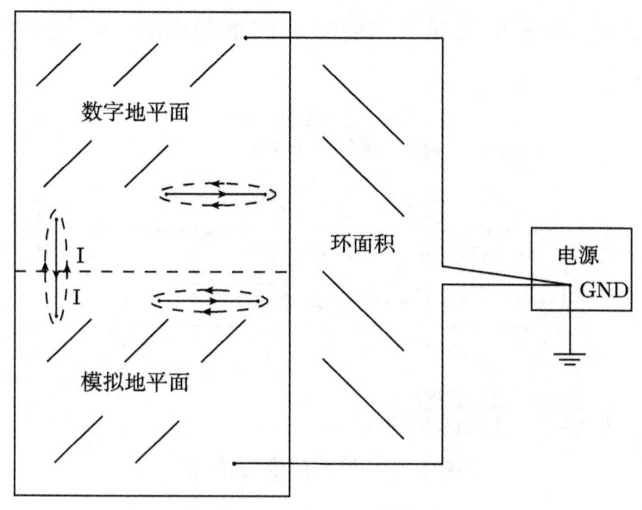

图 7.31 不开槽的做法

7.5.3 去耦电容

去耦电容用于过滤电源板上的高频电流，还能降低电流冲击的峰值，典型的高频去耦电容大小为 0.01 ~ 10μF。瓷片电容或多层瓷片电容高频特性较好，电解电容虽然电容量大，但高频特性不好。

1. 去耦电容的安放位置

去耦电容安放于电源与地之间，尽可能安放于器件边上，以尽量减小环路面积。

如图 7.32 所示的安装有大的环路面积，会导致大的差模辐射，甚至会导致大的共模电压 V_{gnd}。图 7.33 的安装则具有较小的环路面积。

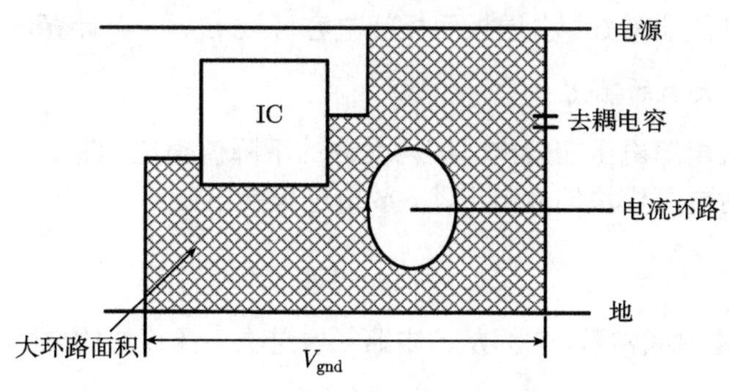

图 7.32 去耦电容的环路面积

一般在每个集成电路的电源、地之间都加一个去耦电容。在电源进入 PCB 的地方放一个 1μF 或 10μF 的高频去耦电容往往是有利的，即使用电池供电的系统也需要这种电容。

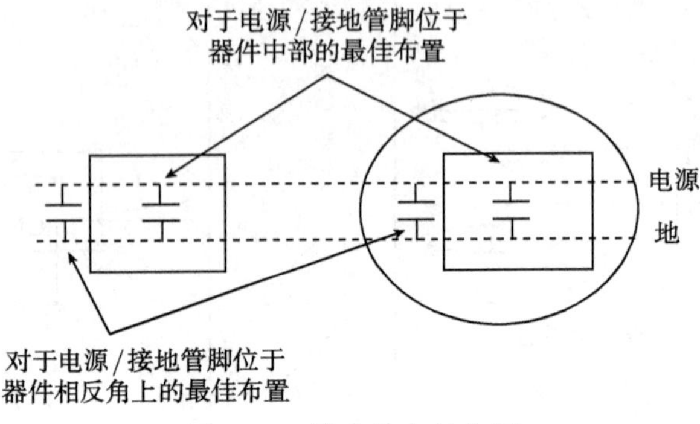

图 7.33 推荐的安装位置

2. 去耦电容的引线电感

由于引线电感的存在，产生自振频率 $\omega_0=\dfrac{1}{\sqrt{LC}}$，而电容器需工作在谐振频率以下。为提高谐振频率以上，所以引线需尽量短。对同样的引线电感，去耦电容数值就不能过大，它应小到使谐振频率 $\dfrac{1}{2\pi\sqrt{L_{\text{lead}}C}}$ 达到频谱的最高分量 $f_{\max}$。其中 $f_{\max}=\dfrac{1}{t_{\text{r}}}$，$t_{\text{r}}$ 为上升时间。

大的去耦电容有利于保持电源电压的稳定及有较好的滤波效果，但去耦电容数值过大使谐振频率降低，从而对高频成分不起作用。可使用两个去耦电容 ($C_1\gg C_2$)，分别针对低频和高频成分。比较常用的是取 $C_1=0.01\mu\text{F}$ 和 $C_2=100\text{pF}$。由于引线电感的存在，用两个电容并联与用一个 (C_1+C_2) 的大电容是不等价的。

电源层与地层的层间电容约为 100pF/in^2，这个去耦电容的优势是没有引线，在高速电路中性能非常好。多层板两板间电容可按 $C=\dfrac{\varepsilon A}{d}$ 计算。

3. 去耦电容大小的确定

原则上可按电源电压在规定时间内允许的下降值确定。图 7.34(a) 所示为去耦电容被充电后对电源模块的放电电路，放电过程的电压为

$$V_0-\Delta V=V_0\text{e}^{-\frac{\tau}{RC}} \tag{7.46}$$

其中，RC 为放电时间常数，R 为从放电路径看进去电源模块的电阻，通常为 100Ω。由式 (7.46) 可得

$$C=\frac{\tau}{R\ln\dfrac{V_0}{V_0-\Delta V}} \tag{7.47}$$

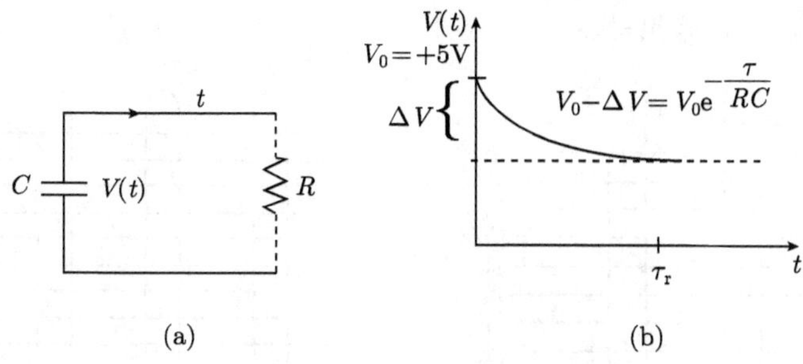

图 7.34 去耦电容的放电过程

例 +5V 的电源电压不允许在 1ns 时间内下降超过 0.1V，电源模块的 +5V 管脚和地管脚间的电阻为 100Ω，即 $\tau = 1\text{ns}$，$R = 100\Omega$，$V_0 = 5\text{V}$，$\Delta V = 0.1\text{V}$，由式 (7.47) 算得 $C = 495\text{pF}$。

7.5.4 系统的安排和连接

PCB 的电磁兼容设计对系统的安排和各子系统的连接上有以下注意事项：

(1) 外壳。塑料外壳易成型且便宜，但不能提供屏蔽，因而其 EMC 设计更需注意。常常在内部喷涂导电材料或嵌入导电纤维。

对金属外壳，很多小孔比几个大孔或几条长缝的屏蔽效能要好得多。

(2) 电源滤波器。从审美观点来看电源开关安在仪表的正面而电源滤波器安在背面是理想的，但这样从背面穿越到正面的裸露电源线易将信号带入电源线，并通过电源线辐射出去或传入 LISN, 造成产品的超标。实际开关可安在电源的背面，而在正面的 ON/OFF 按钮之间作一个机械连接。

(3) PCB 的数量和相互连接。一般情况下，只用一块 PCB 比用几块 PCB 而相互间用电缆连接更好，因为容易将各部分地之间的压降控制得更小。用几块 PCB 并通过电缆连接，电缆地阻抗容易造成不同板的地电位的差别，从而导致相应的共模发射。

(4) PCB 插入母板边沿上连接器。电缆中连线的安排也要尽量减小环路面积。

图 7.35 列出了连接线的两种安排。图 7.35(b) 的安排让每根信号线紧贴地线，显然，图 7.35(b) 比图 7.35(a) 的安排回流面积更小。

(5) 消除子系统之间的耦合 (去耦) 可通过铁氧体和共模扼流圈等。小型电机通常由驱动电路驱动，连接线上快速变化的电流会引起辐射，常用共模扼流圈抑制。

(6) 将 PCB 平行于底板放置并靠近底板也有利于防止电场噪声。按照电磁场边界条件，外来的干扰电场应垂直于底板，PCB 平行于底板放置时迹线平行于底板，垂直于电场，不易产生耦合。

(7) 避免非正常耦合回路，而这些回路往往存在于器件、导线、印刷线和插头的寄生电容与寄生电感和导纳。

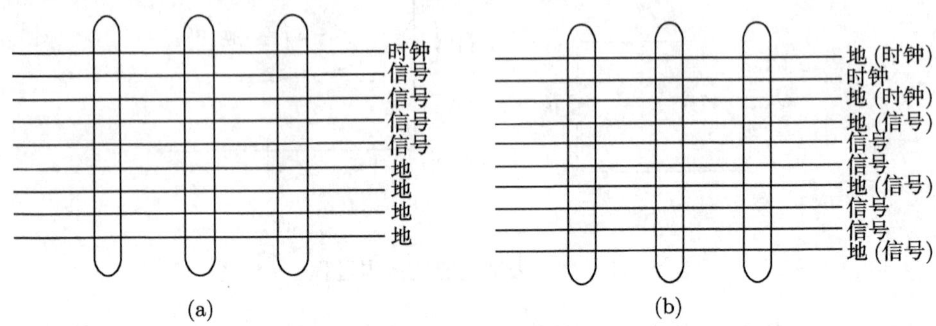

图 7.35　连接线安排的优劣

(8) 时钟电路是系统速度最高的元件，具有最高的频率成分。时钟电路与高频电路是主要的干扰源和辐射源，要单独安排，远离敏感电路。高频、高速时钟电路的布线要尽量靠近地平面。为减少谐波数目，不用不必要的高速或小上升下降沿的时钟脉冲。

(9) 设计时，先放置速度高的元件，然后布速度低一点的元件，速度越高的元件越远离连接器，如图 7.36 所示。

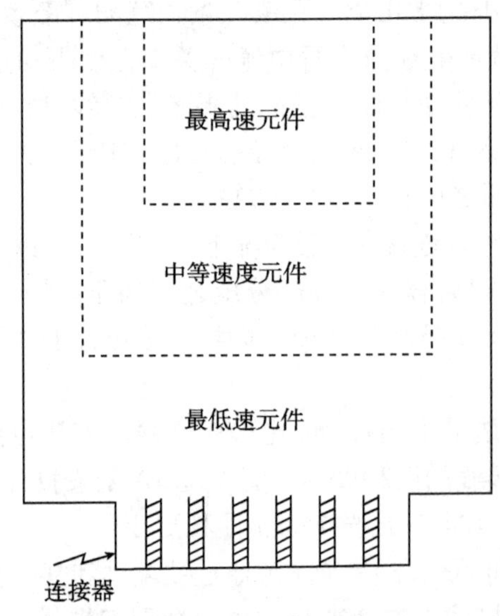

图 7.36　保持高速元件远离板外连接器

(10) I/O 电缆连接器尽量布在 PCB 的同一侧，可防止 PCB 两点之间的噪声电压驱动另一侧的电缆而成为电偶极天线。

(11) I/O 电路和连接器因为与电缆相连，其 EMI 和 EMS 问题往往比时钟电路还要严重。为此，一是要使带高频谐波分量的信号远离输出连接器，另一个是 I/O 电缆必须被屏蔽及接到干净的地。

图 7.37 是一个产生“安静的地”的布置，它仅通过一窄段导体与噪声信号的地相连，地噪声则不易进入这个寂静区，以消除潜在的电缆辐射的隐患。

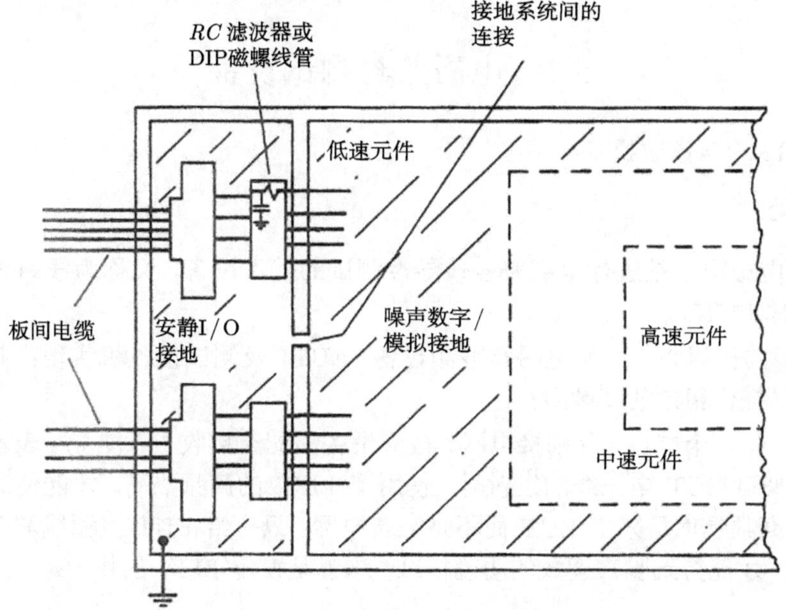

图 7.37 电缆连接器安排及“安静的地”

第 8 章　电磁兼容标准与测试

8.1　电磁兼容测试设备

8.1.1　LISN 与接收机

1. LISN

人工电源网络是进行电磁兼容传导性测试的基本设备，又称为线路阻抗稳定网络，简称 LISN。

LISN 的作用为：①使电网和被测设备 (EUT) 及测试接收机实现高频隔离；②为 EUT 提供稳定的高频阻抗。

LISN 有 3 个端口，分别接电网、被测设备和测量接收机。图 8.1 表示它的用法。测量来自 EUT 电源线的发射时，使用了 LISN 的高频隔离，才能使测试接收机测到的高频噪声是来自 EUT 而不是来自电网；只有给 EUT 电源线端口一个稳定的阻抗，才能得到噪声读数的明确标准；这就是使用 LISN 的作用。

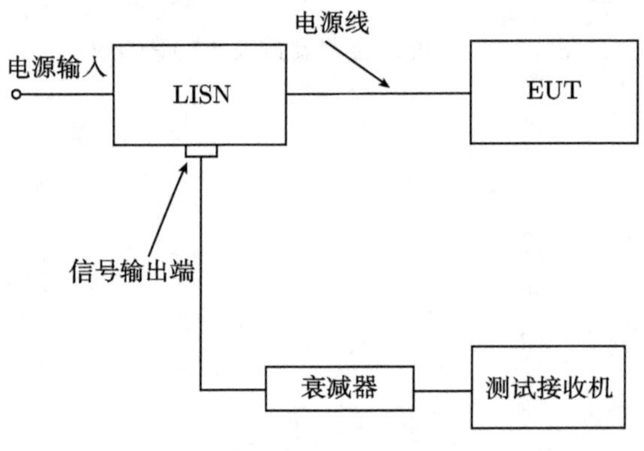

图 8.1　LISN 的用法

常用的 V 型人工电源网络有下列一些种类，适用于不同频段：

(1) 50Ω/50μH + 5Ω型：适于9 ~ 150kHz频段。

(2) 50Ω/50μH型：适于0.15 ~ 30MHz频段。

(3) 50Ω/50μH + 1Ω型：适于150kHz ~ 100MHz频段。

(4) 150Ω型：适于150kHz ~ 30MHz频段。

型号标称的阻抗值为面对 EUT 的阻抗，图 8.2 显示了一种型号的阻抗等效电路及阻抗–频率曲线。

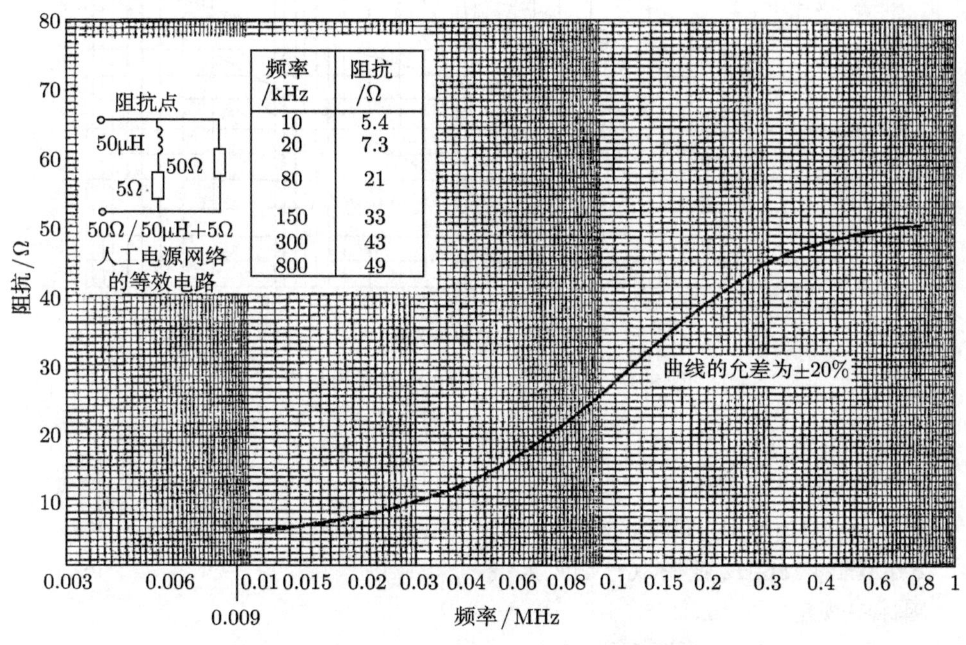

图 8.2 50Ω/50μH + 5Ω 型的阻抗曲线

2. 测试接收机

电磁兼容测试使用专用的测试接收机，测试时频率范围一般能覆盖 9 kHz~18 GHz。专用接收机与通用的频谱仪的差别主要在于接收机比频谱仪有更高的精度，更低的乱真响应；接收机带有峰值、准峰值和平均值检波器，而通用频谱仪一般只有峰值和平均值检波器。

一个简单的式子可以表达接收机的构成，即

通用频谱仪 + 预选器 + 6dB 中频滤波器 + 三种检波器 + 点频测试功能 + 高精度信号处理 = 接收机

目前，国标 GB-4824.1-84、国标 GB-4824.2-84 规定使用准峰值接收机，而国军标 GJB-151-86、GJB-152-86 则规定使用峰值接收机。图 8.3 显示了准峰值检波器与峰值检波器对脉冲干扰响应的差异。

8.1.2 测试天线

进行辐射发射或辐射敏感度测试时需使用规定的标准天线，而规定的天线在国标和军标中也有所不同。

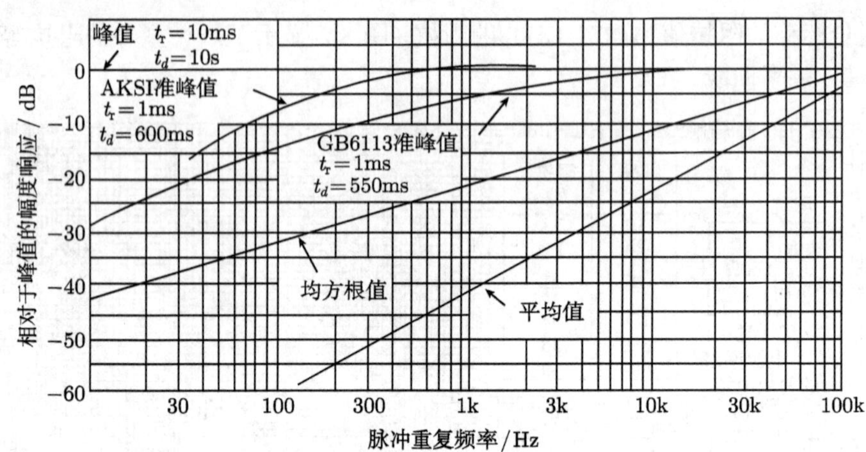

图 8.3 不同检波器对脉冲干扰的响应

军标中规定：

10 kHz~30MHz 使用拉杆天线；

30~200 MHz 使用双锥天线；

200 MHz~18GHz 使用双脊喇叭天线；

国标中规定：

10 kHz~30MHz 使用环天线；

30~200 MHz 使用双锥天线；

200~1000 MHz 使用对数周期天线。

图 8.4~ 图 8.7 为以上各种天线形状和摆法的示意图，测试时对 EUT(被测设备) 与天线、地面之间的水平、垂直距离都有具体的规定。

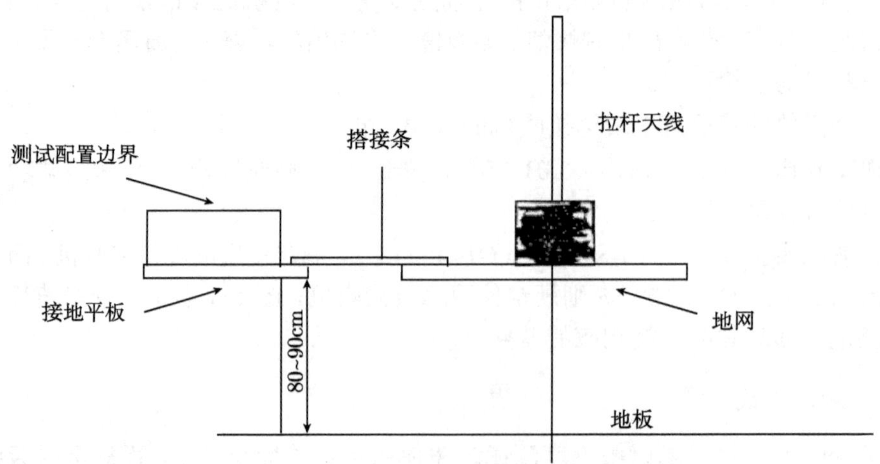

图 8.4 拉杆天线的 1m 法测量示意图

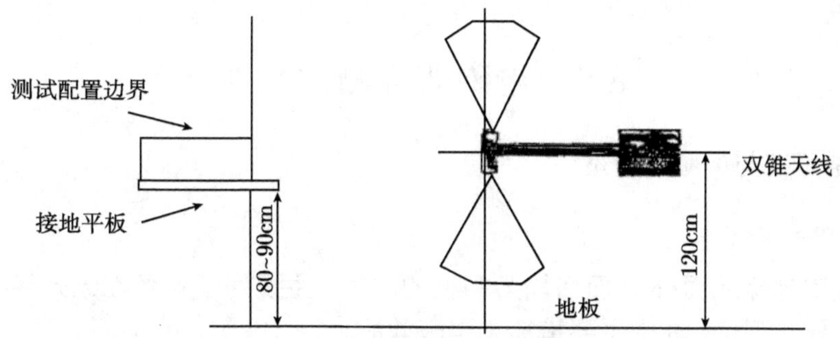

图 8.5 双锥天线测量示意图 (图中天线摆法为垂直极化)

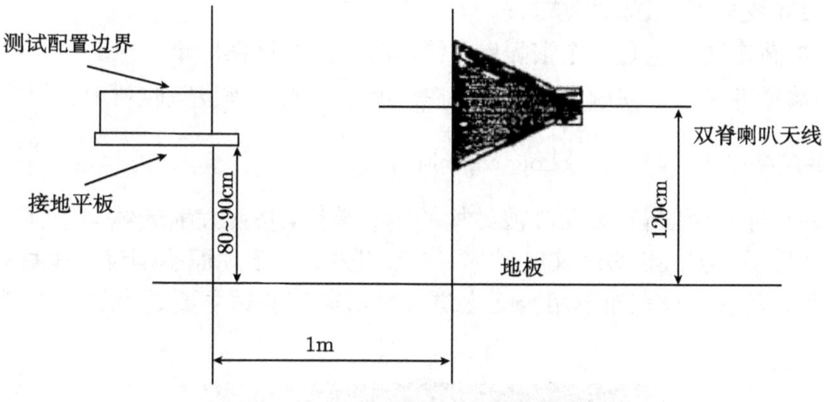

图 8.6 双脊喇叭天线测量示意图

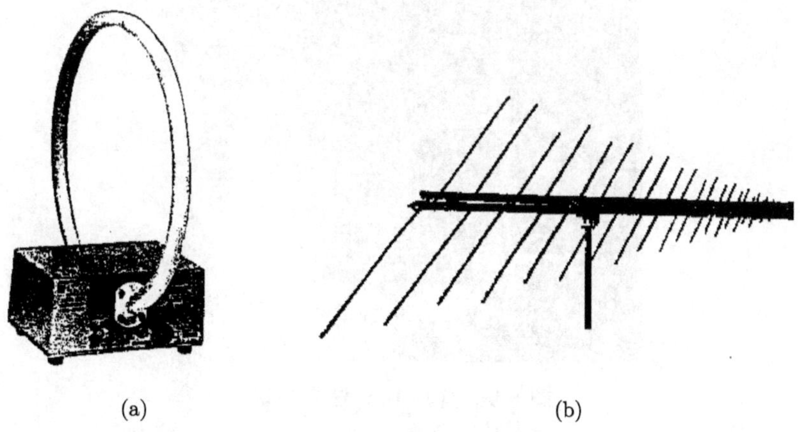

(a) (b)

图 8.7 环天线与对数周期天线

8.2　电磁兼容测试场地

8.2.1　屏蔽室与屏蔽半暗室

1. 屏蔽室

屏蔽室是除地面外 5 面墙均为钢板的房间，主要用于设备在无外界干扰状态下进行传导性测试，其中主要指标是屏蔽效能。

典型对屏蔽室屏蔽效能的要求是：对 30kHz 磁场为 30dB，对 30MHz 以上平面波为 100dB。

使用屏蔽室应注意的事项为：

(1) 屏蔽室同时也是一个谐振腔，使用时要避开谐振频率。

(2) 墙壁存在反射问题，必要时可在反射最大面上铺设吸收材料。

2. 屏蔽半暗室 (semi-anechoic chamber)

这是一种 6 面屏蔽、5 面吸波结构的电波暗室，按照发射天线与接收天线的水平距离分为 1m 法、3m 法、10m 法 (图 8.8) 几种。由于地面不铺设吸波材料，故称为半暗室。采取半暗室而不用全暗室进行电磁兼容测试主要是为了模拟开阔场的测试。

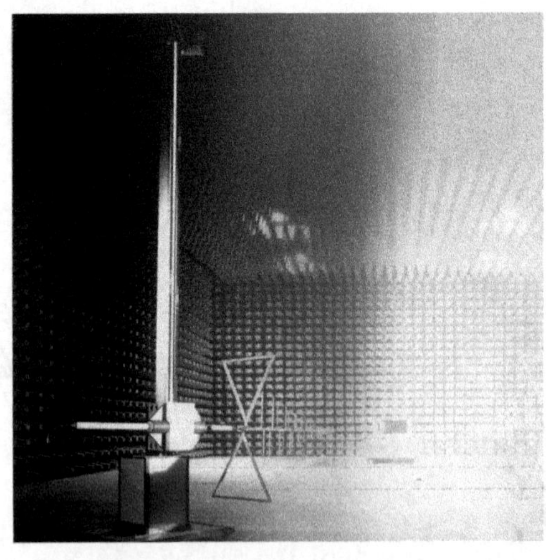

图 8.8　典型 10m 法半暗室

半暗室的 5 面墙壁都由钢板焊接后覆盖，主要对外来电磁波或磁场起屏蔽作用。在这 5 面的内壁铺设吸波材料是为了防止暗室内辐射体发出电波的反射，吸波材料设计的频率范围一般为 30MHz ~ 18GHz。半暗室的地面是金属平面而不铺设吸波材料，用于模拟开阔场的地平面。

半暗室的主要指标有：

(1) 屏蔽性能。同屏蔽室。

(2) 谐振频率。主要谐振频率低于 30MHz。

(3) 归一化场地衰减 (NSA)。测量值与 CISPR 标准差别为 4dB 以内。

归一化场地衰减是电磁兼容半暗室的重要指标，它全面地反映了地平面、墙体和吸波材料的性能。归一化场地衰减的定义为

$$\mathrm{NSA} = L/(F_{\mathrm{R}}^2 F_{\mathrm{T}}^2) \tag{8.1}$$

其中，$L = P_{\mathrm{T}}/P_{\mathrm{R}}$ 称为场地衰减；$F_{\mathrm{R}}, F_{\mathrm{T}}$ 分别为收、发天线的天线系数；P_{T} 为发射天线的发射功率，P_{R} 为固定水平距离下，接收天线在垂直高度 1~4m 扫描所得的最大功率。图 8.9 表示 NSA 测试的一个基本设置，图中天线为水平极化。

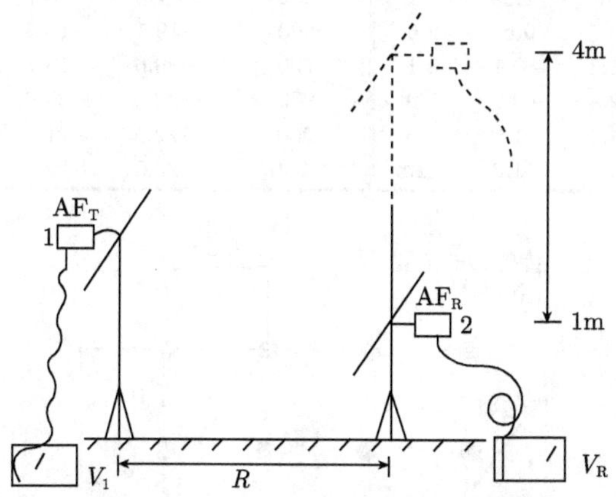

图 8.9　NSA 测试基本设置

式 (8.1) 中，L 与所用天线的参数有关。但 NSA 却与所用天线的参数无关，它是一个反映场地电波传播特性的量，其测试结果与 CISPR 的结果相差 4dB 以内为合格。

CISPR 的结果实际上是按一个纯金属面反射得出来的理论值，计算时假设其余 5 面均无反射，表 8.1 为其中的一例。如果实测的 NSA 值与 CISPR 的理论值有差别，则原因或来自金属地面不平整，不是一个理想的金属平面，或来自其他 5 个面有不可忽略的反射，因此 NSA 可以反映暗室中金属平面及其他反射面的质量。

CISPR 关于 NSA 的严格定义和计算公式参见附录 A。

(4) 场地均匀性。

场地均匀性也是屏蔽半暗室的一个指标。进行辐射敏感度测试时，需考察 EUT

在规定场强处的性能下降，由于 EUT 表面有一定面积，因此规定一个 1.5m×1.5m 的垂直表面作为测试区域，要求此区域中场强均匀。常用 16 点测试法，其中最接近的 12 个点之间的差别在 6dB 以内为合格。图 8.10 为测试示意图。

表 8.1　3m 法 NSA 的理论值

极化	水平	水平	垂直	垂直	极化	水平	水平	垂直	垂直
R/m	3	3	3	3	R/m	3	3	3	3
h_1/m	1	2	1	1.5	h_1/m	1	2	1	1.5
h_2/m	1~4	1~4	1~4	1~4	h_2/m	1~4	1~4	1~4	1~4
f_m/MHz		NSA_{TH}/dB			f_m/MHz		NSA_{TH}/dB		
30	15.8	11.0	8.2	9.3	160	−7.4	−6.7	−1.7	−3.7
35	13.4	8.8	6.9	8	180	−8.6	−7.2	−1.3	−5.3
40	11.3	7.0	5.8	7	200	−9.6	−8.4	−3.6	−6.7
45	9.4	5.5	4.9	6.1	250	−11.7	−10.6	−7.7	−9.1
50	7.8	4.2	4	5.4	300	−12.8	−12.3	−10.5	−10.9
60	5	2.2	2.6	4.1	400	−14.8	−14.9	−14.0	−12.6
70	2.8	0.6	1.5	3.2	500	−17.3	−16.7	−16.4	−15.1
80	0.9	−0.7	0.6	2.6	600	−19.1	−18.4	−16.3	−16.9
90	−0.7	−1.8	−0.1	2.1	700	−20.6	−19.7	−18.4	−18.4
100	−2.0	−2.8	−0.7	1.9	800	−21.3	−20.9	−20.0	−19.3
120	−4.2	−4.4	−1.5	1.3	900	−22.5	−21.9	−21.3	−20.4
140	−6.0	−5.8	−1.8	−1.5	1000	−23.5	−22.8	−22.4	−21.4

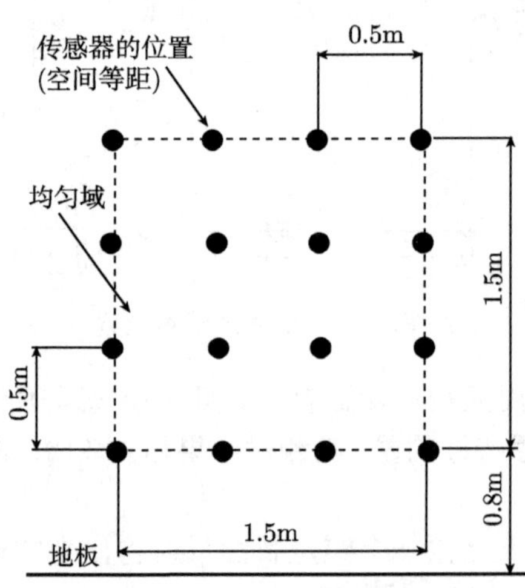

图 8.10　场地均匀性测试示意图

8.2.2　TEM 及 GTEM 小室

TEM 小室是一种传播横电磁波 (TEM 波) 的设备，其结构如图 8.11 所示。TEM 小室实际上是一种渐变的同轴传输线，其特性阻抗是 50Ω，有输入、输出两个端口，均接到 N 型接头上。

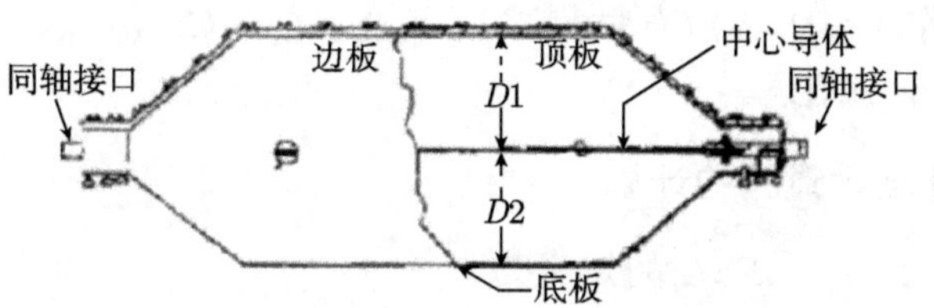

图 8.11 TEM 小室垂直截面图

TEM 小室出现的初衷是作 EMS 测试，因为它能提供较大骚扰场强，可达到 200V/m 左右，而且造价低廉，使用方便，不受外界干扰。

在 TEM 小室腔体内的电场可近似认为是均匀的，电力线垂直于中板。设端口输入功率为 P_{in}，则腔体内电场强度为

$$E = \frac{\sqrt{P_{\text{in}} Z_0}}{h} \tag{8.2}$$

其中，Z_0 为特性阻抗 50Ω，h 为中板与顶板的垂直距离。

TEM 小室的横向尺寸一般在几十 cm，由于受横向尺寸引起的谐振频率的限制，TEM 小室应用的频段为 DC- 一百多 MH_z。如果在其内部添加吸波材料，最高也只能达到 400MHz 左右。为提高工作频率，后来发展了一种吉赫兹横电磁波室，简称 GTEM 小室。

GTEM 小室是一种矩形锥同轴传输线结构, 与 TEM 小室类似，内部传输 TEM 波，特性阻抗也是 50Ω，但只有一个端口，另一端为吸波材料。GTEM 小室的工作频率一般能达到 3GHz 以上，尺寸一般长 4~8m，高 1~2m 不等，其外观如图 8.12 所示。GTEM 小室相比 TEM 小室除工作频率提高之外，放置 EUT 的空间也有所增大。GTEM 小室测试的 EUT 放在底板与中板之间 1/3 区域，这个区域的场强被认为是均匀的，原则上也可按式 (8.2) 计算腔体场强。

图 8.12 GTEM 小室外观

TEM 与 GTEM 小室现在除了作 EMS 测试外，近年来还发展了多种其他的测试功能。例如可作 EMI1 辐射发射测试、天线测试、RCS 测试、RFID 测试等，具体内容将在第 9 章中阐述。

附录 A：　归一化场地衰减的计算

按照 CISPR 16-1-4，NSA 的定义为

$$\mathrm{NSA}=V_{\mathrm{direct}}-V_{\mathrm{site}}-\mathrm{AF_R}-\mathrm{AF_T}-\Delta\mathrm{AF} \tag{A1}$$

其中，$\mathrm{AF_R}$ 和 $\mathrm{AF_T}$ 分别为收、发天线的天线系数。式中前两项为场地衰减，即

$$\mathrm{SA}=V_{\mathrm{direct}}-V_{\mathrm{site}} \tag{A2}$$

其中，V_{direct} 为不连接发、收天线，直接由信号源连至接收机所得的读数。V_{site} 为连接发、收天线后，接收天线处于场强最大值位置时接收机所得的读数, $\Delta\mathrm{AF}$ 为考虑天线互阻抗后的修正项。

按照场地衰减的定义，在不考虑互阻抗修正项时目前广泛采用的计算公式为

$$\mathrm{SA(dB)}=-20\log f_{\mathrm{M}}+48.92+\mathrm{AF_R(dB/m)}+\mathrm{AF_T(dB/m)}-E_{\mathrm{D}}^{\max}(\mathrm{dB\mu V/m})$$

或

$$\mathrm{NSA(dB)}=-20\log f_{\mathrm{M}}+48.92-E_{\mathrm{D}}^{\max}(\mathrm{dB\mu V/m}) \tag{A3}$$

其中，$E_{\mathrm{D}}=20\log\left(\sqrt{49.2}\cdot|\mathrm{factor}|\right)$ 为标准半波振子发射功率为 1pW 时接收天线处的场强，f 为以 MHz 为单位的频率，$\mathrm{AF_R}$ 为接收天线的天线系数，$\mathrm{AF_T}$ 为发射天线的天线系数，factor 为位置因子，它决定于发收天线的相对位置、极化方式和反射面的反射系数。

$$\mathrm{factor}=\begin{cases}\dfrac{\mathrm{e}^{-\mathrm{j}\beta d_1}}{d_1}+\rho_{\mathrm{h}}\dfrac{\mathrm{e}^{-\mathrm{j}\beta d_2}}{d_2} & (\text{对水平极化})\\[2ex] \dfrac{R^2\mathrm{e}^{-\mathrm{j}\beta d_1}}{d_1^3}+\rho_{\mathrm{V}}\dfrac{R^2\mathrm{e}^{-\mathrm{j}\beta d_2}}{d_2^3} & (\text{对垂直极化})\end{cases} \tag{A4}$$

当 factor 的幅值处于最大值的 E_{D}，即为 $E_{\mathrm{D}}^{\max}$。|factor| 的幅值具体表达式为

$$\mathrm{factor_H}=\frac{\{d_2^2+d_1^2|\rho_{\mathrm{h}}|^2+2d_1d_2|\rho_{\mathrm{h}}|\cos[\varphi_{\mathrm{h}}-\beta(d_2-d_1)]\}^{\frac{1}{2}}}{d_1d_2} \tag{A5}$$

$$\mathrm{factor_V}=\frac{R^2\{d_2^6+d_1^6|\rho_{\mathrm{h}}|^2+2d_1^3d_2^3|\rho_{\mathrm{h}}|\cos[\varphi_{\mathrm{V}}-\beta(d_2-d_1)]\}^{\frac{1}{2}}}{d_1^3d_2^3} \tag{A6}$$

$E_{\rm D}$ 的幅值具体表达式为

$$E_{\rm DH}=\frac{\sqrt{49.2}\{d_2^2+d_1^2|\rho_{\rm h}|^2+2d_1d_2|\rho_{\rm h}|\cos[\phi_{\rm h}-\beta(d_2-d_1)]\}^{\frac{1}{2}}}{d_1d_2} \tag{A7}$$

$$E_{\rm DV}=\frac{\sqrt{49.2}R^2\{d_2^6+d_1^6|\rho_{\rm h}|^2+2d_1^3d_2^3|\rho_{\rm h}|\cos[\phi_{\rm V}-\beta(d_2-d_1)]\}^{\frac{1}{2}}}{d_1^3d_2^3} \tag{A8}$$

其中，h_1,h_2,R,γ 如图 A1 所示，$d_1=[R^2+(h_1-h_2)^2]^{\frac{1}{2}}$，$d_2=[R^2+(h_1+h_2)^2]^{\frac{1}{2}}$。

$$\rho_{\rm h}=\frac{\sin\gamma-(\varepsilon_{\rm r}-{\rm j}60\lambda\sigma-\cos^2\gamma)^{\frac{1}{2}}}{\sin\gamma+(\varepsilon_{\rm r}-{\rm j}60\lambda\sigma-\cos^2\gamma)^{\frac{1}{2}}},$$

$$\rho_{\rm V}=\frac{(\varepsilon_{\rm r}-{\rm j}60\lambda\sigma)\sin\gamma-(\varepsilon_{\rm r}-{\rm j}60\lambda\sigma-\cos^2\gamma)^{\frac{1}{2}}}{(\varepsilon_{\rm r}-{\rm j}60\lambda\sigma)\sin\gamma+(\varepsilon_{\rm r}-{\rm j}60\lambda\sigma-\cos^2\gamma)^{\frac{1}{2}}}$$

分别为斜入射时水平极化波和垂直极化波的反射系数；$\sigma,\varepsilon_{\rm r}$ 为地板的电导率和相对介电常数。

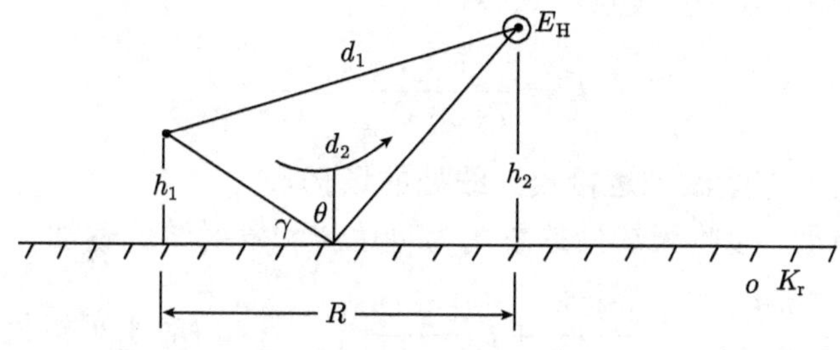

图 A1 发、收坐标示意图

式 (A3) 可由互易定理得到，过程如下：

发射天线信号到达接收点的直达波场强为

$$E=\sqrt{30G_{\rm T}P_{\rm T}}\frac{{\rm e}^{-{\rm j}\beta d}}{d} \tag{A9}$$

其中，$P_{\rm T}=I^2R_{\rm A}$，$R_{\rm A}$ 为发射天线阻抗。于是

$$E=\frac{I}{d}\sqrt{30G_{\rm T}R_{\rm A}}\frac{{\rm e}^{-{\rm j}\beta d}}{d} \tag{A10}$$

图 A2 为发射端示意图，由互易定理可得流过发射端的电流如式 (A11) 所示 (Calculation of Site Attenuation from Antenna Factors. IEEE Transactions on EMC, 1982, 24(3))。

$$I=\frac{V}{50{\rm AF_T}}\frac{\pi}{\lambda}\left(\frac{120}{GR_{\rm A}}\right)^{\frac{1}{2}} \tag{A11}$$

式 (A11) 的条件是发射机阻抗 $Z_{\mathrm{T}}=50\Omega$。将式 (A11) 代入式 (A10) 得

$$E=\frac{V}{\mathrm{AF_T}}\frac{\pi}{50\lambda}(120\times30)^{\frac{1}{2}} \tag{A12}$$

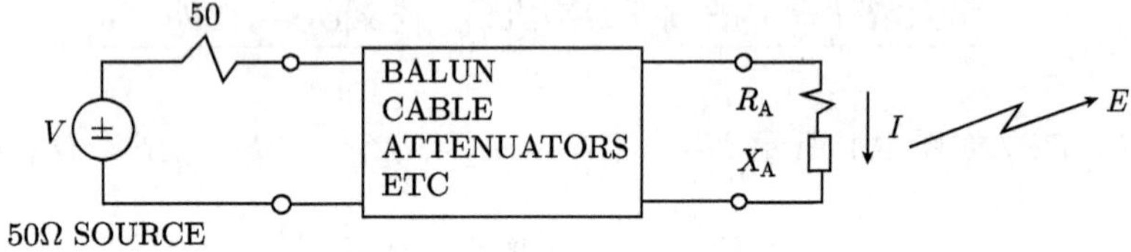

图 A2　发射天线系统等效电路

代入 $\lambda=\dfrac{300}{f_{\mathrm{M}}}$，可得

$$E=\frac{Vf_{\mathrm{M}}}{\mathrm{AF_T}}\frac{\pi}{50\times300}(120\times30)^{\frac{1}{2}}\frac{\mathrm{e}^{-\mathrm{j}\beta d}}{d} \tag{A13}$$

其中，f_{M} 为以兆赫兹为单位的频率，即

$$E=\frac{Vf_{\mathrm{M}}}{79.58\mathrm{AF_T}}\frac{\mathrm{e}^{-\mathrm{j}\beta d}}{d} \tag{A14}$$

此为发射天线信号直达波到达接收天线处的场强。

考虑镜像原理，接收天线处的总场为直达波和发射波的叠加，于是有

$$\begin{cases} E_{\mathrm{H}}=\dfrac{Vf_{\mathrm{M}}}{79.58\mathrm{AF_T}}\left(\dfrac{\mathrm{e}^{-\mathrm{j}\beta d_1}}{d_1}+\rho_{\mathrm{h}}\dfrac{\mathrm{e}^{-\mathrm{j}\beta d_2}}{d_2}\right) & (\text{对水平极化}) \\ E_{\mathrm{V}}=\dfrac{Vf_{\mathrm{M}}}{79.58\mathrm{AF_T}}\left(\dfrac{R^2\mathrm{e}^{-\mathrm{j}\beta d_1}}{d_1^3}+\rho_{\mathrm{V}}\dfrac{R^2\mathrm{e}^{-\mathrm{j}\beta d_2}}{d_2^3}\right) & (\text{对垂直极化}) \end{cases} \tag{A15}$$

如果将场强归一化到发射功率为 1pW 的标准半波振子在相同接收点产生的场强中，对半波振子，$G_{\mathrm{T}}=1.64$，$\sqrt{30G_{\mathrm{T}}P_{\mathrm{T}}}=\sqrt{49.2}\times10^{-6}\mathrm{V}=\sqrt{49.2}\mu\mathrm{V}$，于是有

$$E_{\mathrm{D}}=\sqrt{49.2}\cdot\mathrm{factor}(\mu\mathrm{V/m}) \tag{A16}$$

式 (A14) 可写为

$$E=\frac{Vf_{\mathrm{M}}}{79.58\mathrm{AF_T}\sqrt{49.2}}E_{\mathrm{D}} \tag{A17}$$

按照场地衰减的定义

$$\mathrm{SA}=\frac{V_{\mathrm{I}}}{V_{\mathrm{R}}} \tag{A18}$$

当发射机与接收机阻抗相等时

$$V_{\mathrm{I}}=\frac{V}{2} \tag{A19}$$

其中，V 为信号发生器的开路电压。

$$V_{\mathrm{R}} = \frac{E}{\mathrm{AF_R}} \tag{A20}$$

$\mathrm{AF_R}$ 为与巴伦为一整体的接收天线系数。于是

$$\mathrm{SA} = \frac{V \cdot \mathrm{AF_R}}{2E} \tag{A21}$$

代入式 (A17)，得

$$\mathrm{SA} = \frac{79.58\mathrm{AF_R} \cdot \mathrm{AF_T}\sqrt{49.2}}{2f_{\mathrm{M}}E_{\mathrm{D}}^{\max}} = \frac{279.1\mathrm{AF_R} \cdot \mathrm{AF_T}}{f_{\mathrm{M}}E_{\mathrm{D}}^{\max}} \tag{A22}$$

对数形式为

$$\mathrm{SA(dB)} = -20\log f_{\mathrm{M}} + 48.92 + \mathrm{AF_R(dB/m)} + \mathrm{AF_T(dB/m)} - E_{\mathrm{D}}(\mathrm{dB\mu V/m}) \tag{A23}$$

$$\mathrm{NSA(dB)} = -20\log f_{\mathrm{M}} + 48.92 - E_{\mathrm{D}}(\mathrm{dB\mu V/m}) \tag{A24}$$

于是得到前面式 (A3)。

8.3 电磁兼容标准与测试

8.3.1 标准的制定

1. 国际组织

TEC(国际电工委员会) 为电磁兼容国际标准化的主要组织。其中 CISPR(国际无线电干扰特别委员会) 和 TC77 (第 77 技术委员会) 为制定基础标准的两大组织，其制定的标准由 TEC 中央办公室发布，并推荐给各成员国在各自的国家标准中采纳。

2. 标准体系

标准体系分基础标准、通用标准和产品类标准三类。

基础标准 (basic standard) 是制定其他 EMC 标准的基础，一般不涉及具体的产品。它规定了现象、环境特性、试验仪器和测量方法，也可以规定不同的试验等级和相应的试验电平。如 CISPR 16 系列，IEC 61000-4 系列等。

通用标准 (generic standard) 规定了一系列标准化的试验方法与要求，并指出这些方法和要求适用的环境。通用标准是给定环境中所有产品的最低要求，如果某种产品没有制定标准，可以使用通用标准。

通用标准将环境分 A,B 两大类，A 类适用于工业环境，B 类适用于居民区、商业区和轻工业区环境。

产品类标准针对某种产品规定了特殊的电磁兼容要求 (发射与抗扰度限值) 及详细的测量程序。

为得到电磁兼容标准的具体概念，图 8.13 和图 8.14 给出了两个通用标准。

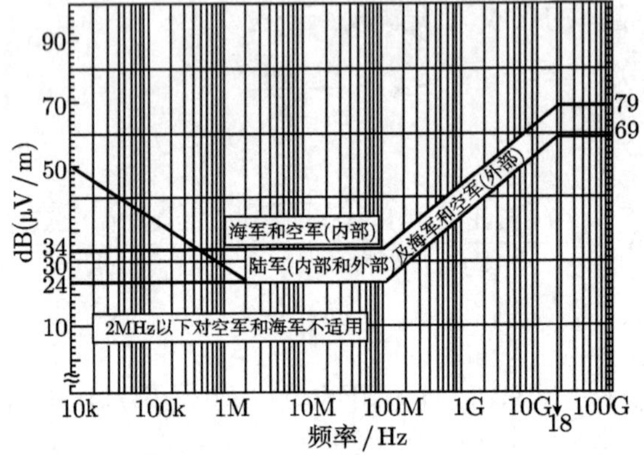

图 8.13　标准 RE102-2(GJB151A-97)，适用于飞机和空间系统的 RE102 极限

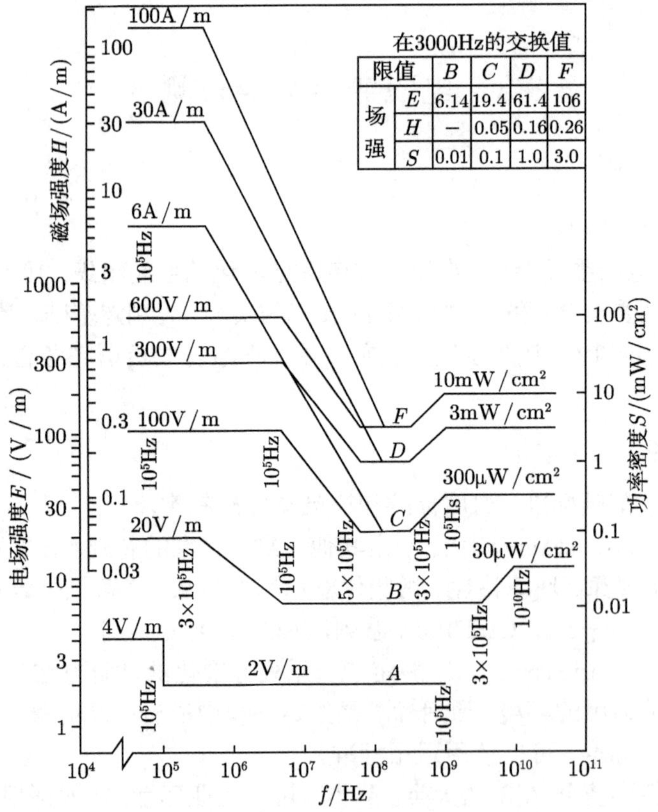

图 8.14　GB4824-1996，电磁辐射的安全限值

8.3.2 国军标及测试方法简介

本节以国军标的一些典型标准为例介绍相关的电磁兼容测试方法。

CE102：10kHz～10MHz 电源线传导发射。图 8.15 为相应的测试配置图，其中 LISN 的作用在 8.1.1 节中已述。

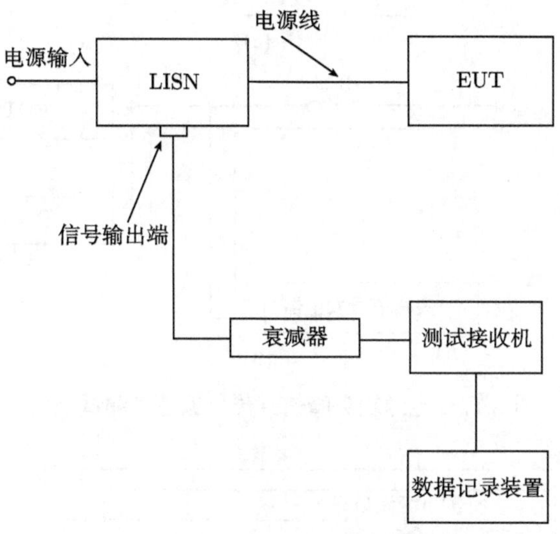

图 8.15 CE102 电源线传导性发射测试

CS101：25Hz～50kHz 电源线传导敏感度。测试配置如图 8.16 所示，干扰信号通过耦合变压器耦合到 EUT 的电源线上，干扰信号为正弦波，图中耦合方式为串联耦合。

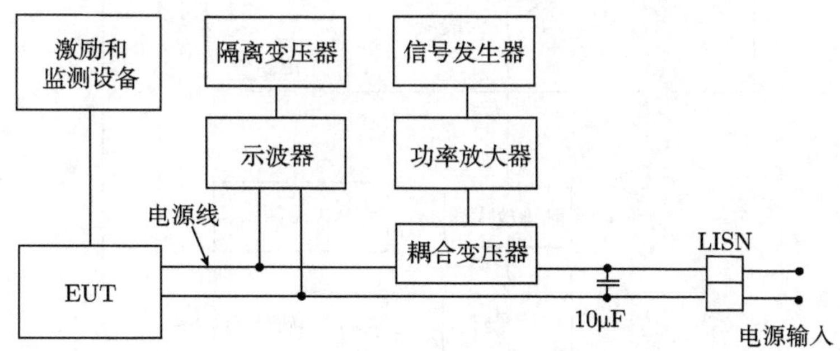

图 8.16 CS101：25Hz～50kHz 电源线传导敏感度

CS106：电源线尖峰信号传导敏感度。测试配置如图 8.17 所示，由尖峰信号发生器注入干扰信号，其中图 8.17(a) 为串联输入，图 8.17(b) 为并联输入。

RS103：10kHz～40GHz 电场辐射敏感度。测试配置如图 8.18 所示，其发射天线按频段不同选择 8.1.2 节所示的相应类型。

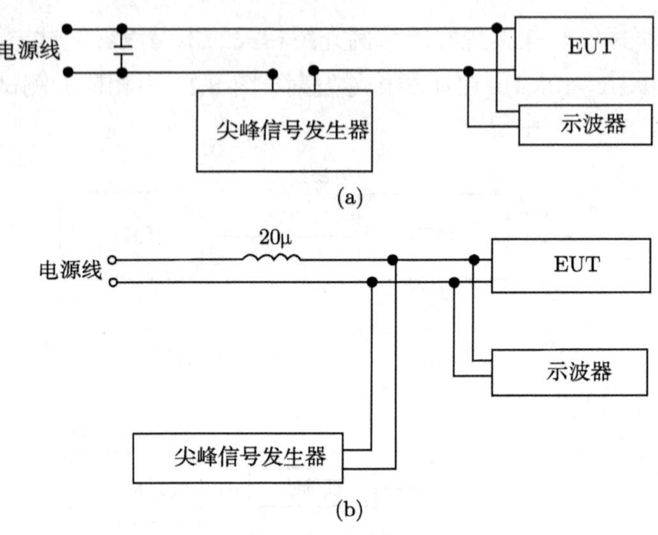

图 8.17　电源线尖峰信号传导敏感度测试配置

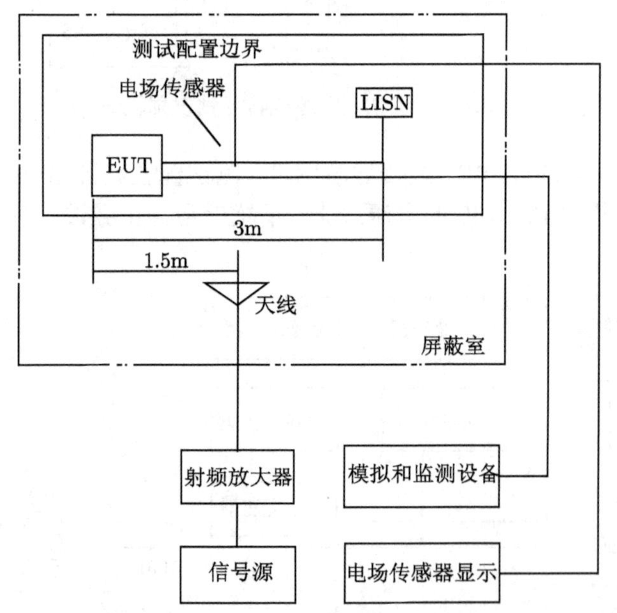

图 8.18　RS103: 10kHz~40GHz 电场辐射敏感度测试配置

RE102：10kHz~18GHz 电场辐射发射。天线和相关配置在 8.1.2 节已有介绍，对 30MHz 以上频率，天线都取水平极化和垂直极化两个方向。

第 9 章　GTEM 小室的应用

GTEM 小室发明的初衷是作 EMS 测试，但近年来经过深入的研究，发现 GTEM 小室在电磁兼容领域除可作 EMS 测量外，还可作辐射 EMI 测试。另外 GTEM 小室在天线测试，雷达散射截面测试，甚至在射频识别 (RFTD) 等其他领域都有多方面的应用。本章介绍这方面的研究进展及测试原理。

9.1　电磁兼容测量

9.1.1　EMS 测量

它造价低廉，使用方便，不受外界干扰，并能提供较大干扰场强。GTEM 端口输入功率 P_{in} 与腔内电场强度关系为

$$E = \frac{\sqrt{P_{\text{in}} Z_0}}{h} \tag{9.1}$$

其中，Z_0 为 GTEM 小室的特性阻抗，h 为中板到底板的高度，测试时 EUT 尽量放在 $\frac{1}{3}h$ 均匀区。

式 (9.1) 是假设腔体内的电场均匀时的电场表达式，如果考虑到不均匀性，还有一种更准确的表达为

$$E(y) = \sqrt{P_{\text{in}}} \cdot e_{0y}(y) \tag{9.2}$$

其中，$e_{0y}(y)$ 为 GTEM 小室零阶模式场的 y 分量，其表达式见 9.1.2 节。

9.1.2　辐射 EMI 测量

传统的辐射发射测试时在开阔场 (OATS) 中进行，但随着电磁环境的恶化，寻找无电磁污染的开阔场已越来越困难。因此大多辐射发射测试都在半暗室中进行，但电磁兼容半暗室造价较高。近年来 GTEM 小室也发展用作 EMI 测试，其测试的思路是如何将在 GTEM 小室的测试结果等效到开阔场的结果上。

用 GTEMi 小室作辐射 EMI 测试最大的优点在于设备的廉价，另外一个优点是在 GTEM 小室中作 EMI 测试其实比在电磁兼容暗室中的测试还要方便和简单，而且测试不受外界环境的干扰。目前这个方法主要针对电小尺寸的辐射体。

将 GTEM 小室的测试结果等效到开阔场的方法是 Wilson 在 20 世纪末首先提出的。其思路是将一个电小尺寸的辐射体用一个等效电偶矩和一个磁偶矩来代替，

测试时首先用辐射体在 GTEM 小室中的输出数据将它的等效电偶矩 (EDM) 和磁偶矩 (MDM) 反演出来，然后用辐射体的等效电偶矩和磁偶矩通过电、磁偶极的辐射公式计算它在开阔场任意方位和距离上的辐射场。电小尺寸的辐射体等效为电偶极和磁偶极的根据见附录 A。

用 GTEM 小室中的输出数据反演 EUT 的等效电、磁偶矩有不同的方法，如 Wilson 法、线性法、TOP 法等，这些方法基于对 EUT 的一些假设不同。Wilson 法要求测试过程中 EUT 摆放 9 个位置，线性法要求摆放 6 个位置，TOP 法要求摆放 3 个位置。但有一点目前各种方法都是相同的，就是它们的适用条件都是针对电小尺寸的辐射体。

1. 辐射体的后向输出功率

图 9.1 为 GTEM 小室截面图。放在腔体内的辐射体在 GTEM 端口后向功率波为

$$b_0 = -\frac{1}{2}\left(P_y + \mathrm{j}k_0 M_x\right) e_{0y}(y) \tag{9.3}$$

其中，P_y，M_x 是辐射体的等效偶极矩在 GTEM 小室坐标的相应分量，$e_{0y}(y)$ 为模式场在辐射体原点 $\bar{o}$ 上的值，GTEM 小室坐标参见图 9.1。

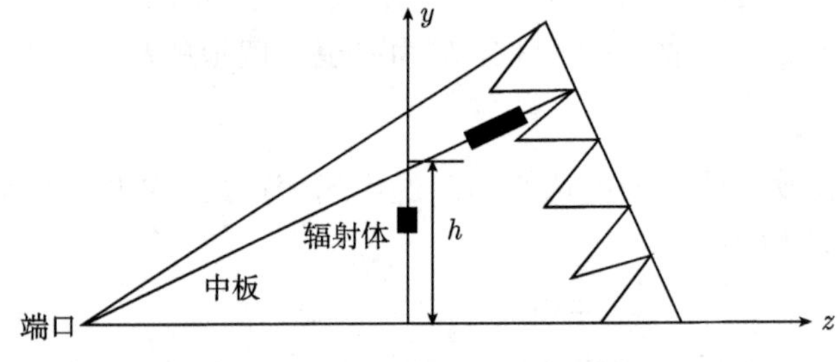

图 9.1　GTEM 小室截面图

$$e_{0y}(y) = \frac{2}{a} Z_0^{1/2} \sum_{m=1,3,5,\cdots} \frac{\cosh\left(\dfrac{m\pi}{2a} y\right)}{\sinh\left(\dfrac{m\pi}{2a} h\right)} \cdot \sin\left(\frac{m\pi}{2a} a\right) J_0\left(\frac{m\pi}{2a} g\right) \tag{9.4}$$

式中，a 和 g 分别为辐射体正上方处中板的半宽度和中板与侧板的间隙，Z_0 与 h 含义同式 (9.1)。b_0 与中、底板之间的电压关系为

$$|b_0|^2 = \frac{V_0^2}{Z_0} \tag{9.5}$$

式 (9.3) 来源可参见《导波场论》(柯林，1966)。

2. *反演方法*

各种反演方法的目标都是通过测试端口后向输出功率的值由式 (9.3) 反求辐射体的等效电、磁偶距。但由于等效电、磁偶距共有 6 个分量并且等效电、磁偶距之间可能有一定的位相差，则需要测试 EUT 在多个位置摆放的输出功率值才能进行反演。

反演需要摆放的位置决定于一些假设条件。在 Wilson 最初提出的方法中，假设了等效电、磁偶距之间的位相差为 0，使 $|b_0|^2$ 的表达式中会出现等效电偶矩和磁偶矩的交叉相乘项，为此需要摆放 9 个位置，并会碰到不自洽的问题，数学上比较麻烦。而假设电、磁偶距之间的位相差为 $\dfrac{\pi}{2}$ 的话，式 (9.3) 可以产生一个简单的线性方程组，这就是所谓的线性法。实验证明线性法得到的结果的准确性丝毫不亚于最初的 9 位置法。以下介绍的是线性法的原理与做法。

设附着于 EUT 上的局部坐标系为 (x',y',z')，反演的目标是求得 $(P_{x'},P_{y'},P_{z'})$ 和 $(M_{x'},M_{y'},M_{z'})$6 个分量。

当 P' 与 M' 相位差假设为 $\dfrac{\pi}{2}$ 时，式 (9.3) 变为

$$b_0=|b_0|=-\frac{1}{2}(P_y+k_0M_x)e_{0y}(y_0) \tag{9.6}$$

采取 EUT 的摆法 1 为 $(x,y,z)\sim(x',y',z')$，摆法 2 为 $(x,y,z)\sim(y',z',x')$，摆法 3 为 $(x,y,z)\sim(z',x',y')$。可得线性方程组

$$\begin{cases}-\dfrac{1}{2}(P_{y'}+k_0M_{x'}\cos\alpha+k_0M_{z'}\sin\alpha)e_{0y}(\vec{o})=b_{1\alpha}\\-\dfrac{1}{2}(P_{z'}+k_0M_{y'}\cos\alpha+k_0M_{x'}\sin\alpha)e_{0y}(\vec{o})=b_{2\alpha}\\-\dfrac{1}{2}(P_{x'}+k_0M_{z'}\cos\alpha+k_0M_{y'}\sin\alpha)e_{0y}(\vec{o})=b_{3\alpha}\end{cases} \tag{9.7}$$

其中，α 为图 9.2 的 3 种摆法中初始位置逆时针绕 GTEM 小室的 y 轴旋转的角度，如图 9.3 所示。只要在每种摆法中取 2 个 α 位置进行测试，式 (9.7) 即成为 6 个方程的线性方程，从而很方便地解出等效电、磁偶距的 6 个未知分量。一般 α 可取 0 和 $\dfrac{\pi}{4}$。

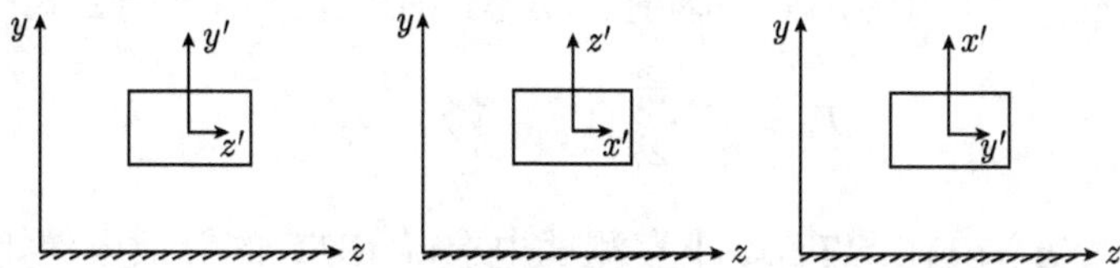

图 9.2 几种摆法 EUT 坐标与 GTEM 小室坐标的对应

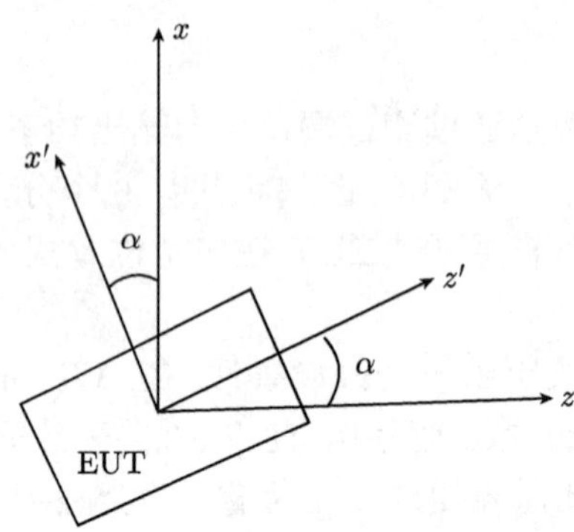

图 9.3　摆法 1 为例的 α 示意图

3. TOP 法

以上反演方法都是基于同时考虑 EUT 的等效电偶矩和磁偶距。但是从附录 A 的推导过程可以发现电偶矩是 EUT 等效的零级近似，而等效磁偶矩仅仅是 EUT 等效的一级近似，因此仅仅用等效电偶矩代替 EUT 不失为一个更简单的近似方法。如果 EUT 仅仅用等效电偶矩代替，式 (9.3) 将变为更加简单的形式，只需将 EUT 按图 9.2 的 3 个正交位置各摆放一次测试则可，而且等效电偶矩的各个分量与测试结果是一一对应关系，不需要解方程的过程。此方法曾被 IEC 推荐作为 EUT 辐射发射标准测试方法。由于此方法只需 3 个正交位置，故又称为 TOP(three orthogonal position) 法。

TOP 法的电偶矩分量与端口输出功率之间的关系为

$$\begin{cases} \dfrac{V_1^2}{Z_0} = \dfrac{1}{4}P_{x'}^2 e_{0y}^2 \\ \dfrac{V_2^2}{Z_0} = \dfrac{1}{4}P_{y'}^2 e_{0y}^2 \\ \dfrac{V_3^2}{Z_0} = \dfrac{1}{4}P_{z'}^2 e_{0y}^2 \end{cases} \tag{9.8}$$

其中，V_1，V_2 和 V_3 分别为 EUT 的 x' 轴、y' 轴和 z' 轴与 GTEM 小室 y 轴重合时的端口输出电压。由式 (9.8) 很容易通过测试 V_1，V_2 和 V_3 得到 EUT 的 3 个等效电偶矩分量 $(P_{x'}, P_{y'}, P_{z'})$。

如果仅求在开阔场中 EUT 的辐射总功率，则可直接用下列公式：

$$P_0 = \frac{40k_0^2}{e_{0y}^2 Z_c}(V_1^2 + V_2^2 + V_3^2) \tag{9.9}$$

无论用哪种方法，在 GTEM 小室测试中求得 EUT 的等效电偶矩和等效磁偶距，均能用电偶极和磁偶极在半空间的辐射公式求得 EUT 在任意方位摆放，接收天线在任意距离，任意极化方向的开阔场中的接收场强，以开阔场的标准衡量 EUT 的辐射发射。

附录 A： 辐射体的等效电、磁偶矩

图 A1 表示电小尺寸辐射体 EUT 的远场。设辐射体内部具有电流密度 $\vec{J}$，辐射体中心离场点距离为 r，当 r 远大于辐射体尺寸时，辐射体在接收点 R 产生的矢势为

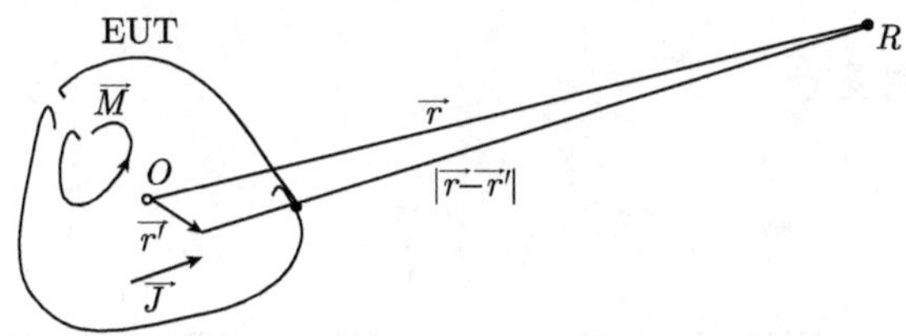

图 A1 电小尺寸辐射体的远场

$$\vec{A}=\frac{\mu_0}{4\pi}\int\limits_V \vec{J}(\vec{r}')\frac{\mathrm{e}^{-\mathrm{j}k_0|\vec{r}-\vec{r}'|}}{|\vec{r}-\vec{r}'|}\mathrm{d}V \tag{A1}$$

近似地，$|\vec{r}-\vec{r}'|\approx r-\hat{r}\cdot\vec{r}'$，式 (A1) 变为

$$\vec{A}\approx\frac{\mu_0}{4\pi}\frac{\mathrm{e}^{-\mathrm{j}k_0 r}}{r}\int\limits_V \vec{J}(\vec{r}')\mathrm{e}^{\mathrm{j}k_0\hat{r}\cdot\vec{r}'}\mathrm{d}V \tag{A2}$$

对电小尺寸 EUT，$\mathrm{j}k_0\hat{r}\cdot\vec{r}'$ 是小量，则有

$$\begin{aligned}\vec{A}\approx&\frac{\mu_0}{4\pi}\frac{\mathrm{e}^{-\mathrm{j}k_0 r}}{r}\int\limits_V \vec{J}(\vec{r}')(1+\mathrm{j}k_0\hat{r}\cdot\vec{r}')\mathrm{d}V\\ =&\frac{\mu_0}{4\pi}\frac{\mathrm{e}^{-\mathrm{j}k_0 r}}{r}\int\limits_V \{\vec{J}+\frac{1}{2}\mathrm{j}k_0[(\hat{r}'\times\vec{J}')\times\hat{r}+(\hat{r}\cdot\vec{r}')\vec{J}+(\hat{r}\cdot\vec{J})\vec{r}']\}\mathrm{d}V\end{aligned} \tag{A3}$$

经过矢量和张量运算后，式 (A3) 最终可化为

$$\vec{A}=\frac{\mu_0}{4\pi}\frac{\mathrm{e}^{-\mathrm{j}k_0 r}}{r}\left\{\vec{P}-\mathrm{j}k_0\hat{r}\times\vec{M}+\frac{1}{2}\mathrm{j}k_0\overleftrightarrow{Q}\cdot\hat{r}\right\} \tag{A4}$$

其中，$\vec{P}=\int\limits_V \vec{J}(\vec{r'})\cdot\mathrm{d}V$ 为电偶极矩；$\vec{M}=\frac{1}{2}\int\limits_V [\vec{r'}\times\vec{J}(r')]\cdot\mathrm{d}V$ 为磁偶极矩；$\overleftrightarrow{Q}$ 为电四极矩 (3×3 张量)，其分量为 $Q_{\alpha\beta}=\int\limits_V [\alpha' J_\beta(\vec{r'})+\beta' J_\alpha(\vec{r'})]\mathrm{d}V(\alpha,\beta=x,y,z)$。

由此可见求辐射体远场时它近似等效于一个电偶极子、一个磁偶极子和一个电四极子。由式 (A3) 可见电偶矩项来自矢势的零级近似，而磁偶矩和电四极矩项均来自一级近似项 $\mathrm{j}k_0\hat{r}\cdot\vec{r'}$。

9.2　在天线和散射领域的测量

9.2.1　天线测量

1. 天线系数的测量

天线系数的定义为

$$\mathrm{AF}=\frac{E}{V} \tag{9.10}$$

其中，E 为天线所在位置场强，V 为 50Ω 标准接收器测得的天线的端口电压。

由于 GTEM 小室很容易产生定量的场强，而且不受外界干扰，因此是测量天线系数的一个非常方便和实用的设备。将被测天线置入腔体中，天线端口连接频谱仪即可进行测试。

2. 辐射总功率的测量

GTEM 也可以用于作为通信设备辐射总功率 (TRP) 的检测设备，其测试方法和过程与 9.1 节作电磁兼容辐射发射方法相同。首先通过线性法反演出 EUT 的等效电偶矩 $\vec{P}$ 与等效磁偶矩 $\vec{M}$，然后则用下列公式求出其自由空间中的辐射总功率

$$P_0=10k_0^2\left(\left|\overline{P}\right|^2+k_0^2\left|\overline{M}\right|^2\right) \tag{9.11}$$

其中，k_0 为自由空间波数。

TRP 的定义为

$$P_0=\frac{1}{2}\oiint\limits_S(\vec{E}\times\vec{H}^*)\cdot\mathrm{d}\vec{S} \tag{9.12}$$

式 (9.11) 可由电偶极与磁偶极的远场公式代入式 (9.12) 得到。

如果用 9.1.2 节中的 TOP 法，辐射总功率可直接用式 (9.9) 求得。

3. 天线增益的测量

在 GTEM 小室进行天线增益的测试方法如下：用信号源在 GTEM 小室端口输入已知的功率 P_{in}，待测天线放在 GTEM 小室确定位置上，天线的端口连接到频谱仪测试其输出功率。输出旋转天线的方位，记下最大方位上的天线输出功率值 P_{out} 。

设天线在 GTEM 小室所在位置中板与底板的场强为 h，GTEM 小室特性阻抗为 Z_0，由 P_{in} 可得天线所在位置的电场有效值为

$$E=\frac{\sqrt{Z_0P_{\text{in}}}}{h} \tag{9.13}$$

天线的接收功率 P_{out} 与接收点场强的关系为

$$P_{\text{out}}=\frac{E^2}{120\pi}A_{\text{e}} \tag{9.14}$$

其中，A_{e} 为天线的等效接收面积，$A_{\text{e}}=\dfrac{\lambda}{4\pi}G$，$G$ 为天线增益。联立式 (9.13) 与式 (9.14) 并代入 $Z_0=50\Omega$，可得天线最大方向的增益为

$$G=\frac{9.6\pi^2h}{\lambda^2}\cdot\frac{P_{\text{out}}}{P_{\text{in}}} \tag{9.15}$$

式 (9.15) 即为 GTEM 小室测量增益的最终表达式。

9.2.2 电小尺寸散射体的 RCS 测量

一个电小尺寸的散射体在自由空间的散射截面 (RCS) 可巧妙地通过其在 GTEM 小室中的反射系数得到，其公式为

$$\sigma=4\pi\left(\frac{60k_0}{e_{0y}^2}\cdot\varGamma\right)^2 \tag{9.16}$$

其中，反射系数 $\varGamma=\dfrac{U_{\text{re}}}{U_0}$，$U_0$ 为 GTEM 小室端口输入电压，U_{re} 为回波电压。

式 (9.16) 来源如下。当散射体被置入 GTEM 腔体 (图 9.4)，在端口输入功率时，场在散射体中引起诱导电流，带有诱导电流的散射体等效成电偶矩 $\vec{P}$ 和磁偶矩 $\vec{M}$。假设 $\vec{P}$ 与 GTEM 小室 y 轴的夹角为 θ_y，$\vec{M}$ 与 GTEM 小室 x 轴的夹角为 ψ_x，其重新辐射在端口的后向功率波，见式 (9.3)，为

$$b_0=-\frac{1}{2}\left[P\cos\theta_y+\mathrm{j}k_0M\cos\psi_x\right]e_{0y}(\overline{o}) \tag{9.17}$$

则

$$U_{\text{re}}=\sqrt{|b_0^2|Z_0}=\frac{1}{2}|P\cos\theta_y+\mathrm{j}k_0M\cos\psi_x|e_{0y}(\overline{o})\sqrt{Z_0} \tag{9.18}$$

在 GTEM 小室的入射场为

$$E_{\text{i}}=\frac{U_0}{h} \tag{9.19}$$

其中，U_0 为端口输入电压。

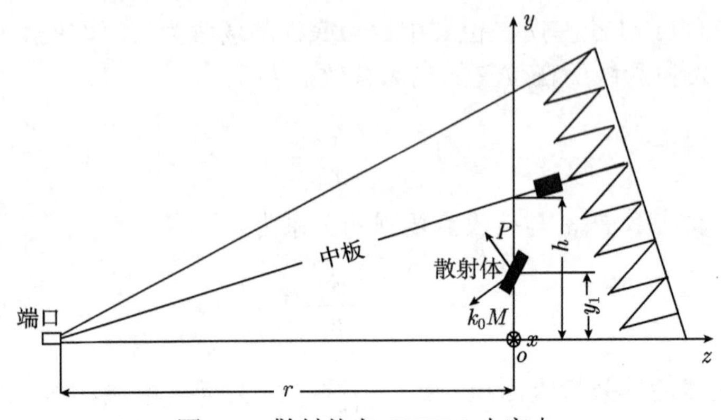

图 9.4 散射体在 GTEM 小室中

在自由空间，如果有相同的入射场 $\vec{E_{\rm i}}$ 到达散射体，将在散射体中引起相同的诱导电流或相同的电、磁偶矩。诱导电流的重新辐射可按电、磁偶在自由空间的辐射公式计算，计算模型如图 9.5 所示，其中散射体的摆向以及等效电磁偶矩均与 GTEM 小室相同，$\vec{P}$ 与 y 轴的夹角仍为 θ_y，$\vec{M}$ 与水平方向 x 轴的夹角仍为 ψ_x。

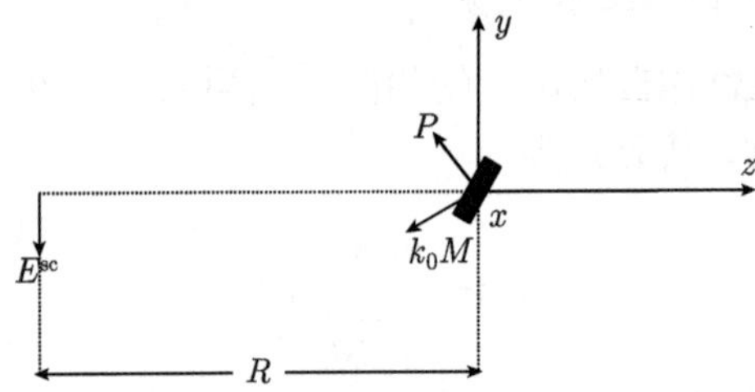

图 9.5 自由空间散射体的方位

经计算，图 9.5 方位的电、磁偶极的辐射远场垂直分量 $\vec{E}^{\rm sc}$ 的结果为

$$|E^{\rm sc}| = \frac{30k_0}{R}|{\rm j}P\cos\theta_y - {\rm j}k_0M\cos\psi_x| \tag{9.20}$$

比较式 (9.20) 与式 (9.18)，可发现对相同的入射场，有

$$|E^{\rm sc}| = \frac{60k_0 \cdot U_{\rm re}}{R \cdot e_{0y} \cdot \sqrt{Z_0}} \tag{9.21}$$

结合式 (9.19)，自由空间的返回散射截面则为

$$\sigma = 4\pi R^2 \left|\frac{E^{\rm sc}}{E^{\rm i}}\right|^2 = 4\pi\left(\frac{60k_0}{e_{0y}^2} \cdot \frac{U_{\rm re}}{U_0}\right)^2 \tag{9.22}$$

则得到式 (9.16)。具体作测试时，直接将网络分析仪接在 GTEM 小室端口上即可获得式 (9.16) 中的反射系数，然后按式 (9.16) 即可算出自由空间的雷达返回散射截面。

9.3 在 RFID 领域的测量

9.3.1 读写距离测量

射频识别 (RFID) 系统的一个重要参量是读写距离。对无源标签而言，读写距离即读写器发出的信号通过这个距离能达到标签的开启场强。

在 GTEM 小室端口的输入功率为 P_{in}，置于 GTEM 小室内的标签处的场强为

$$E = \frac{\sqrt{P_{\text{in}} Z_0}}{h} \tag{9.23}$$

其中，h 为标签位置中板与底板间的距离，Z_0 为 GTEM 小室特性阻抗。

若要标签能够正常响应，则需要

$$E \geqslant E_{\text{tag,th}} \tag{9.24}$$

其中，$E_{\text{tag,th}}$ 为标签的开启场强。要达到开启场强，端口输入功率的最小值为

$$P_{\text{in,min}} = \frac{E_{\text{tag,th}}^2 \cdot h^2}{Z_0} \tag{9.25}$$

在自由空间中，若读写器的等效全向发射功率为 EIRP，通过距离 r 远处的场强为

$$E = \frac{\sqrt{30 \cdot \text{EIRP}}}{r} \tag{9.26}$$

其中，$\text{EIRP} = P_{\text{T}} \cdot G$，$P_{\text{T}}, G$ 分别为读写器天线的发射功率和增益。

令自由空间和 GTEM 小室中的标签都达到相同的场强 $E_{\text{tag,th}}$，由式 (9.23) 和式 (9.25) 可得自由空间读写距离与 GTEM 端口最小输入功率值的关系为

$$R = h\sqrt{\frac{30 \cdot \text{EIRP}}{P_{\text{in,min}} Z_0}} \tag{9.27}$$

式 (9.27) 为用 GTEM 小室测试读写距离的最终关系式。测试时，读写器接在 GTEM 小室端口上，仔细调节读写器输入功率，记下标签开启的最小功率值 $P_{\text{in,min}}$，即可通过式 (9.27) 计算读写距离。

9.3.2 Delta RCS 测量

Delta RCS 是 RFID 标签的一个重要参数，本节首先了解无源标签的工作过程。

图 9.6 所示是无源标签工作时的等效电路。读写器天线向标签发出调制信号，由读写器信号控制，等效电路中芯片的阻抗在 Z_1 和 Z_2 之间来回变换。设 V_0 为标签被载频信号激起的开路电压，对应阻抗 Z_1 或 Z_2，等效电路中的电流为

$$I_{1,2} = \frac{V_0}{Z_{\mathrm{A}} + Z_{1,2}} \tag{9.28}$$

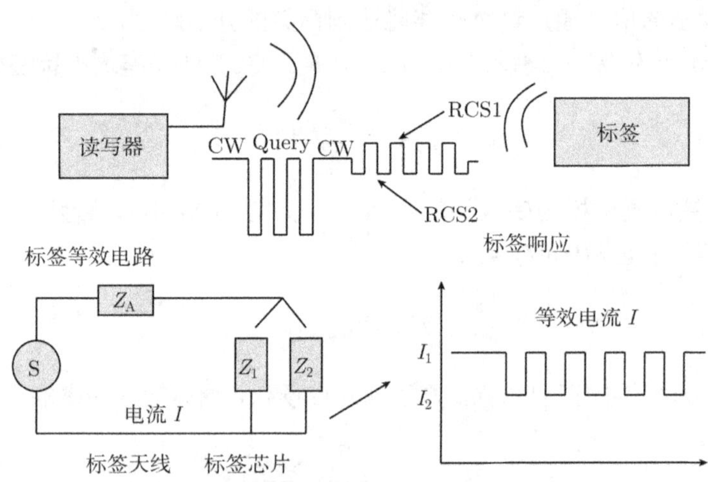

图 9.6　被动式 RFID 系统工作原理图

电流 I_1 与 I_2 通过标签天线的重新辐射将形成标签的散射场。两种不同电流状态之间的变化规律，形成了满足 RFID 协议的标签返回信号的 "1" 或者 "0" 编码，从而完整地实现标签和读写器之间的通信。

标签 Delta RCS 的定义为

$$\Delta\sigma = \frac{G\Delta P}{S_{\mathrm{i}}} \tag{9.29}$$

其中，S_{i} 为入射到标签的功率流密度，G 为标签天线增益，ΔP 为标签以电流矢量差 $(I_1 - I_2)$ 通过标签天线重新辐射回去的功率，即

$$\Delta P = \frac{1}{2}\left|I_1 - I_2\right|^2 R_{\mathrm{a}} G \tag{9.30}$$

其中，R_{a} 为标签天线阻抗 Z_{A} 的实部。

如果读写器在 GTEM 小室和自由空间给散射体施加相同幅度及相同调制规律的入射场 E_{i}，标签天线将产生相同的电流 $(I_1 - I_2)$。$(I_1 - I_2)$ 使标签天线等效为电偶矩为 $\vec{P}$ 的电偶极子和磁偶矩为 $\vec{M}$ 的磁偶极子的组合，类似于 9.2.2 节的推导过程，可得到与一般散射体 RCS 完全类似的表达式

$$\Delta\sigma = 4\pi\left(\frac{60k_0}{e_{0y}^2} \cdot \frac{U_{\mathrm{re}}}{U_0}\right)^2 \tag{9.31}$$

其中，$U_{\mathrm{re}} = \sqrt{\Delta P \cdot Z_0}$，$\Delta P$ 可在读写器读得。式 (9.31) 为 GTEM 小室用于测量被动式 RFID 标签的 Delta RCS 的基本依据。测量时，读写器通过环形器接到 GTEM 小室端口上，环形器用于区分入射功率和反射功率。测试设置如图 9.8 所示，用读写器测得输出功率与返回功率即可由式 (9.31) 得到标签的 Delta RCS 。

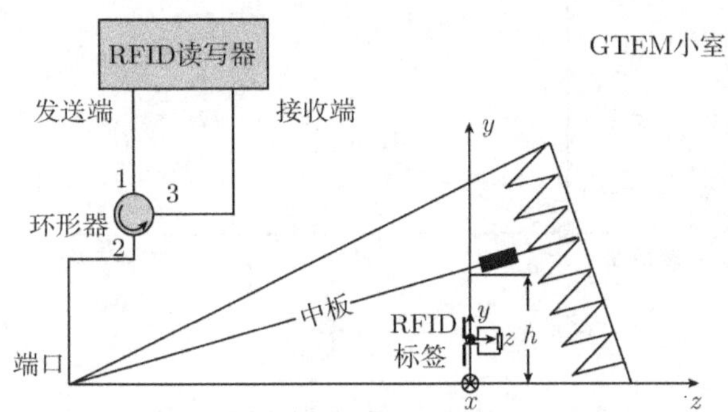

图 9.7 GTEM 室中的 RFID 标签 Delta RCS 测试设置图

9.3.3 标签方向性的测量

在自由空间或暗室对标签进行方向性测试时，读写器的发、收天线普遍为垂直电偶子天线。测试的坐标如图 9.8 所示，测试时，标签或绕 y 轴作水平旋转，或绕 z 轴作垂直旋转。对于这种测试，可以论证如果图 9.8 中的 $h = 0$，即标签与读写器天线处于同一水平线时，测出的方向图与将标签置于 GTEM 小室测出的方向图是一致的。

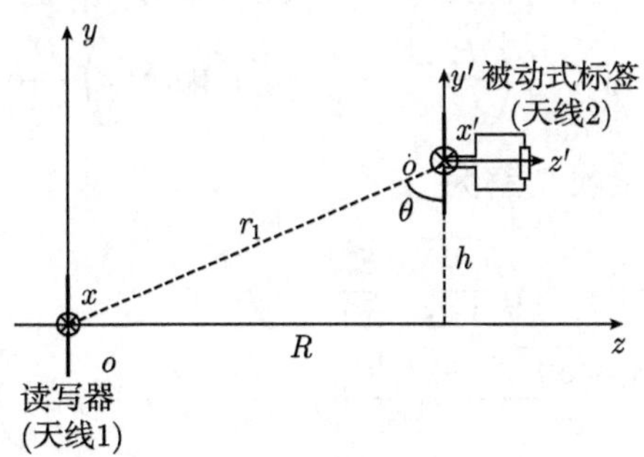

图 9.8 自由空间中读写器与被动式标签的相对位置及坐标关系

在自由空间中，设读写器天线为天线 1，被动式标签天线为天线 2。读写器发出信号到达标签，将在标签天线上引起诱导电流，对于满足电小尺寸的标签天线，可以近似用一个等效电偶矩、一个等效磁偶矩来等效。

在自由空间中，假设标签诱导电流的等效电磁偶距为 (P_x, P_y, P_z) 和 (M_x, M_y, M_z)，向读写器接收天线重新辐射时，由于垂直电偶极天线只接收 y 方向上的电场，所以只有 P_y, P_z, M_x 对电偶极天线的接收功率有贡献，如图 9.9 的坐标所示。

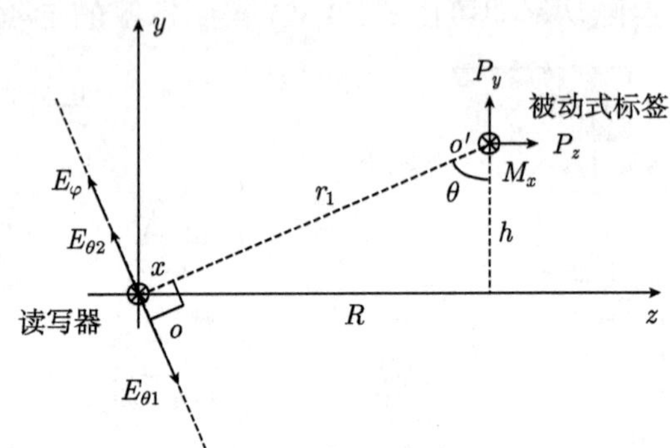

图 9.9　等效电、磁偶极的辐射电场

按照电、磁偶极辐射远场公式，P_y, P_z, M_x 在 O 产生的电场分别为

$$\begin{cases} E_{\theta,P_y} = \mathrm{j}30k_0P_y\sin\theta\dfrac{\mathrm{e}^{-\mathrm{j}k_0r_1}}{r_1} \\ E_{\theta,P_z} = \mathrm{j}30k_0P_z\cos\theta\dfrac{\mathrm{e}^{-\mathrm{j}k_0r_1}}{r_1} \\ E_{\phi,M_x} = 30k_0^2M_x\dfrac{\mathrm{e}^{-\mathrm{j}k_0r_1}}{r_1} \end{cases} \tag{9.32}$$

产生的总场的 y 分量为

$$\begin{aligned} E_y &= -E_{\theta,P_y}\sin\theta + E_{\theta,P_z}\sin\theta + E_{\phi,M_x}\sin\theta \\ &= -\mathrm{j}30k_0\left(\frac{R}{r_1}P_y - \frac{h}{r_1}P_z + \mathrm{j}k_0M_x\right)\frac{R}{r_1^2}\mathrm{e}^{-\mathrm{j}k_0r_1} \end{aligned} \tag{9.33}$$

垂直电偶极天线的接收功率为

$$\begin{aligned} |b_{0\mathrm{dipole}}| &= \sqrt{P_\mathrm{R}} = \sqrt{\frac{G}{480}}\frac{\lambda|E_y|}{\pi} \\ &= \frac{\lambda k_0\sqrt{30\cdot G}}{4\pi}\cdot\left|\left(\frac{R}{r_1}P_y - \frac{h}{r_1}P_z + \mathrm{j}k_0M_x\right)\frac{R}{r_1^2}\mathrm{e}^{-\mathrm{j}k_0r_1}\right| \end{aligned} \tag{9.34}$$

如果把同一个的标签置于 GTEM 中，读写器给 GTEM 的端口输出功率，标签的返回功率由 GTEM 室端口输出并通过环形器返回读写器，如图 9.10 所示。由标签的等效电偶矩与等效磁偶矩重新辐射在端口引起的功率为

$$|b_{0,\mathrm{GTEM}}| = \left|-\frac{1}{2}\left(P_y + \mathrm{j}k_0M_x\right)\cdot e_{0y}(\overline{o})\right| \tag{9.35}$$

自由空间的式 (9.34) 当 $h=0$ 时简化为

$$\left|b_{0,\mathrm{dipole}}\right| = \frac{\lambda k_0\sqrt{30\cdot G}}{4\pi R}\cdot\left|P_y+\mathrm{j}k_0M_x\right| \tag{9.36}$$

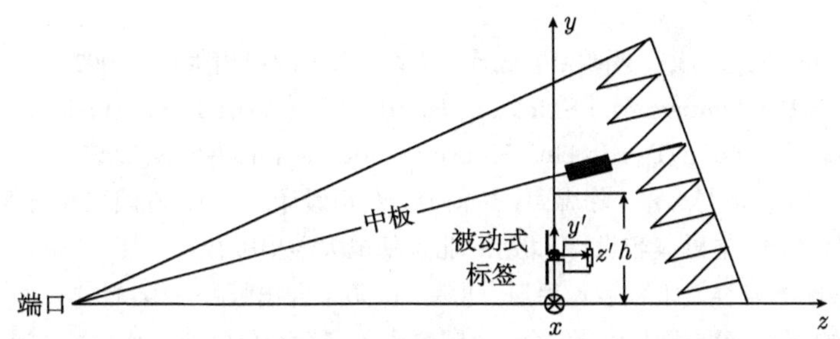

图 9.10 GTEM 室中读写器与被动式标签的相对位置及坐标关系

假设在 GTEM 小室和在暗室中标签的初始位置都按同一个方位摆放，读写器的垂直电偶极天线发出的电场到达标签是垂直极化的，GTEM 小室到达标签处的电场也是垂直极化的，两种设备中产生标签的诱导电流仅仅是强度上不同，而电流分布是相同的，即式 (9.34) 与式 (9.35) 的等效电、磁偶矩仅仅相差一个与标签方位无关的比例系数。通过比较式 (9.34) 与式 (9.35) 可以发现，当读写器的输入功率给定，标签在原位置旋转时，对于式 (9.35) 与式 (9.34) 而言，$|b_0|$ 的变化均只与 $|P_y+\mathrm{j}k_0M_x|$ 有关，其他均为常量。在两个场地上在标签在同一个旋转角度上，$|P_y+\mathrm{j}k_0M_x|$ 是相同的，返回功率仅差一个比例系数。由此可以得到以下结论，对于被动式 RFID 标签的方向性测试而言，GTEM 室的测试结果和自由空间中使用电偶极天线进行等高测试时的方向图是完全相同的，从而在 GTEM 小室也可以进行标签方向图的测试。

如果暗室的测试标签与读写器天线不处于同一水平线，即 $h\neq 0$，测出的方向图与 GTEM 小室测出的方向图不完全一致，但实验结果表明，测出的方向图还是近似相同的。

参 考 文 献

[1] 蔡仁钢. 电磁兼容原理、设计和预测技术. 北京: 北京航空航天大学出版社，1997

[2] 区健昌，林守霖，吕英华. 电子设备的电磁兼容性设计，理论与实践. 北京: 电子工业出版社，2010

[3] 电磁兼容导论 (第二版)，闻映红，等译，北京: 人民邮电出版社，2007

[4] Anatoly T. Electromagnetic Shielding Handook for Wired and Wieless EMC Applications Boston/London/Dordrecht: Kluwer academic publishers, 1999

[5] Morrison, R. 接地与屏蔽. 陈志雨，宋海峰，龚莉媛译. 北京: 机械工业出版社, 2006

[6] 白同云, 吕晓德. 电磁兼容设计. 北京: 北京邮电大学出版社，2001

[7] 陈穷, 等. 电磁兼容性工程设计手册. 北京: 国防工业出版社，1993

[8] 全国无线电干扰标准化技术委员会，全国电磁兼容标准化联合工作组，中国实验室国家认可委员，电磁兼容标准实施指南. 中国标准出版社，1999

[9] 全国无线电干扰标准化技术委员会 E 分会. 电磁兼容国家标准汇编. 北京: 中国标准出版社，1998

[10] Mark I M. 电磁兼容和印刷电路板理论、设计和布线. 刘元安, 等译. 北京: 人民邮电出版社，2002

[11] 巴拉尼斯. 天线理论: 分析与设计. 北京: 电子工业出版社，1988

[12] 杨恩耀，杜加聪. 天线. 北京: 电子工业出版社，1984

[13] 廖承恩. 微波原理技术基础. 西安: 西安电子科技大学出版社，1994

[14] 孔金欧. 电磁波理论. 吴季, 等译. 北京: 电子工业出版社，2003

[15] Latham R W. Small holes in cable shields. EMP Interaction Notes 118. 1972

[16] Smith A A, German R F, Pate J B. Calculation of site attenuation from antenna factors. IEEE Transactions on Electromagn. Compat., 1982, 24(3): 301-316

[17] Kurokawa K. Power waves and the scattering matrix. IEEE Transactions on Microwave Theory and Techniques, 1965, 13(2): 194-202

[18] Chen C C. Transmission of microwave through perforated flat plate of finite thickness, IEEE Transactiions on Microwave Theory and Techniques, 1973, 21(1): 1-6

[19] German R F, Ott H W, Paul C. Effects of an image plane on printed circuit board radiation. IEEE International Symposium on Electromagnetic Compatibility, 1990: 284-291

[20] Edward F V. Shielding effectiveness of braided-wire shields. IEEE Transactions on Electromagnetic Compatibility, 1975, 17(2): 71-77

[21] P Wilson. On correlating TEM cell and OATS emission measurements. IEEE Trans. Electromagn. Compat., 1995, 37(1): 1-16

[22] Chen Z Y, Ren L H, Xue Q Z, et al. Linear method of EMI measurement in a GTEM cell. International Journal of Electronics, 2005, 92(2): 109-115

[23] Xing S G, Li S F, Hong W J, et al. Using GTEM cell to measure RCS of electrically small scatterers. IEEE Antennas and Wireless Propagation Letters, 2011(10): 596-598